Auftragsabwicklung
im Maschinen- und Anlagebau

Auftragsabwicklung im Maschinen- und Anlagebau

Herausgegeben von der VDI-Gesellschaft
Entwicklung Konstruktion Vertrieb

1991
in Zusammenarbeit von
VDI-Verlag GmbH
Düsseldorf

Schäffer Verlag für Wirtschaft und Steuern GmbH
Stuttgart

Die Deutsche Bibliothek – CIP-Einheitsaufnahme

Auftragsentwicklung im Maschinen- und Anlagenbau / hrsg. von der VDI-Gesellschaft
Entwicklung, Konstruktion, Vertrieb. – Düsseldorf : VDI-Verl. ; Stuttgart : Schäffer, Verl. für Wirtschaft
und Steuern, 1991
(Technik und Wirtschaft)
ISBN: 13: 978-3-540-62254-3   e-ISBN-13: 978-3-642-95783-3
DOI: 10.1007/978-3-642-95783-3
NE: Gesellschaft Entwicklung, Konstruktion, Vertrieb

Gesamtherstellung: Konrad Triltsch GmbH, Würzburg

Vorwort

Mit diesem Buch hat der Fachbereich Technischer Vertrieb der VDI-Gesellschaft
Entwicklung, Konstruktion, Vertrieb (VDI-EKV) einen praxisbezogenen Erfahrungsschatz zusammengetragen, der auf dem Wissen vieler Mitglieder und Freunde
des VDI sowie zahlreicher deutscher Unternehmen beruht. Die Zielsetzung war, ein
Standardwerk der Auftragsabwicklung im Anlagenbau zu erstellen, wobei die einzelnen Kapitel aber als in sich geschlossene Themen angesehen werden können.
Wegen der zunehmenden Internationalität der Märkte und der damit verbundenen
wachsenden Verflechtung von Handel und Technik, werden die Arbeiten des Sam-
melns und Dokumentierens von neuen Ideen und Erkenntnissen, die bei der Auf-
tragsrealisierung im In- und Ausland gewonnen werden, auch weitergehen.

Es wird dem in der Auftragsabwicklung bereits erfahrenen Leser nicht entgehen, daß
er hier einen Teil seiner eigenen Kenntnisse wiederfindet. Ihm mögen deswegen die
Teile des Buches weiterhelfen, die er für die Übernahme noch größerer Verantwortung als Hilfestellung benötigt. Den Damen und Herren, die als Botschafter ihres
Unternehmens akquirieren, mögen einzelne Kapitel dazu dienen, vor dem Auftragsabschluß zu prüfen, ob die Belange der Projektabwicklung und Vertragserfüllung in
technischer, rechtlicher, geografischer und personeller Hinsicht weitestgehend berücksichtigt werden konnten.

Diejenigen Projektleiter und Ingenieure, die sich erstmals mit der Abwicklung
komplexer Anlagen befassen, werden eine hinreichende Zahl von Überlegungen
und Anregungen finden, die zumindest vermeiden helfen, daß der „Sprung in's kalte
Wasser" eine „Fahrt in unbekannte Gewässer" wird.

Deshalb ist das Buch auch ein gutes Hilfsmittel für junge Ingenieure und Studenten,
die sich auf die Übernahme einer Verantwortung in der Auftragsabwicklung vorbereiten wollen.

Die ausführliche Darstellung soll helfen, die Zusammenhänge komplex zu erfassen
und den Überblick über komplizierte Abläufe zu gewinnen, um bereits vor Projekt-
beginn notwendige Voraussetzungen für die Durchführung von Aufträgen zu planen und auch zu fordern.

Genauso wie die Erstellung von Anlagen nur im Team möglich ist, liegt auch der
Entstehung dieses Buches Team-Arbeit zugrunde.

Besonderer Dank gebührt Herrn Dipl.-Ing. P. Bumann, ANT Nachrichtentechnik
GmbH, Backnang, der die Ausschußarbeiten leitete und Herrn W. Geissler, PKL
Verpackungssysteme GmbH, Linnich, der die Arbeitsergebnisse zu diesem Buch
zusammenfaßte. Als Autoren und Ratgeber waren beteiligt die Herren

> Dipl.-Ing. E. W. Grosch, MAN Energie GmbH, Nürnberg
> Dipl.-Ing. F. Hogrefe, Böhler AG, Düsseldorf
> Dipl.-Kfm. I. Hohwalter, Laupheim

V

K. H. Kohnen, Krupp-Polysius AG, Beckum
Dipl.-Ing. H. Menche, OSAI GmbH, Wuppertal
Dipl.-Ing. W. Messing, Messo Metallurgie GmbH, Duisburg
Lic. oec. H. Mittasch, Ferrostaal AG, Essen
Betr.-Wirt H. Koch, Claudius Peters AG, Hamburg
Prok. C.-P. Reeps, Claudius Peters AG, Hamburg
Prok. Ing. W. Riffelmann, Krupp-Polysius AG, Beckum
M. Terpoorten, Ferrostaal AG, Essen
Dipl.-Ing. H. E. Weber, Lurgi, Frankfurt

Darüber hinaus ist Herrn Dipl.-Ing. H. Redder von der Geschäftsstelle der VDI-EKV, Düsseldorf zu danken, durch dessen Engagement es möglich wurde, den roten Faden des Buches konsequent weiterzuverfolgen und die Zusammenstellung bis zur Herausgabe zu erwirken.

Düsseldorf, im August 1991

Dr.-Ing. D. Lemiesz
Vorsitzender des Fachbereiches
Technischer Vertrieb

Dipl.-Ing. P. Bumann,
Dipl.-Ing. H. E. Weber
Obleute des Ausschusses
Auftragsabwicklung

VI

Inhaltsverzeichnis

1 Einleitung

Die Bedeutung der Exporte für die deutsche Volkswirtschaft und zugleich die Abhängigkeit der Bundesrepublik Deutschland vom internationalen Handel wird deutlich durch den mehr als 30%igen Anteil der Exporte am deutschen Bruttosozialprodukt [54].

Auf dem Weltmarkt für technologisch anspruchsvolle Güter gehört die Bundesrepublik Deutschland zur Spitzengruppe. Jedes in der Spitzengruppe vertretene Land hat – was die Marktstellung bei wichtigen technischen Exportgütern angeht – sein eigenes Profil. Die Bundesrepublik Deutschland hat eine breite Angebotspalette auf diesem Sektor. Diese Stärke macht weniger anfällig gegen nachlassende Exportmärkte, weil selten alle Branchen zur gleichen Zeit von Konjunktureinbrüchen betroffen werden.

Die Auswertung des statistischen Datenmaterials der Exportaktivitäten der deutschen Wirtschaft zeigt einerseits ein seit Jahren absolut und relativ wachsendes Volumen und andererseits einen permanenten Strukturwandel.

In der Bundesrepublik Deutschland stieg der Auftragseingang im Anlagengeschäft von 1970 bis 1985 um 126% bzw. von 9,3 Mrd. DM in 1970 auf 21 Mrd. DM in 1985 und nochmals auf 25,8 Mrd. DM in 1989. Davon entfallen ca. 65% auf den Exportanteil des Großanlagenbaus, [1] (siehe Bild 1a/b). Allein der Bevölkerungszuwachs der Entwicklungsländer in der Größenordnung von 100 Mio. Menschen pro Jahr bedingt deren Versorgung und damit die Schaffung entsprechender Arbeitsplätze, so daß ein Marktpotential für das internationale Maschinen- und Anlagengeschäft und somit die Bedeutung für die Volkswirtschaft der Bundesrepublik Deutschland bestehen bleibt.

Die zukünftige internationale Wettbewerbsfähigkeit der deutschen Unternehmen des Maschinen- und Anlagenbaues wird nicht so sehr davon abhängen, inwieweit sie einerseits auf erfolgreich abgewickelte Referenzprojekte verweisen können, sondern eher davon, inwieweit und wie schnell sie in der Lage sind, sich dem bereits eingetretenen und auch zukünftig absehbaren Strukturwandel anzupassen [2].

Da im Export von Industrieanlagen alle Problemstellungen geballt auftreten können, die auch partiell im Export von Maschinen und Einrichtungskomponenten zu erwarten sind, konzentrieren sich die Ausführungen auf die systematische Betrachtungsweise der Problembewältigung im Anlagenbau.

Zweck der vorliegenden Veröffentlichung ist – ohne Anspruch auf Vollständigkeit der vielschichtigen Betrachtungsmöglichkeiten – die Darstellung der wesentlichen Probleme bei der Abwicklung von komplexen Anlagenexportaufträgen, in Verbindung mit den Zielen im Sinne einer Übersichts- und Einstiegsinformation, um

– angehenden oder interessierten Vertriebsingenieuren eine Orientierungshilfe zu geben

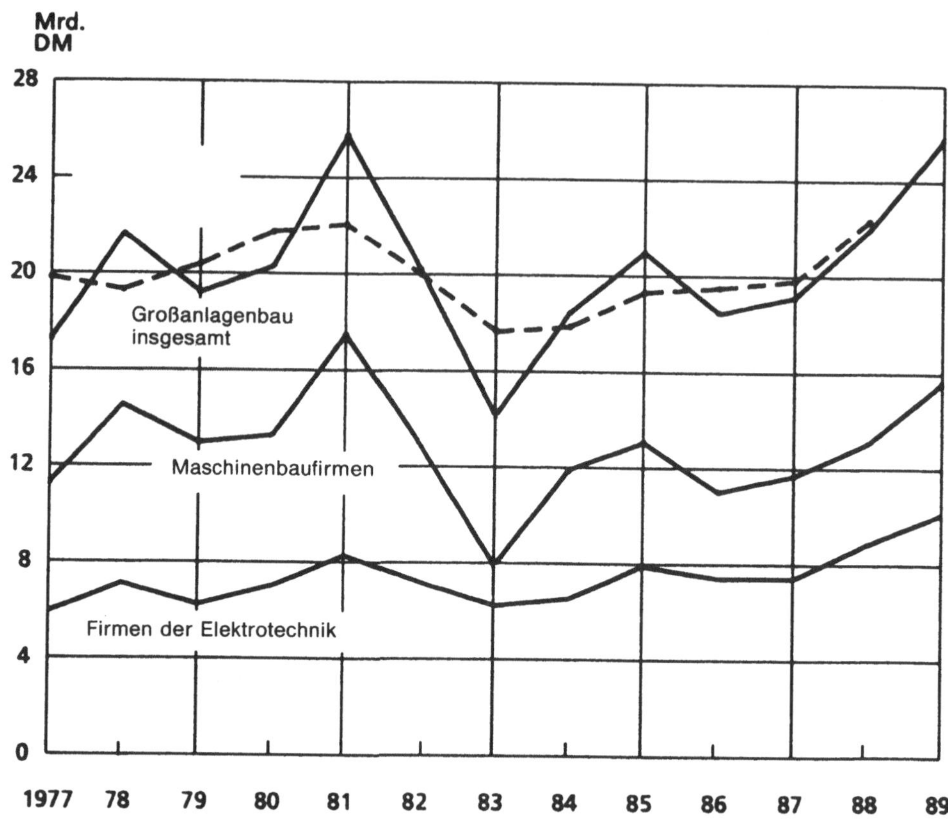

Bild 1 a: Auftragseingang im Großanlagenbau 1977–1989 [1]

– Dozenten ein unterstützendes Lehrmittel und

– Unternehmen des Anlagenbaus und den in den Anlagenbau hineinwachsenden
  Firmen ggf. Anregungen zur Anpassung ihrer Ablauf- und Aufbauorganisation
  im Bereich der Auftragsabwicklung zu geben.

Unter Anlagenexportaufträge/Anlagengeschäft soll hierbei die Planung, Lieferung,
Errichtung und Inbetriebnahme von Industrieanlagen, gegebenenfalls einschließlich
der Finanzierung, Ausbildung, Managementgestellung und/oder technischer Assistenz, verstanden werden. Schwerpunkt dieser Veröffentlichung sind Funktionen der
Auftragsabwicklung, für die es bisher keine oder nur partielle DV-Lösungen gibt.

2

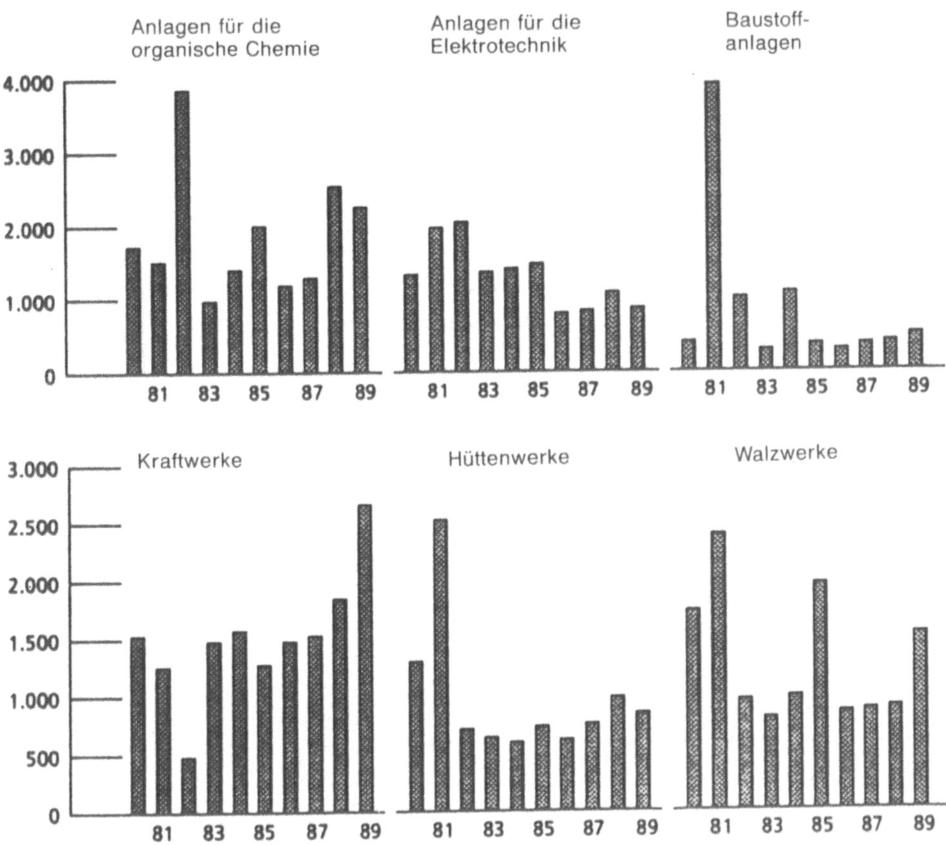

Bild 1 b: Entwicklung des Auslands-Auftragseingangs einzelner Anlagenarten des Großanlagenbaus 1980–1989 (in Mio. DM)

1.1 Entwicklung der Anlagenexporte

Die westlichen europäischen Industriestaaten im allgemeinen und die Bundesrepublik Deutschland im besonderen sind, abgesehen von bedeutenden Kohlevorkommen, mehr oder weniger rohstoffarme Länder [3]. Der Anteil der Entwicklungsländer an den nachgewiesenen Weltrohstoffreserven beträgt z. B. bei Zinn und Erdöl ca. 80%, bei Bauxit ca. 60% und ca. 40 bis 50% bei Kupfer, Phosphat, Nickel und Erdgas. Diese Abhängigkeit der Industrieländer von Rohstoffimporten mußte seit der Industrialisierung – im Hinblick auf die Beschaffung der zur Bezahlung von deutschen Rohstoffimporten erforderlichen Devisen – zwangsläufig zu einem internationalen Warenaustausch führen.

Auch bedingt durch die in den vergangenen Jahrzehnten erreichte nationale Souveränität haben die Wünsche vieler Entwicklungsländer nach Industrialisierung zugenommen. Darüber hinaus trägt das hohe, sich auf Konsumgüterpreise auswirkende Lohn- und Gehaltsniveau der Industriestaaten zu einem Rückgang der Konsumgütereinfuhr aus Industriestaaten in die Entwicklungsländer bei; demgegenüber tendieren die Entwicklungsstaaten dazu, Investitionsgüter aus Industriestaaten zu beziehen, um Konsumgüter für Eigenbedarf und Export bzw. Devisenbeschaffung selbst und möglichst in eigener Regie zu produzieren.

Die in der Regel den Entwicklungsländern beim Aufbau komplexer Industrieanlagen fehlende technische und organisatorische Erfahrung, verbunden mit dem Mangel an qualifiziertem Personal für Aufbau und Betrieb (kompetente Experten und ausgebildete Fachkräfte), hat wesentlich zur heutigen Bedeutung der deutschen Anlagenexporte beigetragen.

1.2 Zielländer der Anlagenexporte

Ein Mehrjahresvergleich der letzten Jahre zeigt auf, daß die deutschen Anlagenausfuhren in die Entwicklungsländer kontinuierliche und überdurchschnittliche Zuwuchsraten hatten (siehe Bild 2).

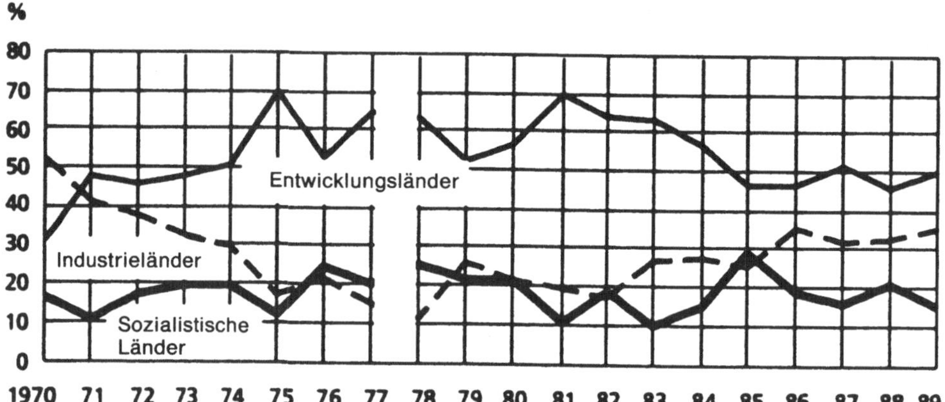

Bild 2: Anteil der Industrie-, Entwicklungs- und sozialistischen Länder am Auslands-Auftragseingang 1970–1989 [1]

Von 1970 bis 1989 stieg das deutsche Anlagenexportvolumen mit Entwicklungsländern von ca. 31% auf ca. 50%, während der Auftragseingang aus den westlichen Industrieländern bis 1982 von ca. 52% auf ca. 20% zurückging und nur langsam bis 1989 wieder auf 35% angewachsen ist. Die Auslandsverschuldung der Entwicklungsländer ließ seit 1981 den Auftragseingang aus diesen Ländern zwar stark sinken, jedoch kamen seit 1985 konstant immer noch ca. 48% der Exportaufträge des Anlagenbaus aus den Entwicklungsländern [1].

4

Innerhalb der Gruppe der Entwicklungsländer hat sich der Auftragseingang der OPEC-Staaten im Vergleich zu den übrigen Entwicklungsländern stark verringert. Bestellten 1981 die OPEC-Länder noch Anlagen für knapp 10 Milliarden DM (sonstige Entwicklungsländer 4 Milliarden DM), so liegt seit 1983 der Auftragseingang aus den OPEC-Staaten unter den Bestellungen aus den übrigen Entwicklungsländern.

Der hohe Anteil der deutschen Industrieanlagenexporte an OPEC-Staaten war auf die Ölpreissteigerungen der vergangenen Jahre zurückzuführen: Diese Länder nutzten die aus den Rohölexporten resultierenden erheblichen Deviseneinnahmen allgemein für ihre Industrialisierung und insbesondere zum Aufbau einer weiterverarbeitenden petrochemischen Industrie mit dem Ziel einer höheren Wertschöpfung.

Eine Aussage über die Bedeutung einzelner Kundenländer ist schwer möglich, da sich unter den einzelnen Ländern von Jahr zu Jahr sehr große Verschiebungen ergeben. Ursache der Verschiebungen ist das Zustandekommen oder Scheitern von einigen wenigen Geschäften mit hohen Auftragswerten (siehe Bild 3a/b).

1.3 Strukturwandel der Anlagenexporte

Seit über 15 Jahren ist ein tiefgreifender Strukturwandel bei den deutschen Exporten von Industrieanlagen eingetreten. Dieser Strukturwandel ist mit vier Merkmalen wesentlich charakterisiert (vergleiche Abschnitt 2.3: Anlagearten):

- Der Leistungsumfang ist erweitert
- Es werden vermehrt Anlagenausrüstungen gefertigt
- Die Leistungsfähigkeit der Produktionseinheiten nimmt zu
- Die Komplexität der Projekte wie auch der Technologien steigt.

Die ersten Anlagenexporte der Bundesrepublik Deutschland waren im wesentlichen beschränkt auf die Lieferung der gesamten Ausrüstungen, die Bauplanung, Montageüberwachung und Inbetriebnahme. Die heutigen Anlagenexporte, insbesondere in Entwicklungs- und Schwellenländer, umfassen in der Regel eine Vielzahl weiterer Leistungen [4].

Zu den **Erweiterungen des Leistungsumfangs** zählen z. B.:

- die Gesamtverantwortung des Anlagebauunternehmens für die Durchführung der gesamten Hoch- und Tiefbauarbeiten
- Pauschalmontage und Inbetriebnahme
- durchgehende Transport- und Zollabwicklung ab den Herstellungsbetrieben bis zur Baustelle im Empfängerland
- Ausbildung von Kundenpersonal
- Inbetriebnahme der Anlage

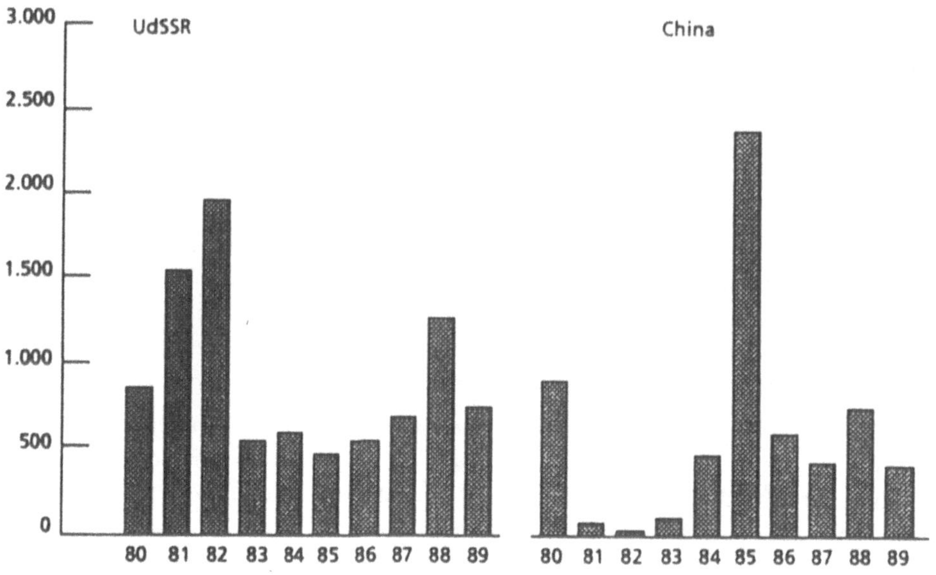
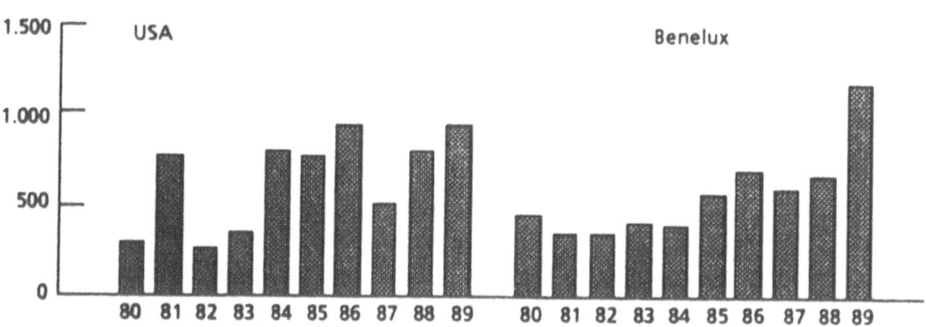
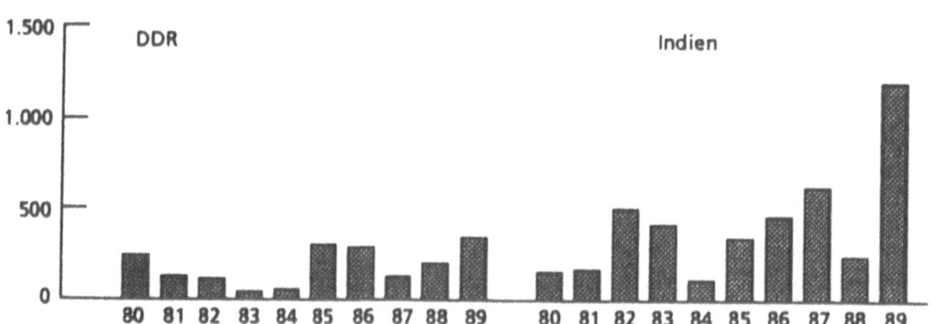

Bild 3a: Auftragseingang aus einigen bedeutenden Kundenländern des deutschen Großanlagenbaus 1980–1989 [1]

Land	1980	1981	1982	1983	1984	1985	1986	1987	1988	1989
Ägypten	86	172	419	147	442	261	60	204	728	201
Australien	325	405	286	119	32	337	60	166	117	400
Belgien	305	215	173	160	198	140	312	255	240	702
Brasilien	141	226	218	313	108	47	56	53	176	142
China	904	84	53	118	473	2356	608	436	730	419
DDR	223	142	101	33	39	293	278	131	196	332
Frankreich	115	105	122	115	140	119	166	160	297	156
Großbritannien	107	53	106	74	171	199	219	154	193	285
Indien	170	181	489	417	113	339	446	631	220	1214
Indonesien	611	591	2151	360	130	388	194	197	214	305
Irak	168	2769	338	82	163	114	50	29	478	237
Iran	88	33	54	234	198	457	727	158	311	687
Italien	70	87	108	48	170	142	135	154	102	454
Kuwait	607	253	374	348	247	266	134	33	118	27
Libyen	659	3078	210	260	405	536	113	217	101	159
Mexiko	150	348	177	123	123	151	72	65	179	119
Niederlande	124	78	135	214	152	380	318	306	415	384
Nigeria	326	404	315	531	123	93	72	518	14	37
Österreich	92	296	92	108	109	191	112	173	178	215
Saudi-Arabien	1490	1197	1368	287	972	304	97	118	280	304
Spanien	87	193	140	50	95	265	163	146	112	296
Rep. Südafrika	654	810	391	442	307	152	86	175	481	188
Südkorea	121	40	94	266	233	299	223	338	654	329
Türkei	174	92	89	249	478	416	188	614	121	103
UdSSR	882	1512	1960	539	627	485	532	687	1250	740
USA	284	759	244	329	801	749	960	512	800	942

Bild 3b: Auftragseingang aus einigen bedeutenden Kundenländern des deutschen Großanlagenbaus 1980–1989 [1]

– Übernahme von Produktions- und Qualitätsgarantien
– Gestellung bzw. Beschaffung von Experten für die zum Produktionsbeginn erforderliche Leitung und den Betrieb der gelieferten Anlage (Management)
– Hilfe bei der Vermarktung der mit den Anlagen erstellten Produkte.

Eine weitere Strukturänderung der deutschen Anlagenexporte ist durch die Verlagerung der eigenen lohnintensiven Fertigung von Anlagenausrüstungen (einschließlich von Teilen des Engineering) von der Bundesrepublik Deutschland in die Empfänger- oder andere industrielle Schwellenländer mit niedrigerem Lohnniveau gekennzeichnet.

Der wohl gravierendste Wandel der deutschen Anlagenexporte liegt aber in der Leistungsfähigkeit der Produktionseinheiten und Komplexität der Projekte. Galten Ende der 60er Jahre Auftragswerte von 50 Millionen DM bereits als groß, so sind heute Anlagenprojekte in der Größenordnung von 2 Milliarden DM und mehr im Realisierungsstadium und Einzelprojekte mit einem Volumen von 10 Milliarden DM werden ernsthaft verhandelt. In nicht geringem Maße hat die Inflation in den Zielländern zu einer Steigerung der wertmäßigen Größenordnungen der Anlagenprojekte beigetragen. Weitere Gründe für den sprunghaften Anstieg der Größenordnungen von Auftragsvolumen und -wert liegen

– im Marktpotential und den regionalen, nationalen und internationalen Verteilmöglichkeiten der Erzeugnisse, die mit den Anlagen hergestellt werden
– in der Wirtschaftlichkeit großer Produktionseinheiten
– in der Öffnung und Nutzung internationaler Finanzierungsquellen.

Primär ist sicherlich die beachtliche Stückkostendegression der Auslöser für die Schaffung größerer Produktionseinheiten gewesen. Die weltweit geschaffenen Produktionskapazitäten setzen allerdings auch die entsprechenden Märkte und deren Erschließung sowie Distributionsmöglichkeiten voraus. Die Voraussetzungen hierfür sind gegeben, denn:

– Die Weltbevölkerung wächst
– der internationale Warenaustausch und die Verflechtung der Märkte nehmen zu
– kostengünstige Transporteinheiten und -technologien [Riesentanker, Container- und Ro-Ro-Technologie (roll-on/roll-off), Großraumflugzeuge] wurden entwickelt und sind im Einsatz.

1.4 Probleme der Anlagenexporte

Der deutsche Anlagenexport hat in der Vergangenheit auch große Verluste im internationalen Anlagengeschäft hinnehmen müssen. Diese sind zu einem erheblichen Teil auf mangelnde Erfahrung und Organisation im Bereich der Auftragsabwicklung von Anlagenexporten zurückzuführen gewesen. Entsprechendes gilt in Teilbereichen für den Maschinenbau [5].

Zu einem jeweils anders einzuschätzenden Risiko bei der Projektabwicklung führen

- einerseits die unterschiedlichen Anlagenarten, die von deutschen Unternehmen in Entwicklungs-, Schwellen- oder Industrieländer geliefert werden
- in den Empfängerländern andererseits u.a. die Verschiedenheit der Infrastruktur, ihre Rechtsordnungen, der Ausbildungs- und Erfahrungsstand der Vertragspartner.

Aufgrund von nicht immer guten Erfahrungen der Vergangenheit versuchen insbesondere die Entwicklungs- und Schwellenländer einen Teil des eigenen unternehmerischen Risikos auf den Anlagenlieferanten abzuwälzen [6].

Typische Beispiele hierfür sind:

- von Anlagenlieferanten zu übernehmende Abnahmegarantien für Fertigerzeugnisse
- die Beschaffung der gesamten Projektfinanzierung durch den Anlagenlieferanten
- die Errichtung von schlüsselfertigen Industrieanlagen zu Festpreisen auf sogenannter „turn-key-" oder „clé en main"-Basis.

Weiterhin ergeben sich heute Abwicklungsprobleme bei Anlagenexporten dadurch, daß die Empfängerländer die Projekte durch Lieferung anlagenfremder anderer Rohstoffe (beispielsweise Rohöl) oder durch die zukünftige Lieferung von Erzeugnissen aus dem Betrieb der zu liefernden Anlage (Kompensationsgeschäft) finanzieren wollen.

Die Komplexität der heutigen Anlagenexporte, die in den meisten Fällen nicht mehr nur die reinen Hardware-Lieferungen (wie Ausrüstungsteile, Maschinen und Anlagen) sondern auch umfangreiche Software-Leistungen (Engineering, Infrastrukturplanung usw.) erfordern, haben teilweise eine derartige Größenordnung erreicht, daß die organisatorischen Probleme gegenüber den technischen überwiegen (vergleiche Abschnitt 4: Die Phasen der Auftragsabwicklung) [7].

Da zudem ein einzelnes Unternehmen derartige Großprojekte nicht mehr allein abwickeln kann, können allein die Schwierigkeiten bei der Abstimmung zwischen den an der Auftragsabwicklung beteiligten (zum Teil sogar multinationalen) Lieferanten bisher nicht bekannte Ausmaße bezüglich Risiken annehmen.

2 Einflüsse auf die Auftragsabwicklung

Die Auftragsabwicklung ist ein wesentlicher Teil im unternehmerischen Gesamtgeschehen und hat entscheidenden Einfluß auf die Inanspruchnahme von kapazitativen, personellen, finanziellen Ressourcen und kostenwirksamen Entscheidungsprozessen.

In der Umkehrung hierzu hängt der wirtschaftliche Erfolg der Auftragsabwicklungsarbeit – aber auch die Erfüllung der dem Kunden zugesagten Leistung – wesentlich von der Verfügbarkeit und dem Funktionieren der kapazitativen, personellen und finanziellen Ressourcen sowie der Qualität der kostenwirksamen Entscheidungsprozesse ab.

Darüber hinaus wird die Auftragsabwicklung entscheidend beeinflußt durch:

- unternehmensinterne Faktoren, das sind im wesentlichen:
- personelle Infrastruktur
    - Einordnung der Auftragsabwicklungsfunktionen in die Aufbauorganisation des Unternehmens
    - ablauforganisatorische Infrastruktur;
- von weiteren Faktoren wie:
    - Art und Herkunft der Unternehmen, die sich mit der Lieferung von Teil- und/oder Gesamtanlagen befassen
    - Abwicklungs- und Vertragsarten im Anlagengeschäft
    - Anlagenarten
    - Märkte.

Die Auftragsabwicklungsaktivitäten beginnen nach Vertragsabschluß und enden mit der Übergabe des fertigen Werkes an den Kunden.

Die während der Auftragsabwicklungszeit anfallenden Probleme können nur im Team und unter Hinzuziehung von Experten verschiedener Fachrichtungen, auch für Randprobleme wie z.B. Versand, Versicherungen, Zölle, Steuern usw., gelöst werden. Es hängt von der Art oder Größe des Unternehmens ab, ob alle benötigten Fachleute im eigenen Hause vorhanden und verfügbar sind oder ob man sich der Mitwirkung von Fachkräften anderer Unternehmen bedient.

Der Ablauf eines Projektes hängt von der Art des verkauften Produktes und von den zu erbringenden Leistungen ab. Der hier betrachteten systematischen Auftragsabwicklung liegen jedoch prinzipiell gleiche Phasenfolgen zugrunde (s. Abschn. 4).

Die Auftragsabwicklung von Einzelmaschinen und Ausrüstungen ist leichter überschaubar und bedarf weniger Arbeitseinsätze und Koordinierungsaufgaben als die Lieferabwicklung von Teil- oder Gesamt-Anlagen. Den größten Einsatzumfang jedoch erfordert die Abwicklung von schlüsselfertigen Industrie-Projekten, d.h. die gesamtverantwortliche Abwicklung bis zum Nachweis der Erfüllung der Vertragskonditionen.

Während in Industrieländern meist Einzelausrüstungen und Teil- und Gesamtanlagen verlangt werden, tendieren Schwellen- und Entwicklungsländer zur Lieferung schlüsselfertiger Anlagen.

Zur zügigen systematischen Auftragsabwicklung muß die Unternehmensleitung rechtzeitig die Abwicklungskonzeption und den sich daraus abzuleitenden Personenkreis bestimmen, damit nach Inkrafttreten des Vertrages ohne Zeitverlust mit der Auftragsabwicklung begonnen werden kann.

Am Beispiel der schlüsselfertigen Anlage wird im folgenden der an der Auftragsabwicklung beteiligte Personenkreis aufgeführt. Anzahl und Qualifikation der Spezialisten wird wesentlich vom Umfang und Schwierigkeitsgrad des abzuwickelnden Auftrages bestimmt. Der Leiter der Abwicklung wird die einzelnen Fachgruppen in problemorientierter Besetzung und zum richtigen Zeitpunkt einsetzen, damit die vorgegebenen Leistungsansprüche erfüllt und die Terminzusagen eingehalten werden. Dabei ist ständige und genaue Kapazitätsplanung und -kontrolle unerläßlich. Die eventuellen vom Kunden selbst beizubringenden Leistungen sind in die Personalplanung mit einzubeziehen.

Die mit der Auftragsabwicklung schlüsselfertiger Anlagen beauftragten

- Projektleiter (s. auch Abschn. 3.5)
    - übernehmen die Zielverantwortung für ein Gesamtprojekt, d. h. es ist eine Anlage zu erstellen, die im vorgegebenen Kostenrahmen und zum vereinbarten Termin und zu fixierten Bedingungen an den Kunden übergeben werden kann. Um dieses vorgegebene Ziel zu erreichen, planen und steuern sie die gesamte Abwicklung des Auftrages mit ihren Kosten- und Terminingenieuren und treffen wesentliche Entscheidungen.
    Der Projektleiter ist über die gesamte Laufzeit des Projektes Ansprechpartner des Kunden.

- Verfahrensingenieure
    - setzen das Unternehmens-Knowhow in die Anlagenkonzeption um und sind für die vertraglich vereinbarte Erfüllung von Leistung und Funktion der Anlage zuständig

- Maschinenbau- und Elektroingenieure
    - setzen die Anlagenkonzeption in die Anlagenplanung um, d. h. sie erstellen das Gesamt- und Detail-Engineering im Einvernehmen mit den Verfahrensingenieuren

- Architekten
    - entwerfen Sozial- und Verwaltungsgebäude, Labors, Werkstätten und Läger

- Bauingenieure
  - entwerfen und berechnen auf der Grundlage von Informationen der vorgenannten Fachleute die notwendigen Fundamente, Stahlkonstruktionen, Hallen und Gebäude
- Ingenieure und Kaufleute für den Materialeinkauf
  - beschaffen auf der Grundlage von Informationen der vorgenannten Fachleute die Ausrüstungsteile
- Versand-Kaufleute
  - regeln die Arbeitsvorgänge Verpackung, Verschiffung, Ausladung, den Transport zur Baustelle, Abladen, Zollangelegenheiten
- Versicherungs-Kaufleute
  - decken Teilrisiken ab und besorgen die Verträge mit den Versicherungsgesellschaften
- Kaufleute im Rechnungswesen
  - überwachen den ordnungsgemäßen Eingang der Kundenzahlungen und veranlassen Zahlungen an die Unterlieferanten
- Montage-Ingenieure
  - leiten und überwachen die ordnungsgemäße und termingerechte Installation aller Maschinen und Ausrüstungen
- Sicherheits-Ingenieure
  - sorgen für die Einhaltung der örtlich vorgeschriebenen Sicherheitsbestimmungen
- Inbetriebnahme-Ingenieure
  - leiten und überwachen den Funktionstest und die Inbetriebnahme der fertig montierten Anlage, führen den Leistungstest durch und übergeben die Anlage an den Kunden.

Darüber hinaus stehen bei der Auftragsabwicklung weitere Fachleute bereit, z. B.:

- Techniker aus Produktion und Qualitätssicherung
- Konstrukteure, Zeichner, Terminverfolger
- Controller, Finanzierungsfachleute
- Experten für Steuern und Recht usw.

Allen Fachleuten müssen die in den Unternehmen eingerichteten Dienstleistungen wie Datenverarbeitung (EDV), Schreiben, Übersetzen, Informationsaustausch, Vervielfältigen usw. zugänglich sein.

Die hier in Verbindung mit Fachpersonal aufgeführten Tätigkeiten – in manchen Fällen sind sie sicherlich noch zu erweitern – zeigen die Vielfalt der zu lösenden Aufgaben. Sie erfordern den Einsatz nicht nur von geschultem und erfahrenem Personal, sondern darüber hinaus eine hohe Einsatzbereitschaft jedes Einzelnen.

12

2.1 Art und Herkunft der Unternehmen, die sich mit der Lieferung von Teil- und/oder Gesamtanlagen befassen

Viele der heute mit Schwerpunkt im Anlagenbau tätigen Unternehmen sind im Laufe der Jahre in das Aufgabengebiet Auftragsabwicklung „organisch" hineingewachsen. Eine konsequente ingenieurmäßige Planung und Realisierung der Organisationsentwicklung dieser Unternehmen ist nur in Ansätzen möglich gewesen, weil

- die Entwicklung des weltweiten Anlagenbedarfs in dem heutigen Ausmaß nicht scharf genug vorhersehbar war
- die Unternehmen ihre Kräfte überwiegend zur Lösung der vertraglich festgelegten Aufgaben einsetzen mußten, nicht jedoch im erforderlichen Maß zum internen Aufbau bereitstellen konnten
- und weil wenig Erfahrung für den planerischen Unternehmensaufbau vorhanden war.

Als Folge hiervon spüren die Unternehmen auch heute noch die sich auf Ertrag und Risiko auswirkenden Schwächen bei der Abwicklung von Anlagenaufträgen.

Bild 4 zeigt in einer Strategiematrix Beispiele für Entwicklungsstufen vom Maschinenhersteller zum Anlagenexporteur.

Die Komplexität der Anlagen und der Zwang zum planerischen Vorgehen bestärkten die Tendenzen zur Aufgabenteilung. Insbesondere im Bereich der Entscheidungsfindung der Kunden und, nach Auftragsvergabe, in den Tätigkeitsfeldern Planung und Projektierung bildeten sich rechtlich selbständige, unabhängige Fachgruppen (Consulting- und Engineering-Unternehmen), teilweise durch Abspaltung von Produktionsgesellschaften des Maschinen- und Anlagenbaus.

Die Bau- und Handelsunternehmen sind ebenfalls in die Problemfelder des Anlagenbaues hineingewachsen, und zwar durch Bedarf an Bauvorhaben im Zusammenhang mit der Anlagenlieferung bzw. durch Finanzbedarf. Auch bei ihnen ist die Anpassung der Unternehmensorganisation an die Anforderungen aus der Auftragsabwicklung des Maschinen- und Anlagenbaues nicht abgeschlossen.

2.1.1 Produktionsunternehmen des Maschinenbaus

Die größte Gruppe der Anlagenlieferanten entwickelte sich aus Produktionsunternehmen des Maschinenbaus. Diese Unternehmen hatten sich zunächst überwiegend mit der Herstellung und dem Vertrieb von Maschinen und Ausrüstungsteilen befaßt.

Weil die Kunden dieser Unternehmen jedoch immer mehr dazu tendierten, Maschinen und Ausrüstungsteile möglichst im Rahmen einer geschlossenen Produktionslinie zu beschaffen, ergab sich für die Produktionsunternehmen des Maschinenbaus der Zwang, Lieferungen von Teil- oder Gesamtanlagen durchzuführen, damit Marktanteile gehalten und Minderauslastungen der eigenen Fertigungskapazitäten

Beispiele für Entwicklungsstufen vom Maschinenhersteller zum Anlagenexporteur					
Entwicklungsstufe >: Funktion:	Stufe 1 Kleinbetrieb Maschinenbau	Stufe 2 Mittelbetrieb Maschinenbau	Stufe 3 mittlerer Exporteur	Stufe 4 Großunternehmen Maschinenbau	Stufe 5 Beginn Anlagenbau	Stufe 6 Großbetrieb Anlagenexport
Personalbereit- stellung	kleiner, univer- seller Personal- bestand	größerer flexibler Personalbestand	Engpaß bei Aus- landspersonal	Schulung Auslandspersonal	Beginn Auslands- fertigung	Abhängigkeit von Fixkosten für Personal
Kapitalbereit- stellung	Kapital knapp	Beginn Fremd- kapitaleinsatz	Beginn Erfahrung mit Auftrags- finanzierung	System. Suche nach Kapital- gebern	Nutzung aller Finanzquellen	Finanzpolitik Priorität in Unter- nehmen
Know How	spezielles Anwendungs- Know How	einzelne Patente	Bedeutung Know How erkannt	Beginn Lizenz- vergabe	Beginn Koopera- tionen	Beginn Systemati- sierung Wissens- aufbau
Kosten	keine Kosten- erfassung	im Einzelfall Kostenkalkulation	Organisation der Nachkalkulation	Kostenkontroll- problem	Beginn Controllg. Liquidität	Ranggleich: Kosten/Liquiditäts- Strategien
Vertrieb	Inlandsvertretung	regionale Inlands- vertreter	erste Auslands- vertretung	Auslandsgesell- schaften	Fertigungsverlage- rung	Konsortialführer
After Sale	nur auf Kunden- auftrag tätig	nur auf Kunden- auftrag tätig	im Inland Aufbau des Kundendienstes	Auslandskunden- dienst	Auslandskunden- dienst weltweit	Kooperation After Sale weltweit
Auslands- erfahrung	keine	erste EG- Auslandsanfragen	Beschaffen Export- kenntn., z. B. IHK	Export in Staats- handelsländer	Export in fast alle Länder	Differenzieren der Abnahmemärkte
System. Auftrags- abwicklung Maschinen- und Anlagenexport	keine Organisa- tion und Syste- matisierung	Anfänge der betrieblichen Organisation	Bedeutung Auftragsabwick- lung erkannt	Ansätze systema- tischer Organisa- tion	gezielter DV-Einsatz Abwicklung	Notwendigkeit der Informations- verarbeitung

Bild 4: Strategiematrix: Beispiele für Entwicklungsstufen vom Maschinenhersteller zum Anlagenexporteur

vermieden werden konnten. Daraus leitete sich die Notwendigkeit ab, zusätzliche Ingenieure ausschließlich für Projekt- und Anlagenplanung einzusetzen.

2.1.2 Produktionsunternehmen der Elektrotechnik

Produktionsunternehmen der Elektrotechnik sind die klassischen Zulieferanten von elektrischen Ausrüstungen für den Maschinen- und Anlagenbau. Wegen ihrer Spezialisierung besteht für sie, im Gegensatz zu Produktionsunternehmen des Maschinenbaus, kein marktbedingter Zwang, Lieferungen von Teil- oder Gesamtanlagen durchzuführen.

In einigen Fällen, insbesondere dann, wenn die elektrische Ausrüstung dominiert, befassen sie sich mit der Lieferung von Produktionsanlagen: Das ist z.B. der Fall bei Anlagen der Energiegewinnung und -verteilung; Produktionsunternehmen der Elektrotechnik treten dann als Lieferanten von Gesamtanlagen auf.

2.1.3 Bauunternehmen

Bauunternehmen sind an der Erbringung von Bauleistungen im Rahmen von schlüsselfertig zu liefernden Industrieanlagen interessiert.

Ist dagegen der Bauanteil in einer Anlage, z.B. bei Kläranlagen, Schleusen o.ä. dominierend, so treten Bauunternehmen als Gesamtauftragsnehmer auf.

Wenn, im Rahmen von schlüsselfertig zu liefernden Industrieanlagen, die Investitionsanteile für das Bauvorhaben, je nach Art der Anlage und der Bauvoraussetzungen des jeweiligen Bestellerlandes, in einer für die Bauunternehmen von den Ertragserwartungen her interessanten Größenordnung liegen, sind sie zuweilen auch bereit, artfremde Aufträge für die Lieferung von Industrieanlagen mit anzunehmen, um den für sie interessanten Bauauftrag zu erhalten.

Falls ein Bauunternehmen als Generalauftragnehmer handelt, übernehmen Produktionsunternehmen des Maschinenbaus und der Elektrotechnik die Zulieferungen von Industrieanlagen, Anlagenteilen und elektrischen Ausrüstungen.

Große Bauwerke (Krankenhäuser, Hochhäuser, Schulkomplexe, Opernhäuser, Kirchen u.ä.) werden als Aufträge mit schlüsselfertiger Lieferung zu Festpreisen übernommen und nach den Methoden des Projektmanagements abgewickelt.

2.1.4 Engineering-Unternehmen

Engineering-Unternehmen befassen sich mit der „Software" des Maschinen- und Anlagenbaus:

– Anlagenkonzeption, -planung, -projektierung, Zuweisung der Realisierungsaufgaben zu den Lieferanten von Maschinen und Ausrüstungsteilen, Überwachung der Realisierungsschritte.

Sie betätigen sich teilweise als Handelsunternehmen und kaufen ggfs. „Hardware"
(Anlagenteile, Ausrüstungen, Maschinen) ein.

Nur in Ausnahmefällen sind den Engineering-Unternehmen Fertigungsstätten ange-
gliedert, dann stellen sie, selbst für spezielle Teilbereiche, Maschinen und Ausrüstungsteile her.

Im einzelnen Auftragsfall kann nach Art der Leistungserbringung der Engineering-
Unternehmen unterschieden werden in

- prozeßorientiertes Engineering und
- abwicklungsorientiertes Engineering.

Bei prozeßorientiertem Engineering stützt sich die Anlagenkonzeption und die daraus abzuleitende Abwicklung in wesentlichen Teilen auf eigenes Know-How und/
oder dem Engineering-Unternehmen gewährte Lizenzen.

Bei abwicklungsorientiertem Engineering wird die Planung der Anlage aufgrund
einer von Dritten vorgegebenen Anlagenkonzeption durchgeführt.

Erfahrene Engineering-Unternehmen sind im Regelfall in der Lage, die gesamte
Breite der Anlagenauftragsabwicklung von Teilbereichen bis hin zur kompletten
Auftragsabwicklung – unabhängig von Komplexität, Umfang, Schwierigkeitsgrad,
Standorten und Technologie – abzudecken.

Im folgenden sind Beispiele für das Ausmaß der Beteiligung von Engineering-Unternehmen an der Anlagenauftragsabwicklung aufgeführt. Das Engineering-Unternehmen:

- übernimmt die Erstellung des Basic Engineering.
- übernimmt die umfangreiche Arbeit einer kompletten Anlagenplanung.
- erstellt die Anlagenplanung und führt die Lieferung von Ausrüstungen durch,
  jedoch nicht die Montageüberwachung.
- erstellt die Anlagenplanung und führt die Lieferung von Ausrüstungen und die
  Montageüberwachung durch; ggfs. erfolgt auch in Eigenverantwortung die
  Übernahme der Montage und Inbetriebnahme.

2.1.5 Handelsunternehmen

Handelsunternehmen im Bereich des Maschinen- und Anlagenbaus sind Unternehmen im In- und Ausland, die sowohl Ingenieurleistungen als auch Maschinen und
Ausrüstungen ein- und verkaufen, ggfs. importieren oder exportieren. Der Schwerpunkt ihrer Geschäftätigkeit liegt in der Finanzierung bzw. Finanzierungsvermitt-
lung von Anlagen. Die Bedeutung des Finanzierungsgeschäfts nimmt seit den letzten
Jahren immer mehr zu.

Handelsunternehmen treten vorwiegend als Generalunternehmer auf, wickeln Aufträge aber auch konsortial gemeinsam mit technisch orientierten Partnern ab. Dar-

über hinaus übernehmen sie Dienstleistungen wie

- Kontakte zu Behörden herstellen und halten
- die Organisation der Transporte erledigen
- Versicherungsverträge abschließen
- Übernahme von Teilaufgaben der kaufmännischen Auftragsabwicklung.

2.1.6 Mischformen

Große Konzerne sind zuweilen personell und organisatorisch in der Lage, mehrere der vorgenannten Unternehmensarten teilweise als rechtlich selbständige Gesellschaften im Konzern zu halten und zumindest den größten Teil der zu erbringenden Gesamtleistungen selbst abzudecken. Jedoch könnten kaum alle für den Anlagenauftrag erforderlichen Leistungen und Lieferungen aus einem Hause erbracht werden.

2.1.7 Consulting-Unternehmen

Consulting-Unternehmen haben keine Lieferinteressen und üben im Auftrage des Anlagenkunden Beratungs- und Kontrollfunktionen aus. Ihre Tätigkeit beginnt mit der Beratung des Kunden im Projektstadium vor Auftragserteilung, z.B. bei der Erstellung von Ausschreibungsunterlagen oder der Bewertung von Angeboten.

Nach Auftragserteilung werden sie im Auftrag des Anlagenkunden oft zur Überwachung der vertragsgemäßen Leistungen und Lieferungen und ggf. zur Abnahme eingesetzt.

2.2 Abwicklungs- und Vertragsarten

Es gab Zeiten, in denen Maschinen und Ausrüstungen per Handschlag in Auftrag gegeben wurden, der Kaufpreis erst nach Fertigstellung entsprechend dem Aufwand abzurechnen war und alle Beteiligten dabei am Ende mit dem Geschäft zufrieden gewesen sind. Diese Zeiten sind seit langem vorbei.

Die Internationalisierung der Geschäfte, Komplexität und Größenordnung der Anlagen, die damit verbundene Beteiligung einer hohen Anzahl von Fachleuten verschiedener Disziplinen, das unternehmerische Risiko sowie seine Auswirkungen auf den Unternehmensertrag, lassen die vorgenannte einfachste Form der Auftragsentstehung und -auftragsabwicklung nicht mehr zu.

Im Maschinen- und Anlagenbau haben sich im Laufe der Jahre einige Grundmuster und Vorgehensweisen der Geschäftsabwicklung herausgebildet. Heute sind die Geschäftsverhältnisse zwischen Auftraggeber und Auftragnehmer(n) in einem internationalen Geflecht rechtlich wirkender Regeln eingeordnet.

		Mögliche Vertrags		
Vertragsart ↓	Gegenstand → / Partner ↘ Gesamtanlage	Gesamtanlage	Lieferung	Montage
Generalvertrag	Generaluntern. Kunde ——— Generaluntern. Unterlieferant	ja	ja	ja
Konsortialvertrag	ja	Konsorte-Konsor. ——— Konsortium-Kunde ——— Konsorte-Unterlieferanten	ja	ja
Liefervertrag	nein	./.	Lieferant Kunde ——— Lieferant Generalu./Kons.	kann
Montagevertrag	nein	./.	nein	Montagefirma Kunde ——— Montagefirma-Generaluntern./ Kons./Lieferant
Montageüberwachungsvertrag	nein	./.	nein	nein
Engineeringvertrag	nein	./.	nein	nein
Lizenzvertrag	nein	./.	nein	nein
Kompensationsvertrag	kann	./.	kann	kann
Managementvertrag	nein	./.	nein	nein
Kapitalbeteiligungsvertrag	nein	./.	nein	nein

Bild 5: Beispiel für die Verknüpfung von Auftrags- und Vertragsarten beim Maschinen- und Anlagenbau

Montage-überwachung	Engineering	Lizenzvergabe	Kompensations-geschäft	Betriebs-management	Kapital-beteiligung
./.	kann	kann	kann	kann	kann
./.	kann	kann	kann	kann	kann
kann	kann	kann	kann	nein	nein
./.	nein	nein	kann	nein	nein
Montagefirma Kunde ——————— Montagefirma Generaluntern./Kons./Lieferant	nein	nein	kann	nein	nein
nein	Consultant Kunde ——————— Consultant Generalu./Kons.	kann	kann	nein	nein
nein	nein	Lizenzgeber Kunde ——————— Lizenzgeber Generaluntern./Kons./Lieferant	kann	nein	kann
kann	kann	kann	Lieferer Kunde ——————— Lieferer Drittfirma	kann	kann
nein	nein	nein	nein	Betreiber Kunde	nein
nein	nein	kann	nein	kann	Kapitalgeber Kunde

Diese Regeln werden von folgenden Merkmalen bestimmt:

- Um im einzelnen Auftragsabwicklungsfall die in der Regel rechtlich voneinander unabhängig operierenden Gesellschaften gegenseitig zu verpflichten (jeweils der Beteiligung am Auftragsgeschehen angemessen), werden Abwicklungsarten (Gestaltungsformen) untereinander vereinbart, die international üblich und anerkannt sind und, bezogen auf den Auftragsabwicklungsfall, ein gemeinsam abgestimmtes Vorgehen ermöglichen. Hierbei wird auch die Stellung der beteiligten Partner untereinander und gegenüber dem Endkunden bestimmt.
- Als rechtliche Grundlage der Abwicklungsarten entstanden Vertragsarten
  - durch die bei jeder Art eines Geschäftsverhältnisses der beteiligten Geschäftspartner, bezogen auf den Auftragsfall, die Abwicklungsart im Detail festlegbar wird
  - durch die gemeinsam angestrebte Ziele klar definiert werden können.
- Darüber hinaus ergeben sich unmittelbare Konsequenzen hinsichtlich Risiko und Ertrag für die an der Auftragsabwicklung beteiligten Unternehmen aus
  - der Tiefe, Eindeutigkeit und Gängigkeit von vertraglichen Regelungen der Leistungsgrenzen
  - und den vertraglich vereinbarten Preisformen.

Abwicklungs- und Vertragsarten sind nicht unbedingt inhaltlich deckungsgleich [6]. Durchaus üblich sind Mischformen von Abwicklungsarten und die Verknüpfung mehrerer Vertragsarten. Einflußkriterien für die Bildung von Mischformen sind:

- die Interessenlage der Vertragspartner
- die politischen und wirtschaftlichen Beziehungen zwischen Käufer- und Verkäuferland sowie
- Infrastruktur und zu liefernde Technologie.

Die in diesem Abschnitt aufgeführten Abwicklungs- und Vertragsarten, Leistungsgrenzen und Preisformen zeigen im wesentlichen auf, was im Maschinen- und Anlagenbau gegenwärtig und in absehbarer Zukunft praktiziert wird.

Bild 5 zeigt ein Beispiel über die Verknüpfung von Auftrags- und Vertragsarten beim Maschinen- und Anlagenbau.

Sowohl auf Käufer- als auch auf Lieferantenseite gibt es stetige Tendenzen zum stärkeren Ausbau der juristischen Absicherung. Es wird daher auch für den Vertriebsingenieur zunehmend wichtig, sich mit Abwicklungs- und Vertragsarten, Leistungsgrenzen und Preisformen zu befassen. Wegen oft nicht ausreichender Kenntnisse über dieses Arbeitsgebiet ist in mehreren Fällen der Praxis den Unternehmen erheblicher Schaden entstanden.

Die nachfolgenden Erläuterungen führen in die rechtlichen Besonderheiten nur kurz ein und ersetzen keinesfalls das Studium speziellen Fachwissens sowie eine beständige

Zusammenarbeit zwischen den technischen und den kaufmännisch/rechtlichen Fachbereichen in den Unternehmen des Maschinen- und Anlagenbaus.

Folgendes Beispiel zeigt auf, daß dem an der Abwicklung im Maschinen- und Anlagenbau beteiligten Ingenieur rechtliche Besonderheiten bekannt sein sollten:

> Nach deutschem Recht handelt es sich bei den Geschäften des Maschinen- und Anlagenbaus in der Regel um „Werklieferverträge", z.B. um Sonderanfertigungen, die für einen Kunden ausgelegt und gefertigt werden, also ein (von den Juristen so genanntes) „nicht vertretbares Gut" darstellen. Ein Werklieferungsvertrag liegt vor, wenn das liefernde Unternehmen sich verpflichtet, das „Werk" aus von ihm zu beschaffenden Materialien herzustellen [8].

Als Beispiel für ein „nicht vertretbares Gut" soll hier die Lieferung von umgebauten Kompressoren für eine Anlage dienen. Es ist durchaus üblich, Kompressoren so umzukonstruieren, daß sie den speziellen Bedürfnissen der Anlage und der entsprechenden Aufgabenstellung gerecht werden. Das führt dazu, daß diese Kompressoren für einen anderen Bedarfsfall nicht ohne weiteres verwendbar sind.

Im Gegensatz zu o.g. Beispiel kann aber auch in der gleichen Anlage für bestimmte Anwendungsbereiche ein Standardkompressor ab Lager aus einer Serienfertigung des liefernden Unternehmens eingesetzt werden, der mit geringen Anpassungen auch anderweitig verkaufbar ist (Werkvertrag). Hier handelt es sich aus Sicht der Juristen um ein „vertretbares Gut".

Aus beiden Fällen ergeben sich nach deutschem Recht unterschiedliche rechtliche Konsequenzen, z.B. was Herstellungs- und Abnahmepflicht, Vergütung, Pfandrecht sowie Mängelbeseitigung betrifft.

2.2.1 Abwicklungsarten [9]

2.2.1.1 Der Generalunternehmer

Wird die Herstellung eines kompletten Werkes, wie z.B. eine chemische Fabrik, eine Papierfabrik, ein Stahlwerk oder eine Schmiede vom Besteller an einen einzigen Auftragnehmer vergeben, dann wird der Auftragnehmer gegenüber dem Besteller zum Generalunternehmer.

Der Generalunternehmer ist nach außen allein im Rahmen des abgeschlossenen Vertrages verantwortlich, unabhängig davon, ob er Lieferungen und Leistungen ganz oder teilweise Unterlieferanten oder stillen Konsorten überläßt.

Die von ihm eingegangenen Risiken können erheblich sein, so daß die Annahme eines Auftrages stets sorgfältig darauf zu prüfen ist, ob die Leistungsfähigkeit und Finanzkraft des eigenen Unternehmens im Verhältnis zur Komplexität und Größe des Auftrages und der damit übernommenen Risiken, unter Berücksichtigung anderer Verpflichtungen aus anderen Geschäften, ausreicht.

Der Generalunternehmer hat einerseits in der Regel im Vergleich zu einem Konsortium den Vorteil, flexibel und handlungsfähig zu sein, hat aber andererseits den Nachteil, daß er nicht alle Gefahren (z. B. durch rechtliche Schritte gegenüber dem Kunden oder dem Unterlieferanten) abwenden oder nicht vorhersehbare Kosten durch eine entsprechende offene Kalkulation abfangen kann.

Er wird daher versuchen, sein eigenes Risiko auf die Unterlieferanten abzuwälzen, indem er die risikobehafteten Bedingungen des Vertrages mit seinem Kunden innerhalb der Rechtsbeziehungen mit seinen Unterlieferanten anpaßt, umformuliert und dann weitestgehend gegenüber seinen Unterlieferanten durchsetzt.

Allerdings können nicht allen Unterlieferanten die mit dem Endkunden vereinbarten Bedingungen voll oder zum großen Teil auferlegt werden, entweder:

- weil sie wegen der Marktstellung des Unterlieferanten nicht durchsetzbar sind oder
- weil die Übertragung des Risikos auf den Unterlieferanten dessen Leistungsfähigkeit übersteigen würde oder
- weil sie dem Lieferanteil des Unterlieferanten nicht entsprechen, bzw. weil erst der Zusammenbau mit anderen Komponenten das Risiko in seinem Ausmaß ergibt.

Unabhängig davon, wieweit Risiken aus dem Kundenvertrag auf die Unterlieferanten abgewälzt werden, besteht dennoch eine Restgefahr, daß durch Lieferungen und Leistungen von Unterlieferanten erhebliche Schäden verursacht werden können, ohne daß die Chance besteht, den Lieferanten entsprechend dem entstandenen Schaden zur Rechenschaft zu ziehen.

Das kann z. B. der Fall sein bei Lieferung eines einzelnen, geringwertigen aber letztlich wichtigen Ausrüstungsteils, das bei der Masse der zu liefernden Einzelteile z. B. falsch terminiert oder ungenau spezifiziert wurde, aber beim Einbau für die termingetreue und fehlerfreie Funktion der Anlagenkomponente von großer Bedeutung ist. Die Höhe des Schadens kann z. B. in einer zwischen Auftraggeber und Generalunternehmer für den Schadensfall vereinbarten Verzugsstrafe, die der Generalunternehmer zunächst in vollem Umfang zu tragen hat, festgelegt sein. Der Unterlieferant als Schadensverursacher wird jedoch in seinem Liefervertrag mit dem Generalunternehmer entsprechend dem Lieferwert eine wesentlich geringere Verzugsstrafe vereinbart haben.

Letztlich wird der kleine Anteil der Verzugsstrafe dem Unterlieferanten weiterbelastet, der große Anteil der Verzugsstrafe verbleibt als Aufwendung beim Generalunternehmer.

2.2.1.2 Das Konsortialgeschäft

Wird die Herstellung eines kompletten Werkes vom Besteller an eine geschlossene Gruppe von Auftragnehmern (Konsortium) vergeben, handelt es sich um ein Konsortialgeschäft.

Beispiele für Konsortien sind:

- Zusammenarbeit verschiedener Handwerksbetriebe oder Bauunternehmen bei der Angebotserstellung und Abwicklung eines größeren Bauvorhabens innerhalb einer Arbeitsgemeinschaft (meist kurz ARGE genannt) [10].
- Mehrere Bauunternehmen, Heizungs-, Sanitäranlagen- und Lüftungsbauer sowie Elektroinstallationsbetriebe bilden ein Konsortium, um gemeinsam den Auftrag eines Krankenhausneubaus abzuwickeln.
- Zusammenarbeit verschiedener Unternehmen zum Bau eines Autobahnabschnittes, einer größeren Wohnsiedlung, Abteufen eines Schachtes, zum U-Bahn- und Stollenbau.

Einige wichtige Gründe für die Bildung von Konsortien sind:

- Ein einzelnes Unternehmen kann das vom Auftraggeber beabsichtigte umfangreiche, komplexe Vorhaben nicht allein aus eigener Leistungsfähigkeit bewältigen, weder von der Finanzkraft her noch aus dem Know-How oder den verfügbaren Kapazitäten für Konstruktion, Fertigung, Montage und Inbetriebnahme.
- Jedes Unternehmen wird ein Interesse daran haben, sich nicht für eine lange Zeit an einen einzigen Kunden binden zu wollen, schon gar nicht auf der Grundlage eines einzigen großen Auftrags.
- Lokale Partner kennen die örtlichen Verhältnisse, z. B. Landeskunde, Arbeitsmarkt, Recht usw. in der Regel besser und sind dadurch als Konsorten interessant.
- In vielen Fällen begünstigen die Behörden des Bestimmungslandes die Beteiligung der heimischen Industrie durch steuerliche Anreize oder erzwingen deren Beteiligung durch Verordnungen oder z. B. Importrestriktionen.

Auch Möglichkeiten zu Einsparungen oder Kostensenkung sind wichtige Gründe für die Bildung von Konsortien:

- Die überdeckende Kalkulation von Risiken kann teilweise vermieden werden. Jeder Konsorte ist für seinen eigenen Teil unmittelbar verantwortlich und haftet dafür. Risikoeinschlüsse können unter den Konsorten abgestimmt und aufgeteilt werden.
- Engineering und Fertigung können ggfs. in Ländern mit niedrigen Kosten (Niedriglohnländern) durchgeführt werden.
- Möglichkeiten des Auslands zur Exportfinanzierung und Exportkreditversicherung können genutzt werden, um zusätzliche oder günstigere Finanzierungsquellen zu erschließen.

Die Zulieferanten von elektrischen Ausrüstungen, ggfs. einschließlich Meß- und Regeltechnik und der Prozeßsteuerung, sind oft wichtige Geschäftspartner bei Lieferungen und Leistungen des Maschinen- und Anlagenbaus. Bisweilen beträgt der wertmäßige Anteil der Elektrotechnik mehr als 50% des Auftragswertes, so daß es geraten erscheint, diese Lieferanten am Konsortium zu beteiligen.

Andere Geschäftspartner, z.B. Bau- und Stahlbaufirmen, Systemlieferanten usw. werden abhängig von

- der Art der Technologie bzw. der Prozeßtechnik oder
- der Rechtsform der Gesellschaft, Unternehmensgröße, Kapitalausstattung bzw. Konzernbindung

als Konsorten verpflichtet.

Ein wesentliches Merkmal der Konsortien ist die Solidarhaftung, bei der die beteiligten Auftragnehmer für das Konsortium allein und gemeinsam haften. Dies gilt unabhängig davon, ob das Konsortium als offenes Konsortium dem Käufer und Dritten gegenüber handelt, oder ob es als stilles Konsortium ausschließlich im Innenverhältnis der Auftragnehmer existiert. Das Prinzip der Solidarhaftung ist im Haftungsfall generell vorrangig, unabhängig von anderen konsortialinternen Haftungsregelungen (vergleiche Abschnitt 2.2.2.10: Konsortialvertrag).

Im Einzelfall kann es durchaus vorteilhaft sein, z.B. den Bauteil aus dem Gesamtvorhaben abzutrennen und damit das Bauunternehmen dem Konsortium fernzuhalten. Durch diese Maßnahme lassen sich eventuell entstehende Risiken des Solidarhaftungsfalls reduzieren bzw. eliminieren.

Offene Konsortien werden gebildet, wenn es z.B. im Interesse des Kunden liegt, mehrere Unternehmen am Auftrag zu beteiligen. Das kann z.B. der Fall sein, wenn komplette Werke herzustellen sind, bei denen einerseits Anteile von Niedriglohnländern mit einfacher Technologie, andererseits Anteile in Hochtechnologie von Industrieländern geliefert werden.

Der Grund für die Bildung stiller Konsortien kann im Interesse des Konsortialführers liegen, wenn z.B.

- ein Geschäftspartner nicht gegenüber dem Kunden oder Dritten geschäftlich tätig sein soll, weil der Kunde die Zusammenarbeit mit einem Generalunternehmer wünscht.

Dieser Geschäftspartner wird dann konsortial verpflichtet.

Die konsortiale Abwicklung gewann auch im Maschinen- und Anlagenbau seit etwa 1970 an Bedeutung, weil

- sich die Aktivitäten des deutschen Maschinen- und Anlagenbaus vom deutschen bzw. westeuropäischen Markt zu Märkten in Übersee und zum Ostblock hin verlagerten.
- die Objektgröße von schlüsselfertigen Anlagen erheblich anstieg (z.B. die gigantischen Industrievorhaben der Ölstaaten)
- die Organisationsstruktur beim Kunden zur Beschaffung von Industrieobjekten fehlte bzw. die Kunden waren auf die Einkaufsaufgaben personell, fachlich und organisatorisch unvorbereitet.

Zur Koordinierung der konsortialen Aktivitäten und zur Vertretung des Konsortiums gegenüber dem Kunden und Dritte wird in der Regel ein Konsortialführer gewählt, der Erfahrung bei der Durchführung derartiger Anlagengeschäfte hat (z. B. als Generalunternehmer) und die für die Abwicklung erforderlichen personellen und fachlichen Kapazitäten bereitstellen kann.

Auf den Konsortialführer kommen durch seine Tätigkeit weitreichende organisatorische und finanzielle Konsequenzen mit Auswirkung auf alle Konsorten zu.

Der Koordinationsaufwand und hiermit verbundene Kosten, einschließlich Gestellung von qualifiziertem Personal, Büroraum, Kommunikationsmittel (Telefon, Telex, Telefax) usw. für den Zeitraum der Auftragsabwicklung, werden oft unterschätzt.

Während der Zeit der Auftragsabwicklung steht das für die Konsortialführung abgestellte Personal für andere Aktivitäten nicht mehr zur Verfügung.

Das Unternehmen, das die Führung des Konsortiums übernimmt, sollte bei der Auswahl des Sprechers berücksichtigen, daß seine Aufgabe außer guten Fachkenntnissen auch organisatorisches Geschick und psychologisches Einfühlungsvermögen erfordert.

2.2.1.3 Lieferanten und Hersteller

Lieferanten des Maschinen- und Anlagenbaus sind im wesentlichen Zulieferer und Dienstleister, z. B. als

- Ingenieur für die Durchführung von Ingenieurleistungen
- Lieferant von Maschinen und/oder Anlagenteilen
- oder als Unterlieferanten für einzelne Bleche, Träger, Schrauben und Hilfsmaterial, oder
- als Verpacker, Spediteur und Transporteur usw.

Lieferanten haben in der Regel, bezogen auf das Vertragsverhältnis zwischen Generalunternehmer und Auftraggeber bzw. zwischen Konsortium und dem Kunden, keine unmittelbare vertragliche Bindung mit dem Generalunternehmer oder einem der Konsorten bzw. dem Konsortium.

Oftmals ist die Auswahl von Lieferanten gebunden an Empfehlungen und Genehmigungen des Endkunden. Die Gründe hierfür können z. B.

- in dem Kundenwunsch nach Standardisierung von Elektrik, Pumpen, Fahrzeugen, Hebewerkzeugen, Containern usw. liegen
- oder der Kunde entscheidet nach preislichen oder politischen Gesichtspunkten
- oder er hat mit seinem Lieferanten bisher gute Erfahrungen gemacht.

Diese Art der Einflußnahme des Auftraggebers schränkt den Handlungsspielraum des Generalunternehmers bzw. des Konsortiums ein und kann sich unmittelbar auf

Betriebssicherheit, Qualität, Terminplanung, Kosten, Risiken und Haftung des Hauptauftragsteils auswirken.

Falls der Auftragnehmer nicht frei ist bei seiner Entscheidung für Lieferanten, so ist es empfehlenswert, die zur Auswahl stehenden Lieferanten frühzeitig bezüglich Qualität, Termintreue, Preis und Bedingungen zu binden. Falls keine Übereinstimmung mit dem Lieferanten abzusehen ist, bleibt dem Auftragnehmer noch die Möglichkeit, im Einvernehmen mit dem Auftraggeber den Lieferanten zu wechseln oder diesem einen konsortialähnlichen Status zu geben.

Selbst bei freier Bestimmung des Lieferanten gibt es Kriterien, die bei der Auswahl zu berücksichtigen sind, z. B.:

- die generelle Leistungsfähigkeit des Lieferanten hinsichtlich Qualität, Termintreue, Kundendienst, Auslandserfahrung, Preisstellung
- der Brauchbarkeit der vom Lieferanten im Einzelfall angebotenen Verfahrenstechnik und vorgeschlagenen Technologie
- dem Grad der Vollständigkeit (z. B. fertige Produktionslinie) der vom Lieferanten angebotenen Ausrüstungen und Systeme
- dem Grade der Kooperationsfähigkeit und Kulanz, insbesondere was Montage, Inbetriebnahme und Kundendienst betrifft.

2.2.1.4 Consulting (Das Beraterverhältnis)

Die Abwicklung von Maschinen- und Anlagengeschäften über Berater (Consultants) stammt vornehmlich aus den angelsächsischen Ländern und ist dementsprechend in diesen Ländern (USA, Großbritannien, Kanada, Australien) und die durch diese Länder beeinflußten Weltregionen sehr verbreitet.

Insbesondere Kunden, die nicht genug eigenes, erfahrenes Personal für Projektabwicklung einsetzen können oder für die es schwierig ist, auf dem landeseigenen Arbeitsmarkt qualifiziertes Fachpersonal zu bekommen, nutzen die Dienstleistungen der Consultants.

Zu den klassischen Aufgaben, die ein Consultant für den Auftraggeber durchführt, gehören z. B.

- Erstellen von Feasibility-Studien [Erarbeitung der Projektrichtlinien (Basic-Data)] wie z. B. Auswahl des Verfahrens und der Technologie, mit Zusammenstellung der Ausschreibungsunterlagen
- Ausgaben der Ausschreibungen und Auswahl der Lieferanten für Ingenieurleistungen, Maschinen- und Materiallieferungen, Bau-, Montage- und Inbetriebnahmearbeiten
- Überwachung der Projektabwicklung in allen Stufen, bis hin zur Betriebsbereitschaft, u. a. Terminverfolgung, Genehmigung von Zeichnungen, technische Abnahmen, Bauüberwachung
- ggfs. nach Inbetriebnahme befristete Überwachung der Betriebsführung.

Der Consultant haftet im allgemeinen nur im Rahmen seiner betrieblichen Versicherungen oder bis zu einer eingeschränkt bestimmbaren Wertgrenze.

Die Erstattung der Aufwendungen des Consultant für seine Dienstleistungen wird in der Regel in Form eines Festpreises vereinbart oder nach festgelegten Sätzen (z. B. Kostensatz pro Manntag) entsprechend der erbrachten Leistungen und nachgewiesenen Kosten vorgenommen.

2.2.1.5 Know-How, Lizenzvergabe, technische Kooperation

Kunden bestellen Maschinen und Anlagen mit dem Ziel

- mit den neuen Produktionseinrichtungen, möglichst in eigener Regie, gewünschte Erzeugnisse in geplanter Menge und Qualität herzustellen.

In der Regel reicht es jedoch nicht aus, Maschinen und Ausrüstungen dem Kunden zu liefern, dann zu montieren, in Betrieb zu nehmen und dem Kunden zur weiteren Nutzung zu übergeben [10]. Bevor der Kunde die Anlagen und Maschinen für eigene Produktionszwecke betreiben kann, müssen einige Grundvoraussetzungen erfüllt sein:

- Der Betreiber der Maschinen und Anlagen (meistens der Kunde) muß über qualifiziertes Personal für Betriebsführung, Produktionsplanung und -abwicklung, Materialwirtschaft, Instandhaltung und technische/kaufmännische Verwaltung verfügen
- ohne Übertragung von Betreiber- bzw. Prozeß-Know-How auf das Kunden- bzw. Betreiberpersonal können die neuen Maschinen und Anlagen nicht sinnvoll genutzt werden.

Je geringer die betrieblichen Erfahrungen der Betreiber sind, desto wichtiger wird die Übertragung des betrieblichen und speziell mit den neu gelieferten Maschinen und Anlagen verbundenen Wissens auf das Kundenpersonal (vergleiche Abschnitt 2.2.2.6: Lizenz-, Know-How-, Technical Assistance- und Kooperationsverträge).

Dies gilt in besonderem Maße für Entwicklungsländer, aber auch, abhängig vom jeweiligen Einzelfall, für Schwellenländer. Bei besonders schwierigen Technologien gilt es auch für Industrieländer.

Oft besitzt der Maschinen- und Anlagenbauer nicht selbst das Betreiber-Know-How bzw. eine Lizenz zum Betreiben der Einrichtungen. In diesem Fall wird er auf Betreiber gleicher Maschinen und Ausrüstungen bzw. den Lizenzinhaber zurückgreifen müssen, um dem neuen Kunden den Betrieb der verkauften Anlage durch Vermittlung einer Lizenz zu ermöglichen.

Ob nun Lizenzverträge direkt zwischen dem Kunden und dem Know-How- oder Lizenzgeber oder über den Maschinen- und Anlagenbauer abgeschlossen werden, bleibt dem Einzelfall überlassen.

2.2.1.5.1 Know-How

Know-How wird hier, im Zusammenhang mit Auftragsabwicklung des Maschinen-
und Anlagenbaus, gesehen als in den Unternehmen vorhandenes spezielles Wissen
über

- Arbeitsprozesse von im Verkaufsprogramm geführten Maschinen und Anlagen
  und deren Einsetzbarkeit zur Produktion von Gütern (Anwendungs- und Verfahrenstechnik)
- Fertigungsverfahren für die Herstellung von Maschinen, Maschinenteilen, Ausrüstungen und Anlagenkomponenten
- Einsatzmöglichkeiten und Bearbeitbarkeit von Fertigungsmaterialien, Hilfs- und
  Betriebsstoffen
- Aufbauen von Maschinen und Anlagen an fremden Standorten, Montage, Schulung des Kundenpersonals, Inbetriebnahme, Produktionsanlauf, Betriebsführung
  für Dritte an fremden Standorten
- unternehmerische, technische, kaufmännische und administrative Betriebsführung
- Marktkenntnisse, Einflußnahme, Vertriebs- und Kundenbetreuungsorganisation,
  Marketing usw.

Dieses Spezialwissen ist nicht durch Schutzrechte (Patente) absicherbar und daher
teilweise Dritten offen zugänglich.

Das verfügbare Know-How eines Unternehmens ist von erheblicher Bedeutung für
die Ertragskraft, Wettbewerbs- und Lebensfähigkeit des Unternehmens. Daher gehört es in der Regel zu den Unternehmensgrundsätzen, das Know-How ausschließlich für sich selbst verfügbar zu halten und für sich selbst auszubauen.

Bei Kunden, Mitlieferanten aber auch Wettbewerbern besteht ebenfalls großes Interesse an der Übernahme des Know-How (oder Teilen hieraus) für eigene Nutzung.
Sie sind daher auch bereit, für den Erwerb des Know-How zu bezahlen. In der Praxis
werden genau abgrenzbare Teile des Know-How, wie z.B. im Bereich der Prozeßsteuerung oder der Verfahrens- und Fertigungstechnik, gegen Entgelt im internationalen Geschäft in Form von Lizenzen an Dritte überlassen, so z.B. als Prozeß-,
Verfahrens- und Fertigungslizenzen.

Dabei beachten die Lizenzen vergebenden Unternehmen in der Regel, daß das
überlassene Know-How nur von ausgewählten Lizenznehmern in fest definiertem
Umfang und Zeitraum genutzt wird. Danach richtet sich auch das u.U. zu gewäh-
rende Recht zur Vergabe von Unterlizenzen.

2.2.1.5.2 Lizenzvergabe

Lizenzen beruhen auf Schutzrechten z. B. von international angemeldeten Patenten (Ausnahme: vergleiche Abschnitt 2.2.1.5.1: Know-How) und werden von dem Lizenzinhaber an dritte Unternehmen vergeben.

Durch die Übernahme der Lizenz werden die Lizenznehmer berechtigt, die mit dem Schutzrecht geschützten Technologien und Verfahren für ihre eigenen Zwecke zu nutzen, z. B. zum Betrieb der eigenen Anlagen oder um unter die Lizenz fallende Produkte fertigen und vertreiben zu können.

Der Lizenzinhaber muß sich über Vor- und Nachteile der Lizenzvergabe im klaren sein.

Mögliche Vorteile sind:

- Einnahmen aus Lizenzvergaben
- Umgehen von Einfuhrrestriktionen
- Einsparen von Kosten durch Wegfall der Eigenfertigung (z. B. Transportkosten)
- Verhinderung von Neuentwicklungen, die letztlich konkurrierend zu Eigenerzeugnissen wirken könnten.

Nachteile können sein:

- Know-How wird an Dritte weitergegeben, es besteht das Risiko des Nachbaus
- die Fertigungskapazitäten der eigenen Fertigungsstätten werden ggf. geringer ausgelastet
- ggfs. besteht das Risiko der Imageschädigung durch mindere Qualität der Ausbringung beim Lizenznehmer.

2.2.1.5.3 Technische Kooperation

Neben dem Tansfer von Know-How und der Vergabe von z. B. Fertigungslizenzen an den Betreiber muß in manchen Fällen eine Zusammenarbeit mit Zulieferanten vereinbart werden, die ihren Sitz im Bestimmungsland der Maschinen- und Anlagenaufstellung haben. Diesen Zulieferanten wird die Fertigung und Lieferung bestimmter Ausrüstungsteile oder vollständiger Komponenten in Auftrag gegeben. Die von ihnen hergestellten Ausrüstungsteile oder Komponenten sind für den Einbau in die Gesamtanlage vorgesehen.

Ein Grund hierfür liegt in dem Bestreben vieler Länder, eine eigene nationale Investitionsgüterindustrie aufzubauen bzw. die eigene Industrie zu fördern oder zu schützen. Sie zwingen daher die ausländischen Lieferanten von Maschinen und Anlagen (z. B. über Einfuhrbestimmungen), Auftragsteile an ihre heimische Industrie zu vergeben.

Für den Hauptlieferanten für Maschinen und Anlagen bedeutet das in der Regel eine Erschwernis:

- Zwischen den staatlich geförderten Zulieferanten und dem Hauptlieferanten besteht meist ein hohes technologisches Gefälle. Es wird zur Zusatzaufgabe des Hauptlieferanten, fehlendes oder mangelndes Wissen bei den Zulieferanten auszugleichen.
- Es muß unternehmenseigenes Fertigungs-Know-How übertragen werden. Vorteile hieraus entstehen kaum (vergleiche Abschnitt 2.2.1.5.2: Lizenzvergabe), Nachteile sind z. B. außer dem Wettbewerbsrisiko des Nachbaus und der Gefahr unzureichender Qualität auch die zeitweise Personalbindung von eigenem Fertigungspersonal für fremde Dritte.

Einige Unternehmen des Maschinen- und Anlagenbaus haben im Bestimmungsland eigene Fertigungsbetriebe und können dadurch u. U. ihre Flexibilität, bezogen auf technische Kooperation, verbessern.

Im Falle einer Kooperation zum Zwecke der lokalen Fertigung von Ausrüstungen mit einem lokalen Fertigungsbetrieb (im Ausland) werden einschlägige Verträge in der Regel zwischen dem Maschinen- und Anlagenbauer und dem örtlichen Partner abgeschlossen.

2.2.1.5.3.1 Training

Training ist hier Aus- und Weiterbildung von Personal

- des Kunden oder des Betreibers oder
- des Kooperationspartners,
- oder von fremden Dritten, die zukünftig für das Betreiben der zu liefernden oder ähnlicher Anlagen eingeplant sind (vergl. auch Pkt. 5).

Wissensbreite und -tiefe sowie Zeitdauer der zu vermittelnden Aus- und Weiterbildung sind u. a. abhängig:

- vom allgemeinen Wissensstand des Kundenlandes (Entwicklungs-, Schwellen- oder Industrieland)
- von der Region (z. B. regional überwiegend landwirtschaftliche Infrastruktur in einem Industrieland, Übergang der Region in die Industriealisierung)
- und vom Einzelfall der zu liefernden Technologie.

Das Training kann stattfinden in Lehrwerkstätten, unternehmenseigenen Schulen, am Aufstellungsort der Maschinen und Anlagen, am Aufstellungsort bereits produzierender ähnlicher Maschinen und Anlagen (z. B. bei Konzernzugehörigkeit anderer Werke), im Betrieb des Kooperationspartners oder im Werk von Dritten.

2.2.1.5.3.2 Technische Assistenz/Management

Technische Assistenz wird geleistet, um den Kunden beim Betrieb und der Instandhaltung der Anlage zu helfen oder um den Kooperationspartner bei der Fertigung
von Ausrüstungsteilen für eine Maschine oder Anlage zu unterstützen.

Dies geschieht im allgemeinen durch Überlassung von Unterlagen bzw. Informationsmaterial und durch Erfahrungsaustausch mit Fachleuten. Abhängig vom Einzelfall wird eigenes oder fremdes Personal für die technische Assistenz durch den
Maschinen- und Anlagenbauer abgestellt.

In Einzelfällen erstreckt sich die technische Assistenz bis auf die Betriebsführung
(Management) der Anlage (vergl. auch Pkt. 5.3).

2.2.1.6 Leistungsgrenzen und Gefahrenübergang

Anlässe für strittige Fälle können sich leicht aus unterschiedlichen Auffassungen über
die Einhaltung von Leistungsgrenzen aus Lieferungen und Leistungen sowie über
den Eintritt des Gefahrenübergangs von Lieferungen ergeben.

Die mögliche Bandbreite und Risiken für Leistungsgrenzen und Gefahrenübergang
werden an folgendem Beispiel deutlich:

> Eine Schlosserei liefert als Unterlieferant eines Anlagenbauers einige leichte Stahl-
> bauteile, die für eine Anlage in einem Entwicklungsland bestimmt sind, mit den
> Konditionen „ab Werk" an ein inländisches Werk des Anlagenbauers, jedoch einen
> Monat später als zugesagt.
> Der Anlagenbauer selbst hat den Auftrag, eine Anlage zu erstellen, für die o. g.
> Teile bestimmt sind und die Anlage in einem Entwicklungsland mit den Konditio-
> nen „produit en main" schlüsselfertig zu einem bestimmten Termin (Konventio-
> nalstrafe) aufzustellen.
> Darüber hinaus hat sich der Anlagenbauer verpflichtet, Management und Betrieb
> der Anlage solange zu übernehmen, bis einheimische Kräfte die Anlage „fahren"
> können.

Aus dem Beispiel ergibt sich, daß entsprechend den unterschiedlichen Auftragssitua-
tionen hinsichtlich Umfang, Sorgfalt, Termineinhaltung, Aufwand und Risiko jeweils andere organisatorische, vertragliche, kalkulatorische und absichernde Vorkehrungen getroffen werden müssen.

Im Laufe der Jahre haben sich im internationalen Geschäft aufgrund einer Vielzahl
von ähnlich gelagerten Fällen international anerkannte „Spielregeln" entwickelt, die
unabhängig davon, ob ein Unternehmen bei einem Auftrag als Kunde, Generalunternehmer, Konsorte, Unterlieferant, Kooperationspartner usw. auftritt, anwendbar
sind.

Diese Spielregeln beziehen sich auf die Bestimmung von Leistungsgrenzen und den
Gefahrenübergang. Deren rechtliche Aussagen verstehen in der Regel beide Seiten

weitgehend gleich; auch werden die Folgen aus evtl. unterschiedlichen Auslegungen begrenzbar.

Sogar in den Ländern, in denen ein ausgeprägtes eigenes Rechtssystem gilt, werden die Regeln beachtet und unterstützt.

2.2.1.6.1 Leistungsgrenzen

Die Bestimmung von Leistungsgrenzen bezieht sich bei der Auftragsabwicklung im Maschinen- und Anlagenbau auf:

- den Grad der Erfüllung von Liefer- und Leistungsverträgen, hierzu gehören:
  - verspätete Erfüllung
  - Schlechterfüllung oder
  - Nichterfüllung und
  - Folgeschäden aus Mängeln
- die Abhängigkeit der Auftragserfüllung von kundenseitig zu schaffenden Voraussetzungen, so z. B.:
  - Mitteilung über Eröffnung des Akkreditivs bzw. Eingang der Anzahlung
  - termingemäße Aussagen über Spezifikationen, die für die Konstruktion relevant sind
  - Fertigstellung von Bauleistungen
  - Schaffung der Infrastruktur (Straßenbau, Energiezufuhr, Wasser, Abwasser u. a.)
- besondere Herausstellungen in Verträgen (vergleiche Abschnitt 4.6.3: Abnahme, Abnahmeformen) zur näheren Definition der Leistungserwartungen hinsichtlich z. B.:
  - Qualität, Energieverbrauch, Materialeinsatz
  - Ausbringung, Ausschuß, Verschleiß
  - Einhaltung von Sicherheitsbestimmungen.
- Festlegungen auf Abweichungen von allgemein gültigen Regeln zum Gefahrenübergang
  - z.B. Lieferung fob durch den Verkäufer
  - cif-Lieferung und Entzollung durch den Käufer und Wiederübernahme der Ausrüstungen durch den Verkäufer zwecks Montage der Anlage.

2.2.1.6.2 Gefahrenübergang

Der Gefahrenübergang läßt sich definieren als der Zeitpunkt, ab dem die „Gefahr des zufälligen Untergangs oder der Verschlechterung des Liefergegenstandes" vom Verkäufer auf den Käufer übergeht.

Daraus folgt, daß

– Schäden, die nachweislich nach Eintreten des Gefahrenüberganges am Liefergegenstand entstehen und nicht durch den Verkäufer verursacht wurden, (z. B.
  Fehler an den Ausrüstungen selbst, mangelhafte Verpackung, falsche Konservierung) vom Käufer zu tragen sind,

und ebenso wichtig,

– der Verkäufer den Anspruch auf den vereinbarten Preis voll behält.

Im Grunde genommen bedeutet der Gefahrenübergang keine andere Regelung als
die täglichen „Zug-um-Zug“-Geschäfte (Einkäufe) im privaten Bereich. Hat der
private Käufer gegen Zahlung eine Sache erstanden und wird der neue Gegenstand
auf dem Heimweg beschädigt, haftet der Verkäufer nicht. Stellt sich jedoch heraus,
daß der neu erstandene Gegenstand nicht einwandfrei funktioniert, hat der Käufer
Anspruch auf Nachbesserung bzw. Austausch.

Der Gefahrenübergang muß durch Handlung herbeigeführt werden:

– z. B. wird der Gegenstand fob geliefert; wenn der Käufer die Lieferung nicht
  innerhalb eines bestimmten Zeitraumes ab Versandbereitschaft verschifft und somit annimmt, sorgt der Verkäufer für die Einlagerung des Gegenstandes.

Mit dem Gefahrenübergang gehen in der Regel auch die Kosten für Transport,
Lagerung usw. vom Verkäufer auf den Käufer über.

Die Internationale Handelskammer (ICC) in Paris hat internationale Regeln für die
einheitliche Auslegung handelsüblicher Vertragsformeln ausgearbeitet. Diese Regeln
werden INCOTERMS genannt (vergleiche Abschnitt 4.7.4: INCOTERMS), ihre
letztgültige Fassung hat den Stand 1990. Allerdings werden diese Regeln in den
einzelnen Ländern und sogar in verschiedenen Häfen eines Landes unterschiedlich
ausgelegt [11].

Im folgenden sind die im Maschinen- und Anlagenbau gebräuchlichsten Lieferbedingungen der INCOTERMS (die in eckige Klammer gesetzten Dreibuchstaben-
Abkürzungen sind neue, sprachunabhängige, computergerechte Standard-Codes)
aufgeführt, jedoch inhaltlich nur auszugsweise:

ex works = ab Werk. [EXW] Der Verkäufer hält die Ware zum vereinbarten
Liefertermin am vereinbarten Ort (Werk, Lager) bereit. Die Kosten
und Gefahren trägt der Käufer von dem Zeitpunkt an, an dem die
Ware abzunehmen ist. Im Unterschied hierzu ist mit „frei ab Werk“
zu verstehen: „Verladen auf Transportmittel des Empfängers, einschließlich inländischer Verpackung.“

for/fot = free **on** **r**ail/truc = frei Waggon [FOR]. Der Verkäufer muß bei der
Bahn einen Waggon bestellen und ihn auf seine Kosten beladen.

Sobald der beladene Waggon der Bahn ausgehändigt worden ist, trägt der Käufer alle Kosten und Gefahren der Ware.

frei Grenze = bzw. **geliefert Grenze** = **d**elivered **at f**rontier [DAF]. Der Grenzübergangsort wird genau bestimmt. Der Verkäufer trägt alle Kosten und Gefahren bis zur Sicherstellung der Ware an der Grenze.

fas = **f**ree **a**longside **s**hip = frei Längsseite Seeschiff [FAS]. Der Verkäufer muß die Ware längsseits des Schiffes, d. h. bis an die Ladeeinrichtung des Schiffes im Verschiffungshafen auf seine Kosten und Gefahr der Ware verbringen. Das Verladerisiko trägt der Käufer, er muß auch den notwendigen Schiffsraum sicherstellen.

fob = **f**ree **on b**oard = frei an Bord [FOB]. Der Verkäufer trägt alle Kosten und Gefahren der Ware bis zu dem Zeitpunkt, an dem die Ware im vereinbarten Verschiffungshafen die Reling des Seeschiffes überschritten hat. Der Käufer hat den erforderlichen Schiffsraum zu beschaffen und dem Verkäufer rechtzeitig Namen und Ladeplatz des Schiffes sowie den Zeitpunkt der Beladung des Schiffes mitzuteilen.

fob airport = **f**ree **on b**oard **a**irport = fob Flughafen [FOA]. Der Verkäufer muß die Ware dem Luftfrachtführer übergeben, auf Kosten des Käufers den Vertrag für die Beförderung der Ware abschließen und alle Kosten und Gefahren der Ware bis zur Übergabe an den Luftfrachtführer übernehmen. Ab der Übergabe an den Luftfrachtführer trägt der Käufer alle Kosten und Gefahren der Ware.

c & f = **c**ost **and f**reight = Kosten und Fracht [CFR]. Verlade- und Entladegebühren sowie Frachtkosten bis zum Bestimmungshafen gehen zu Lasten des Verkäufers. Den Schiffsraum hat der Verkäufer zu besorgen. Die Gefahr für den Untergang oder von Schäden an der Ware geht auf den Käufer über, sobald die Ware die Reling des Schiffes im Verschiffungshafen überschritten hat.

cif = **c**ost, **i**nsurance, **f**reight = Kosten, Versicherung und Fracht bis Bestimmungshafen [CIF]. Die Klausel cif ist gleichbedeutend wie c & f, jedoch enthält sie zusätzlich die Verpflichtung des Verkäufers, auf eigene Kosten die Seetransportversicherung gegen die Gefahr des Untergangs oder von Schäden an der Ware während des Transports abzuschließen.

Unabhängig von der Anwendung der INCOTERMS kann der Gefahrenübergang auch in einer zeitlich weit vorgeschobenen Handlung liegen, z. B. tritt bei einem sogenannten turnkey-Geschäft (auch „clé en main" genannt) der Gefahrenübergang erst bei Abnahme des Werkes am Montageort ein.

Wird eine Anlage „produit en main" (besonders in französischsprachigen Ländern)
abgenommen, so erweitert sich der Risikokatalog des Lieferanten im Vergleich zum
turn-key-Geschäft erheblich:

- Der Vertrag bestimmt, daß eine funktionsbereite Anlage zu übergeben ist, auf der
  unmittelbar nach Übergabe verkaufsfähige Produkte gefertigt werden können.
  Ggfs. muß sich der Lieferant am Verkauf der erzeugten Produkte beteiligen.

Dies bedeutet für den Lieferanten zusätzlich Training des Personals, technische Assistenz, Beteiligung an der Sicherstellung der Energie- und Rohmaterialversorgung,
Betrieb der Anlage bis zur Abnahme oder sogar bis zu einem im Vertrag bestimmten
Zeitpunkt.

2.2.1.7 Preisformen

Der Preis ist auch im Maschinen- und Anlagenbau im wesentlichen das Entgelt des
Käufers gegenüber dem Verkäufer zur Abdeckung von Kosten des Verkäufers, die
er bei der Erbringung der Lieferungen und Leistungen hatte.

Der Grad der Kostenabdeckung ist, insbesondere unter marktwirtschaftlichen Bedingungen, Ausdruck dafür, wieweit Gewinnerwartungen des Verkäufers erfüllt werden.

Im Maschinen- und Anlagenbau vereinbaren Käufer und Verkäufer im Lieferungs-
und Leistungsvertrag eine Preisform. Mit der Bestimmung der Preisform wird für
beide Seiten festgelegt, ob z. B.:

- der Verkäufer einen endgültigen Gegenwert für die zu erbringenden Lieferungen
  bzw. Leistungen vom Käufer erhält, unabhängig davon, ob nicht vorhersehbare
  Kostenarten oder ungeplante Kostenerhöhungen im Laufe der Auftragsabwicklung entstehen
- der Verkäufer zumindest mit einer teilweisen Erstattung durch den Käufer für
  zusätzlich entstandene Kosten rechnen kann
- der Käufer sich auf preisliche Nachforderungen des Verkäufers und zusätzlichen
  Finanzbedarf oder Leistungsbeschränkungen einstellen muß.

Die in Verträgen vereinbarte Preisform in Verbindung mit der Bestimmung von
Leistungsgrenzen und Gefahrenübergang sind sowohl auf Käufer- als auf Lieferseite
Mittel zur juristischen Absicherung [12].

In der Praxis des Maschinen- und Anlagenbaus werden folgende Preisformen unterschieden:

- Festpreis (Fix price)
- Pauschalpreis (Lump-sum)
- Gleitpreis (Escalation clause)
- Kostenerstattungspreis plus Ingenieurgebühr (cost-plus-fee)
- Kostenerstattungspreis (open-cost contract).

2.2.1.7.1 Festpreis

Der Festpreis basiert auf einem festgelegten Liefer- und Leistungsumfang. Sofern der Vertrag reibungslos abgewickelt werden kann, vereinfacht und beschleunigt der Festpreis die Rechnungslegung und teilweise die finanzielle Abwicklung.

Die Planung und Steuerung der Auftragsabwicklung kann optimal gestaltet werden. Änderungen werden von beiden Vertragspartnern (wegen der Kostenfrage) möglichst vermieden. Damit ist die Einhaltung eines vereinbarten Endtermines von dieser Seite nicht gefährdet. Trotz dieses Vorteils sind US-amerikanische Firmen im allgemeinen nicht bereit Fix-price contracts zu akzeptieren.

Eine Preisanpassung ist unumgänglich, wenn sich die Geschäftsgrundlage verändert, z. B. wenn:

- insbesondere die Lieferungs- und Leistungsspezifikation nachträglich im Vertrag geändert wird
- oder die Leistungszeiträume nicht eingehalten werden können und dies nicht vom Auftragnehmer verursacht wurde.

Gründe für die nachträglichen Änderungen der Spezifikationen und damit qualitative und quantitative Abweichungen vom vereinbarten Liefer- und Leistungsumfang ergeben sich in der Praxis z. B. aufgrund neuer Kundenwünsche oder neuer Auflagen von Behörden. Das können sein:

- Anwendung neuer Sicherheitsvorschriften (neue Normen)
- verbesserte Umweltschutzmaßnahmen (neue Behördenauflagen)
- Abänderung des geplanten Stoffeinsatzes (wie Substitution von Schweröl durch Heißwind, Teer und Koks beim Hochofen)
- Abänderung der geplanten Produktionsart (Aufnahme weiterer Kaliber in einem Walzwerk (neuer Kundenwunsch).

Für die in der Regel kundenseitig herbeigeführten Änderungen werden zwischen Kunde und Anlagenlieferant Vertragsnachträge („Change orders") ausgearbeitet und vereinbart, die alle Mehrungen und Minderungen mit den Folgen, z. B. für Preis und Lieferzeit, enthalten.

Der Ablauf für Vertragsänderungen ist üblicherweise folgender:

- technische Klärung, Lösungsfindung, grobe Kostenschätzung, Auswirkung auf Termine
- Vorabinformation des Kunden, um ihm Gelegenheit zur Zurückziehung des Änderungswunsches zu geben
- Kalkulation des Änderungsaufwands, falls prinzipielle Kundenzustimmung vorliegt

– Bekanntgabe des Änderungsaufwands an den Kunden mit Bitte um formelle Zustimmung
– Realisierungsplanung.

Die Verfolgung des Projektes bezüglich Kosten und Terminverschiebung gehört zu den wesentlichen Aufgaben des Projektmanagements.

2.2.1.7.2 Pauschalpreis (Lump-sum)

Der „Lump-sum" oder auch Pauschalpreis enthält das gesamte Entgelt für die vom Lieferanten zu erbringenden Lieferungen und Leistungen für z. B. eine komplette Anlage. Im Vertrag zwischen Auftraggeber und -nehmer ist sie jedoch nicht bis ins einzelne spezifiziert, wohl aber sind die „Rohmaterialien" an der Anlagengrenze, d. h. am Eintritt bzw. die „Fertigprodukte" am Austritt klar spezifiziert. Ebenso sind die örtlichen Bedingungen (Betriebsmittel) genau fixiert. Z. B.:

> Ein Anlagenbauer vereinbart mit einem Kunden zu einem festen Preis eine „in jeder Hinsicht komplette und funktionierende Anlage zur Herstellung von Flaschenbier mit einer Kapazität von 500.000 hl schlüsselfertig an dem vom Kunden bestimmten Ort zu errichten und produktionsbereit zu übergeben", ohne daß die Lieferungen und Leistungen im Detail spezifiziert sind.

Die Anwendung des Pauschalpreises ist zu empfehlen, wenn die bisherige Zusammenarbeit zwischen Kunde und Lieferant aufgrund ähnlicher Geschäfte zu einem beidseitigen Verhältnis führte, das durch Zuverlässigkeit, Sicherheit, Vertrauen und Fairness gekennzeichnet ist.

Sofern die Auftragsabwicklung ähnlich einem Vertrag mit Festpreis verläuft, kann die Rechnungslegung vereinfacht und ggfs. die finanzielle Abwicklung beschleunigt werden. Die Vorteile bzgl. des Fertigstellungstermines sind die gleichen wie bei einem „Festpreis-Vertrag".

2.2.1.7.3 Gleitpreis

Der Gleitpreis basiert auf einem Ausgangspreis, der zu einem bestimmten Zeitpunkt (z. B. Tag der Angebotsabgabe oder des Vertragsabschlusses) von beiden Vertragsparteien als gültig anerkannt wird, und der gemäß im Vertrag festgelegten Regeln (z. B. Preisgleitformel) während der Auftragsabwicklungszeit der Kostenentwicklung angepaßt wird.

Die Anwendbarkeit der Gleitpreisklausel bezieht sich auf nominelle Kostenänderungen, z. B. inflatorisch (Tariferhöhungen) oder deflatorisch (Materialpreissenkung). Sie berücksichtigt aber keine realen Kostenänderungen, die ihre Ursache in z. B. Änderung des Materialeinsatzes oder Fertigungsweg oder im Anstieg der verbrauchten Materialmengen bzw. Lohnstundenanzahl hat.

Wichtige Kriterien für die Gestaltung einer Preisgleitformel sind:

— von beiden Vertragsparteien anerkannte Indizes, die den im Ausgangspreis enthaltenen Kostenfaktoren wie Lohn und Material entsprechen (z. B. öffentliche Preisindizes vom Statistischen Bundesamt in Wiesbaden)
— vertraglich festgesetzte Zeitpunkte, zu denen die Preisgleitformel anzuwenden ist (z. B. gekoppelt an periodisch wiederkehrende Veröffentlichungen des Statistischen Landesamtes), um Kostenanpassungen wert- und periodengleich vornehmen zu können
— die Aufnahme der Indizes und Anwendungstermine als Bestandteil in den Vertrag mit Bestimmung evtl. Ober- und Untergrenzen (key-dates)
— ggfs. die vertragliche Bestimmung von Referenzmaterial oder Referenzlöhnen, die für den Nachweis der Preisänderung heranzuziehen sind [13].

Es ist darauf zu achten, daß Preisgleitformeln und die dabei verwendeten Indizes und Verfahren gegebenenfalls genehmigungspflichtig sind, z. B. im Zusammenhang mit öffentlichen Aufträgen in der Bundesrepublik Deutschland oder, je nach Preisrecht, im Bestimmungs- bzw. Käuferland.

Bei Preisgleitformeln in Landeswährung können sich u. a. Probleme bei der Auswahl adäquater Indizes und der regelmäßigen Veröffentlichung dieser Indizes ergeben.

Eine Preisgleitformel könnte z. B. wie folgt interpretiert werden:

$$P_1 = P_0 \left(x \frac{a_1}{a_0} + y \frac{b_1}{b_0} + z \frac{c_1}{c_0} \dots \right)$$

P_0 = Preis bei Auftragserteilung
P_1 = Preis bei Abrechnung
a_0 = z. B. Lohnkostenanteil bei Auftragserteilung
a_1 = z. B. Lohnkostenanteil bei Abrechnung
b_0 = z. B. Materialkostenanteil bei Auftragserteilung
b_1 = z. B. Materialkostenanteil bei Abrechnung
c_0 = z. B. Engergiekostenanteil bei Auftragserteilung
c_1 = z. B. Energiekostenanteil bei Abrechnung
x = prozentualer Anteil an Lohnkosten
y = prozentualer Anteil an Materialkosten
z = prozentualer Anteil an Energiekosten

2.2.1.7.4 Kostenerstattungspreis plus Bearbeitungsgebühr (cost plus fee)

Die Risiken, die sich aus vorgenannten Preisformen ergeben, können gemindert werden, wenn man mit seinem Kunden einen Kostenerstattungspreis und eine Bearbeitungsgebühr (cost-plus-fee-price) vereinbaren kann.

Hier handelt es sich um eine Bearbeitungsgebühr für Ingenieur- und Einkaufsleistungen, die im allgemeinen als fixer Wert mit dem Kunden vereinbart wird. Ein solcher Auftrag setzt sich also damit aus folgenden Kosten zusammen:

- Materialkosten, gegen Nachweis zu erstatten
- Bau- und Montagekosten, gegen Nachweis zu erstatten
- die komplette ingenieurmäßige und kaufmännische Bearbeitung einschließlich der Kosten für Montageüberwachung zu einer festen Gebühr (fixed fee)

Alternativ dazu gibt es noch Kostenerstattungspreise, wo die Gesamtleistung gegen Nachweis abgerechnet wird, d.h. auch Ingenieur- und Einkaufsleistungen gegen Stundennachweise abgerechnet werden. Bei US-amerikanischen Auftraggebern werden selbst noch Kopien gegen Nachweis abgerechnet.

2.2.1.7.5 Kostenerstattungspreis (open-cost contract)

Die Vertragspartner vereinbaren insbesondere dann den Kostenerstattungspreis, wenn die Lieferung und Leistung noch nicht marktgängig ist (z. B. neue Technologien oder kaum Wettbewerb). Dies ist oft der Fall bei:

- Forschungs- und Entwicklungsvorhaben
- Montage-, Ingenieurleistungen und sonstige Dienstleistungen (Transport und Verpackung)
- Aufträgen von öffentlichen Auftraggebern.

Bei der Entscheidung für den Kostenerstattungspreis muß oft erhebliche Zusatzarbeit (Erfassungsaufwand für den Kosten- bzw. Mengennachweis) im Unternehmen und am Aufstellort der Maschinen- und Anlagen sowie der Arbeitsaufwand im Rechnungswesen berücksichtigt werden.

Die im Vertrag mit dem Anlagenkäufer festgelegten Verfahrensweisen zum Nachweis der angefallenen Kosten, bzw. das bei öffentlichen Auftraggebern vorgeschriebene Kostenerstattungsverfahren, stimmen in der Praxis in wesentlichen Teilen mit den Abrechnungs- und Kalkulationsverfahren des internen Rechnungswesens des Auftragnehmers nicht überein.

Ein wesentlicher Grund hierfür liegt in den unternehmensspezifisch entwickelten, mit Ausnahme des Buchhaltungsbereichs kaum standardisierbaren Formen und Abläufen der Rechnungswesen der Unternehmen.

Bei Abwicklung eines Auftrages von öffentlichen Auftraggebern ist nach staatlich festgelegten Preisermittlungs- und -abrechnungsverfahren vorzugehen. In der Bundesrepublik Deutschland sind die „Leitsätze für Selbstkostenpreisbildung" (LSP aus Verordnung PR 30/53) maßgebend.

2.2.2 Vertragsarten

Die einfachste Art des Kaufvertrages ist ein mündlicher Abschluß, diese Art wird heute von allen Rechtsordnungen anerkannt (vergleiche Abschnitt 3.4.9: Rechtsgrundlage). Sie wird in kleinem Ausmaß im Auslandsgeschäft (z. B. beim Kauf von Maschinenteilen) angewandt, ist aber für die Lieferung von Maschinen und Anlagen nicht zu empfehlen.

Aufgrund langjähriger Erfahrungen im Maschinen- und Anlagenbau mit einer großen Zahl international abgewickelter Geschäfte und aufgrund des Bedarfs nach juristischer Absicherung entstand vielfach der Wunsch nach länderübergreifender Vereinheitlichung von Verträgen.

Die Wirtschaftskommission der Vereinten Nationen für Europa in Genf (ECE) entwickelte in den 50er Jahren eine Reihe von Lieferbedingungen, die für den Maschinen- und Anlagenbau als Mustervertragsbestandteile brauchbar sind [13]. Die deutsche metallverarbeitende Industrie hat Übersetzungen der ECE-Bedingungen ins Deutsche anfertigen lassen und die allgemeinen Bedingungen durch „Anlagen der metallverarbeitenden Industrie" ergänzt.

Für den Vertrag mit ausländischen Geschäftspartnern sollte bei der Wahl der Sprache beachtet werden, daß Deutsch keine Welthandelssprache ist. Es ist daher in der Regel empfehlenswert, die Vertragsverhandlungen in englisch zu führen und den Vertrag dann auch in der gleichen Sprache abzufassen (Ausnahme ist der Ostblock). Der aufgrund des Vertrages mit der Vertragsentstehung oder mit der Abwicklung betraute Vertriebsingenieur sollte sich eine Sammlung wichtiger Vertragstextteile zulegen, um:

- das in jedem Einzelfall erforderliche Neuentwickeln von Verträgen und damit Unschärfen und Fehler zu vermeiden
- juristisch abgesicherte Aussagen (z. B. zur Verpackung, Abnahme, Produzentenhaftung, Schiedsgerichtklausel) als Textbaustein in einen Neuvertrag zu übernehmen
- länderspezifische Besonderheiten zentral zu aktualisieren und in fertigen Textbausteinen für den Einzelfall abrufbereit zu halten
- bei wiederkehrenden Geschäften mit gleichen Vertragspartnern bereits in vorigen Geschäften anerkannte Vertragspositionen leichter in den neuen Vertrag mit aufzunehmen
- auch eine schnellere Vertragsentstehung zu erreichen (Entwurf, Manuskript, Redigieren usw.).

Hierzu sind die heute verfügbaren Textsysteme und Personal Computer ein gutes Hilfsmittel.

Im Maschinen- und Anlagenbau haben sich im Laufe der Jahre einige Vertragstypen herausgebildet, die im folgenden kurz erläutert werden [14].

2.2.2.1 Generalvertrag

Mit dem Generalvertrag wird die schlüsselfertige Erstellung einer Anlage dem Anlagenbauer in Auftrag gegeben. In der Regel sind die folgenden Lieferungen und Leistungen dann Vertragsgegenstand:

- Engineering
- Fertigung und Lieferung aller Ausrüstungsteile bis zur Baustelle
- Bau und Montage einschließlich Tests, Inbetriebnahme einschließlich Leistungstests.

In vielen Fällen wird der Vertragsgegenstand um folgende Leistungen (oder Teilen hieraus) erweitert:

- die Vergabe von Lizenzen, die Vermittlung von Lizenzen, die Weiterleitung von Betreiber-Know-How, technische Assistenz und Training (Schulung)
- die Übergabe einer technisch und kommerziell in voller Leistung fahrenden Produktionsanlage (produit en main)
- Gestellung des Managements und/oder Betrieb der Anlage nach Übergabe für einen bestimmten Zeitraum
- Dokumentation zur Inbetriebhaltung der Anlage [15], Garantie für Kundendienst- und Ersatzteilversorgung über einen langjährigen Zeitraum
- Bezahlung der Anlage durch Übernahme des Verkaufs der Erzeugnisse der Anlage (Kompensation), ggfs. mit Aufbau der hierzu benötigten Vertriebsorganisation.

Mit dem Grad der Leistungsverpflichtungen aufgrund der vom Maschinen- und Anlagenlieferant übernommenen Lieferungen und Leistungen steigen die damit verbundenen Risiken überproportional, insbesondere aufgrund z. B.

- Verpflichtungen aus Gewährleistung
- landesspezifischer Probleme einschl. Landesrecht
- Steuern und Abgaben und der
- allgemeinen Kostenentwicklung.

Daher bedarf die Bindung der Kräfte eines Unternehmens an einen Kundenauftrag über einen meist recht langen Zeitraum sorgfältiger Überprüfung, Planung und Entscheidung, insbesondere wegen

- des wachsenden Fremdanteils am Auftragsvolumen
- Abstimmung und sachlicher Angleichung der verschiedenen Verträge mit Kunden, Konsorten und Lieferanten.

2.2.2.2 Liefervertrag (Exportliefervertrag)

Der Liefervertrag wird zwischen Endkunde und Lieferant oder zwischen z. B. Generalunternehmer und Lieferant abgeschlossen.

Im Maschinen- und Anlagenbau beschränkt sich der Liefervertrag (im Gegensatz zum Generalvertrag) auf die Lieferung von Maschinen, Maschinenteilen und Ausrüstungen zum vereinbarten Bestimmungsort (z. B. gemäß INCOTERMS: frei Haus, fob, c & f). In Einzelfällen wird das zur Lieferung zugehörige Engineering mit in den Liefervertrag aufgenommen.

Bau und Montage sind nicht Bestandteil des Liefervertrages, sie werden oft Gegenstand separater Montage- oder Montageüberwachungsverträge mit dem Lieferanten.

Bild 6 zeigt den Musteraufbau eines Exportliefervertrages [16].

1. Formale Vertragsbestimmungen
    1.1 Präambel (Vertragsabschluß/Vertragsparteien)
    1.2 Inkrafttreten des Vertrages
    1.3 Bestandteile des Vertrages
    1.4 Vertragssprache
    1.5 Vertragsänderungen

2. Vertragsgegenstand
    2.1 Lieferungs- und Leistungsgegenstand
    2.2 Lieferungs- und Leistungsausschlüsse (einschl. Lieferungen und Leistungen die vom Auftraggeber beizubringen sind, wie z. B. Information, Beistellungen usw.)
    2.3 Preisstellung
    2.4 Preisausschlüsse
    2.5 Preis- und Kursgleitklauseln

3. Zahlung und Sicherheiten
    3.1 Zahlungsbedingungen/Bankgarantien
    3.2 Sicherheiten/Bankgarantien
    3.3 Zinsen
    3.4 Zahlungsverzug

4. Leistungsgrenzen, Erfüllung und Fristen
    4.1 Gefahrenübergang, Erfüllungsort
    4.2 Liefer- und Leistungsfristen
    4.3 Lieferungs- und Leistungsverzug (damit verbundene Vertragsstrafen und Pönalen)
    4.4 Höhere Gewalt, unvorhersehbare Ereignisse
    4.5 Abnahme/Leistungsnachweis

5. Garantien und Haftung
    5.1 Garantie und Gewährleistung (damit verbundene Vertragsstrafen und Pönalen)
    5.2 Haftung (damit verbundene Vertragsstrafen und Pönalen)
    5.3 Beseitigung von Mängeln
    5.4 Patente und Lizenzen

6. Nebenbestimmungen
    6.1 Steuern, Zölle und Abgaben
    6.2 Versicherungen
    6.3 Angewandtes Recht und Schiedsgerichtsverfahren
    6.4 Anzuwendende Import- und Exportbestimmungen
    6.5 Rücktrittsrechte, Vertragskündigung

7. Unterschriften, Beglaubigungen, Legalisierungen usw. (Berücksichtigung der Ländervorschriften)

Bild 6: Musteraufbau eines Exportliefervertrages

Die Wirtschaftskommission der Vereinten Nationen für Europa (ECE), Sitz Genf, hat für den Exportliefervertrag international anerkannte Regeln herausgegeben:

- ECE-Lieferbedingungen LW188 (Westfassung) und LO574 (Ostfassung)
- ECE-Liefer- und Montagebedingungen LMW188A und LMO574A
- sowie PR für Preisberichtigung (Preisgleitklausel).

2.2.2.3 Engineering-Vertrag

Der Engineering-Vertrag wird zwischen Endkunden und Generalunternehmer oder Anlagenlieferanten abgeschlossen. Vertragsgegenstand des Engineering-Vertrags ist die Übernahme des Projektmanagements einschließlich der Terminplanung und Kostenkontrolle, Erbringung von Ingenieurleistungen (z. B. Entwicklung, Konstruktion, Aufstellplanung, technische Berechnung, Fertigungskontrolle), die bei der Planung bzw. Erstellung von Objekten des Maschinen- und Anlagenbaus vorauszusetzen sind (vergleiche Abschnitt 4.4: Engineering).

Dabei wird im Vertragsgegenstand in der Regel unterschieden nach dem Stand des Projektes, z. B.:

- Engineering in der Vorplanungsphase (Basic-Design)
- Konzeption und Koordinierung von Gesamt- und Teilanlagen (Basic-Engineering)
- Engineering für die zu liefernden Ausrüstungen (bis zu den Werkstattzeichnungen) einschließlich Überwachung der Beschaffung und der Fertigung (Detail-Engineering)
- Behörden-Engineering, d. h. die Ausarbeitung aller Unterlagen und frühzeitige Berechnung aller Emmissionen und Immissionen oder der Nachweis der Umweltverträglichkeit, so daß der Kunde die Genehmigung zum Bau und zum Betreiben einer Anlage an einem bestimmten Ort einholen kann (Authority Engineering).

Für Schäden aufgrund fehlerhafter Ingenieurleistungen ist die Haftung des Engineering-Auftragnehmers in der Regel auf einen an den Wert der Ingenieurleistungen gekoppelten Maximalbetrag und/oder auf die Korrektur fehlerhafter Unterlagen beschränkt.

Consulting und Engineering sind wesentliche Einflußgrößen für die Gesamtinvestitionen von Maschinen und Anlagen sowie für die zukünftigen Betriebskosten der dem Kunden zu übergebenden Produktionsanlage. Es empfiehlt sich daher, zur Absicherung gegen Schadenersatzansprüche:

- Art und Umfang des Engineerings in Detailbesprechungen mit den Fachleuten der anderen Vertragsseite (die für die Projektabwicklung zuständig sind) schriftlich festzulegen

- in Vertragsverhandlungen mit bevollmächtigten Vertragspartnern den Vertragsgegenstand, mit Bezug auf Protokolle der Detailbesprechungen, klar zu definieren und in den Vertrag aufzunehmen
- darauf zu achten, daß die von den Fachleuten gebrauchten Fachbegriffe, Berechnungsmethoden, Qualitätsgrenzen u. a. auch von beiden Vertragsparteien inhaltlich und in ihren Auswirkungen identisch verstanden werden.

2.2.2.4 Montagevertrag

Beim Montagevertrag überläßt der Auftraggeber (der Endkunde, Generalunternehmer, Konsorte, Unterlieferant, ggfs. Engineering-Unternehmen) dem Montageunternehmen Maschinen- und Anlagenteile und gibt ihm zugleich den Auftrag, den Zusammenbau der Maschinen und Ausrüstungsteile und die Errichtung der Anlage durchzuführen. Die Eigentumsrechte an den Maschinen und Anlagen bleiben unberührt. Es handelt sich (nach deutschem Recht) um einen klassischen Werkvertrag.

Der Leistungsumfang eines Montagevertrages enthält u. a.:

- Einrichtung und Betrieb der Baustelle
- Montage der vom Auftraggeber beigestellten Ausrüstungen mit qualifizierten Montagekräften unter Verwendung eigener oder vom Auftraggeber beigestellter Montagegeräte
- Mitwirkung an Tests und Inbetriebnahme.

Montageaufträge werden zum Pauschalpreis oder nach Kostenaufwand auf Basis der nachgewiesenen Arbeitsstunden, Reisekosten und Spesen oder auch über Einheitspreise abgerechnet.

Ein wichtiger Vertragsbestandteil in Montageverträgen ist die Haftung des Montageunternehmens; schließlich arbeitet das Montageunternehmen auf fremdem Gelände an fremden Maschinen und Ausrüstungen. Auf großen Baustellen können zeitgleich auch Dritte (Montageunternehmen) für andere Bauabschnitte tätig sein, jedoch besteht dann die Gefahr der gegenseitigen Arbeitserschwernis bzw. sogar Hinderung an der Leistungserfüllung.

Es empfiehlt sich, mit einer klaren Vertragsgestaltung zwischen Auftraggeber und Montageunternehmen für eine Abgrenzung der Haftung zu sorgen. Darüber hinaus bieten Versicherungen die Abdeckung von Risiken aus Montageleistungen an, z. B. Montageversicherungen, Montagehaftpflichtversicherung, Konditionenschutz und Differenzversicherung. Die beste Vorsorge vor dem Schadensfall wird allerdings getroffen durch:

- Baustellensicherheitsorganisation
- sorgfältige Montageplanung und Fortschrittskontrolle
- sorgfältige Kapazitätsplanung für Gerät und Personal
- Einsatz von qualifiziertem Personal

– Bereitstellung von sachgerechtem geprüftem Montagegerät
– Bauleitung, die eng mit dem Projektmanagement zusammenarbeitet.

So kann ein Fehler in der Einsatzplanung des Montagepersonals oder in der Bereitstellung von Montagegerät Terminverschiebungen, Qualitätseinbußen und Zusatzkosten verursachen, z. B. wenn geeignetes Montagepersonal und -gerät örtlich beschafft werden muß, dort aber nicht oder nicht ausreichend vorhanden ist oder nur zu hohen Kosten beschafft werden kann (vergleiche Abschnitt 4.9: Montage).

1. Formale Vertragsbestimmungen
  1.1 Präambel (Verrtragsabschluß/Vertragsparteien)
  1.2 Inkrafttreten des Vertrages
  1.3 Bestandteile des Vertrages
  1.4 Vertragsprache
  1.5 Vertragsänderungen
  1.6 Rücktrittsrechte
  1.7 Gesetzliche/behördliche Vorschriften am Montageort/Sicherheitsvorschriften usw.

2. Vertragsgegenstand
  2.1 Leistungsumfang des Montageunternehmens
  2.2 Leistungsumfang des Auftraggebers
  2.3 Montagekosten/-preis (Pauschalpreis oder cost plus fee)
  2.4 Regelung der Personalgestellung (Unterkunft, Urlaub, Reise usw.)
  2.5 Preisgleitung
  2.6 Rahmenbedingungen der Montage
  2.7 Leistungsausschlüsse/außervertragliche Arbeiten

3. Zahlung und Sicherheiten
  3.1 Zahlungsbedingungen
  3.2 Sicherheiten
  3.3 Zinsen/Zahlungsverzug

4. Leistungsgrenzen, Erfüllung und Fristen
  4.1 Gefahrenübergang/Erfüllungsort
  4.2 Eigentum des Montageobjektes und der Montagegeräte
  4.3 Frist der Fertigstellung
  4.4 Verzug
  4.5 Höhere Gewalt, unvorhersehbare Ereignisse
  4.6 Abnahme

5. Garantien und Haftung
  5.1 Garantie und Gewährleistung
  5.2 Haftung
  5.3.1 Beseitigung der Montagefehler
  5.3.2 Beseitigung von Mängeln am Montageobjekt
  5.4 Patente, Lizenzen, Verfahren

6. Nebenbestimmungen
  6.1 Steuern, Zölle und Abgaben
  6.2 Versicherungen
  6.3 Angewandtes Recht und Schiedsgerichtsverfahren
  6.4 Anzuwendende Import- und Exportbestimmungen

7. Unterschriften, Beglaubigungen, Legalisierungen usw. (Berücksichtigung der Ländervorschriften)

Bild 7: Musteraufbau eines Montagevertrages

Da in vielen Fällen erst bei der Montagearbeit Mängel erkannt werden können, die auf Engineering- oder Fertigungsfehler zurückzuführen sind, ist es ratsam, in den Montagevertrag die Pflicht zur unverzüglichen Anzeige von Mängeln Dritter aufzunehmen und ggfs. bereit zu sein, gegen Entgelt die Mängel zu beseitigen. In vielen Fällen ist es angebracht, die Fehlerbehebung als Zusatzmontagearbeit zu deklarieren.

Gerade dann, wenn der Endkunde getrennte Einzelverträge mit z. B. drei Fremdunternehmen, dem Montageunternehmen, dem Maschinenlieferanten und einem Engineering-Unternehmen abgeschlossen hat, ist im Störungs- bzw. Reklamationsfall zu klären, welches Unternehmen für die Mängelbeseitigung verantwortlich und zur Kostenübernahme verpflichtet ist. Es muß geklärt und von den Vertragspartnern anerkannt werden, ob die Ursache für ein in der neuen Anlage fehlerhaft arbeitendes Teil in Berechnungsfehlern, mangelhafter Lieferung, fehlerhafter Montage oder unkorrekter Montageanweisung liegt.

Die Praxis zeigt: falls Engineering-, Lieferungs- und Montageauftrag an getrennte Unternehmen vergeben sind, wird die Auftragsabwicklung erschwert, die Risiken vergrößern sich und der Bedarf an juristischer Absicherung in den Verträgen steigt an.

Bild 7 zeigt den Musteraufbau eines Montagevertrages.

2.2.2.5 Montage- und Inbetriebnahme-Überwachungsverträge

Führt der Lieferant der Maschinen und Ausrüstungen die Montage nicht selbst durch, dann kann (zusätzlich zu einem Montagevertrag mit einem Dritten) ein Montage- und Inbetriebnahme-Überwachungsvertrag zwischen dem Lieferanten der Maschinen und Ausrüstungen und dem Montageunternehmen abgeschlossen werden (ggfs. auch dem Endkunden, wenn der Kunde selbst oder ein Subunternehmer des Kunden die Montage durchführt).

Bei dieser Vertragsart besteht, ergänzend zum Montagevertrag, der Vorteil, daß qualifiziertes Fachpersonal des Maschinenlieferanten am Aufstellort der Maschinen und Anlagen während der Montage und Inbetriebnahme beratend tätig ist. Dadurch wird eine sachgerechte, schnelle und weitgehend fehlerfreie Montage erreicht.

Auf Montage spezialisierte Unternehmen sind meistens nicht mit den spezifischen Besonderheiten der gelieferten Ausrüstungen vertraut und brauchen fachliche Unterstützung der Lieferanten (Hersteller).

Bei dieser Vertragsart ist es ratsam, die Haftung vertraglich zu regeln. Die Überwacher können nicht immer und überall anwesend sein. Auch die Spezialisten des Maschinen- bzw. Anlagenlieferanten können nicht alle Fehler der Monteure vermeiden bzw. sie machen selbst Fehler (vergleiche „ECE-Zusatzbestimmungen für die Überwachung der Montage von Maschinen und Anlagen im Ausland", ZMÜ188B bzw. ZMÜ574B).

Die Berechnung der Leistungen erfolgt auf der Basis von Tagessätzen oder pauschal, teilweise in Landeswährung (z. B. die Auslösung). Eine Vertragsfestlegung auf pauschale Berechnung der Leistungen sollte, aufgrund der vielen Unwägbarkeiten, mit Vorsicht gesehen werden.

2.2.2.6 Lizenz-, Know-How-, Technical Assistance-, Kooperationsverträge

Im Zusammenhang mit:

- der schnellen Entwicklung neuer und verbesserter Technologien
- dem Bedarf marktwirtschaftlich orientierter Unternehmen nach Nutzung von neuen Technologien zur Stärkung der eigenen Wettbewerbsfähigkeit
- dem Wunsch der Staatshandelsländer, mit dem hohen technischen Stand der Industriestaaten gleichzuziehen
- dem Bestreben der Entwicklungs- und Schwellenländer, eine eigene, leistungsfähige Industrie aufzubauen,

gewinnen Lizenz-, Know-How-, Technical Assistance- und Kooperationsverträge eine immer größere Bedeutung.

Mit der wachsenden internationalen, wirtschaftlichen Verflechtung werden zwar die Voraussetzungen zum Transfer von Wissen verbessert, jedoch sinkt (insbesondere bei Zukunfts- und Hochtechnologien) die Bereitschaft, Wissen in andere Länder weiterzugeben.

Teilweise handelt es sich um junge Vertragsarten, die sich erst in den letzten Jahrzehnten entwickelt haben (z. B. Know-How-Vertrag). International anerkannte Regeln, vergleichbar etwa mit den ECE-Bedingungen, gibt es hierzu noch nicht. In den Rechtsordnungen der Länder sind Rahmenbedingungen kaum entwickelt, obwohl in der Regel politisches und wirtschaftliches Interesse besteht.

Wegen der

- fehlenden bzw. unterentwickelten Rahmenbedingungen
- dem steigenden weltweiten Bedarf nach Lizenznutzung, Know-How-Transfer, Technical Assistance und Kooperation
- der Gefahren für die Unternehmen, die Teile ihres Wissens abgeben (vergleiche Abschnitt 2.2.1.5.1: Know-How),

erfordert die Vertragsentstehung (ganz besonders dann, wenn es im Unternehmen selbst hierzu noch keine Erfahrungen gibt):

- Zusammenarbeit der Experten aus Technik, Recht, Unternehmenspolitik und Vertrieb
- Analyse der Auswirkungen
- Entscheidung der Unternehmensleitung und

– große Sorgfalt bei der Vertragsgestaltung
– ggfs. Alternativen zu Vertragswünschen des Kunden (vergleiche Abschnitt 2.2.2.9: Management- und Betreibervertrag).

In der Praxis sind oft Lizenz-, Know-How-, Technical Assistance- und Kooperationsgeschäfte miteinander in einem einzigen Vertrag verbunden. In den nachstehenden Ausführungen wird jedoch von Einzelverträgen ausgegangen, um die unterschiedlichen Eigenheiten der Verträge herauszustellen.

2.2.2.6.1 Lizenzvertrag (Patentlizenzvertrag)

Vertragsgegenstand des Lizenzvertrages ist die Gewährung von Nutzungsrechten (über die der Lizenzgeber aus einem Patent oder Gebrauchsmuster verfügt) an den Lizenznehmer. Die Nutzungsrechte können vertraglich eingeschränkt sein. Z. B. können sie nur gewährt sein:

– für einen bestimmten Markt oder
– Anwendungszweck oder
– einen vorgegebenen Zeitraum.

Der Lizenzgeber räumt dem Lizenznehmer das Recht ein:

– bestimmte Verfahren anzuwenden (Betreiber- oder Gebrauchslizenz)
– Produkte herzustellen (Herstellungslizenz)
– zu vertreiben (Vertreiberlizenz)

und stellt ihm die erforderlichen Unterlagen zur Verfügung, so daß der Lizenznehmer die ihm gewährten Rechte mit eigener Kraft im Rahmen des Vertrages nutzen kann.

Man unterscheidet zwischen ausschließlichen Lizenzen (Exclusivlizenz) und nicht ausschließlichen Lizenzen. Im ersten Fall hat der Lizenznehmer das alleinige Recht auf Nutzung der Lizenz.

Das Entgelt für die Gewährung der Nutzungsrechte ist eine Lizenzgebühr (Royalty), deren Höhe und Zahlungsdauer im Einzelfall zu regeln ist. Die Berechnung der Lizenzgebühren erfolgt z. B.:

– als einmalige Zahlung gegen Überlassung der Unterlagen
– in zeitlich und wertmäßig festen Raten
– abhängig von den beim Lizenznehmer durch die Nutzung der Lizenz produzierten Mengen oder Mehrmengen
– abhängig von dem beim Lizenznehmer durch die Nutzung der Lizenz erzielten Umsatz oder
– in einer Mischung aus vorgenannnten Verfahren.

48

Bei der Entwicklung eines Lizenzvertrages werden in der Praxis die folgenden
Punkte besonders sorgfältig auf ihre fallweisen Auswirkungen analysiert und die
Vertragstexte dementsprechend formuliert:

a) Die Abwehr etwaiger Ansprüche:
   - Im wesentlichen Vermeiden der Haftung als Lizenzgeber gegenüber dem Li-
     zenznehmer, z.B. Absicherung der durch Nutzung der Lizenz erwarteten
     Produkte/Ausbringung, oder Ansprüche des Lizenznehmers aus Erwartungen
     an Absatz/Ertragskraft der Produkte; oder wegen Ansprüchen Dritter gegen
     den Lizenznehmer aus an Dritte vergebene Gebietslizenzen, oder aus Ein-
     spruchsverfahren gegen Patentanmeldungen, oder aus Ablauf der Patent-
     schutzdauer in einem Drittland.

b) Die Weiterentwicklung von Patenten:
   - Von Lizenzgeber und -nehmer ist im Vertrag der Fall geregelt, daß, anstelle der
     im Lizenzvertrag gewährten Technologienutzung, die weiterentwickelte Ver-
     sion des Patents nutzbar wird, ggfs. einschl. Rückgabe der älteren Technologie
     und Neuberechnung des Entgelts. Es ist zu unterscheiden, ob die Weiterent-
     wicklung durch den Lizenzgeber oder den Lizenznehmer erfolgen darf.

c) Eine Berechtigung zur Gewährung von Unterlizenzen:
   - Es ist festzulegen, an wen bzw. an wen nicht oder für welches Produkt/Gebiet
     und welches nicht Unterlizenzen vergeben werden können. Für den Fall der
     Berechtigung zur Vergabe von Unterlizenzen kann für den Hauptlizenzgeber
     eine Entgeltänderung und Vorschlagsrecht für Vertragsinhalte des Unterlizenz-
     vertrages vereinbart werden.

d) Die Qualität des Lizenzgegenstandes:
   - Die Festlegung des Qualitätsanspruchs an die mit Nutzung der Lizenz zu
     erzeugenden Produkte kann eine wichtige Einflußgröße für das Marktimage
     des Lizenzgebers sein (vergleiche Abschnitt 2.2.1.5.2: Lizenzvergabe).

e) Die Geheimhaltung:
   - Z.B. im Fall der Markteinführung neuer Technologien.

f) Die Laufzeit der Lizenz:
   - Z.B. in Beziehung zu laufenden Teillizenzen, zu geplanten Weiterentwicklun-
     gen oder zur Schutzdauer des Patents.

g) Die Währung, in der die Lizenzgebühr zu zahlen ist:
   - Z.B. frei konvertierbare Währung, Sicherung gegen Kursverluste.

Bild 8 zeigt den Musteraufbau eines Lizenzvertrages.

```
Präambel

1.1   Zustandekommen des Vertrages (insbesondere im Hinblick auf behördliche Genehmigungen)
1.2   Schutzrechtslizenz
1.3   Patent-, Gebrauchsmuster-, Warenzeichenlizenz
1.4   ausschließliche oder einfache (nichtausschließliche) Lizenz für Herstellung, Gebrauch und/oder
      Vertrieb

2.1   Eintragung
2.2   Vertragsgebiet
2.3   Exportverbot
2.4   Haftung
2.4.1 gegenüber Ansprüchen Dritter
2.4.2 für Neuheit der Erfindung
2.4.3 für Herstellbarkeit
2.4.4 für kaufmännische Verwertbarkeit
2.5   Qualität des Lizenzgegenstandes
2.6   Vergabe von Unterlizenzen

3.1   Änderungen und Verbesserungen
3.2   Technische Hilfe
3.3   Anlernen von Arbeitskräften des Lizenznehmers

4.1   Lizenzgebühr (Mindestlizenzgebühr)
4.2   Zahlung und Abrechnung

5.1   Ausübungspflicht des Lizenznehmers
5.2   Aufrechterhaltung und Verteidigung des dem Lizenzvertrag zugrundeliegenden Schutzrechtes
5.3   Nichtigkeitsklage-/no-attack-clause

6.1   Vertragsdauer, Beendigung
6.2   Kündigung
6.3   außerordentliche Kündigung
6.4   Auslaufklausel
6.4.1 Rückgabe von Unterlagen usw.

7.1   anwendbares Recht
7.2   Gerichtsstand oder Schiedsgericht
```

Bild 8: Musteraufbau eines Lizenzvertrages

2.2.2.6.2 Know-How-Vertrag

Vertragsgegenstand beim Know-How-Vertrag ist die Überlassung von Kenntnissen, die nicht durch Schutzrechte (Patent/Gebrauchsmuster) geschützt sind.

Erfahrungsgemäß wird allein mit der Übergabe von Unterlagen wenig erreicht. Know-How kann kaum durch Lesen der Unterlagen übertragen werden. Erst der Transfer des fachlichen Wissens des Know-How-Gebers (einschließlich der Erfahrungen seiner Fachkräfte) auf das Personal des Know-How-Nehmers, in Verbindung mit der Übergabe von Unterlagen, bewirken die gewünschte Wissensübertragung.

Aus diesem Grund ist es ratsam, zur Form der Überlassung von Kenntnissen im Know-How-Vertrag zu vereinbaren, daß:

50

- über das spezielle Fachgebiet dem Know-How-Nehmer Zeichnungen, Datenausgaben und Dokumentation zu übergeben sind
- erfahrenes Fachpersonal des Know-How-Gebers für eine bestimmte Zeit zum Wissensaustausch mit dem Personal des Know-How-Nehmers abzustellen ist
- das Schulungspersonal des Know-How-Nehmers, z. B. im Hause des Know-How-Nehmers, Schulungen (Training) durchzuführen hat.

In der Praxis steht ein Know-How-Vertrag oft in Verbindung mit einem Lizenzvertrag oder bildet mit dem Lizenzvertrag einen einzigen Vertrag:

● **denn in der Regel reicht die Erteilung der Lizenz allein nicht aus, den Lizenznehmer in die Lage zu versetzen, die erwarteten Ergebnisse aus der Lizenz zu erzielen.**

Ähnlich den im Lizenzvertrag besonders sorgfältig auf ihre fallweisen Auswirkungen zu analysierenden Vertragsteile (u. a. Weiterentwicklung, Haftung und Geheimhaltung) ist die Entwicklung und Formulierung der Vertragstexte für den Know-How-Vertrag zu empfehlen. Darüberhinaus sind zu beachten:

- der Schutz von Know-How
  (was in diesem Falle besonders vertraglich abzusichern ist, da kein Anspruch auf öffentliches Schutzrecht besteht).
  Die Absicherung erfolgt i.d.R. über eine bestimmte Zeit und unterbindet anderweitigen Nutzen durch die Partner.
- die Ermittlung des Know-How-Entgelts
- Art und Termine der Zahlung.

Zum Musteraufbau für einen Know-How-Vertrag wird auf das Beispiel der Lizenzvertrages verwiesen (vergleiche Bild 8: Musteraufbau eines Lizenzvertrages).

2.2.2.6.3 Assistenz- und Ausbildungsvertrag

Zur Abdeckung der vom Kunden gewünschten Dienstleistungen „Technische Assistenz" (am Aufstellort der Maschinen und Anlagen im Hause des Kunden) sowie „Ausbildung des Kundenpersonals" werden in der Praxis Assistenz- und Ausbildungsverträge abgeschlossen.

Erfahrungsgemäß hat die vertragliche Regelung von folgenden Punkten wesentlichen Einfluß auf die Erfüllung der Dienstleistungen und den Erfolg der Ausbildung:

- Festlegung der Erwartungen an den Erfolg der Assistenz/Schulung (ggfs. ist ein verbindlicher Hinweis auf nicht erreichbare Teilergebnisse angebracht)
- Bestimmung von Art, Umfang, Zeit und Ort der Assistenz bzw. des Trainings (Ausbildungsplan)
- Verpflichtung des Kunden zur Schaffung der Einsatzvoraussetzungen für das Assistenz- und Schulungspersonal (Trainees), z. B. Einholen von Einreise-, Aufent-

halts-, Arbeitsgenehmigungen, oder Unterstützen bzw. Erledigen von Verwaltungsarbeit, z. B. Steuern und Abgaben
- Schaffung der Voraussetzungen (z. B. Schulungsräume und -mittel)
- vertragliche Übereinstimmung über die Qualifikation des Assistenzpersonals bzw. der Trainees
- anzuwendende Sprachen, ggfs. Beistellung von Dolmetschern durch den Kunden
- Vereinbarung des Entgelts (z. B. Pauschale oder Tagessatz plus Spesen) sowie Zahlungsabwicklung.

2.2.2.7 Kompensationsvertrag und Gegenseitigkeitsgeschäft

Die Kompensations- und Gegenseitigkeitsgeschäfte (auch Verbundgeschäfte genannt) entwickelten sich im Handel mit den Staatshandelsländern als eine erste Form der Kooperation [10]. Im Prinzip sind es Vereinbarungen, worin die Maschinen- und Anlagenlieferanten der Industrieländer sich verpflichten (als Ausgleich für ihre Lieferungen und Leistungen an den Abnehmer im Staatshandels- oder Entwicklungsland), zu einem bestimmten Wert Waren des Staatshandels- oder Entwicklungslandes abzunehmen.

Die im Zusammenhang mit der Auftragsabwicklung von Maschinen und Anlagen zusätzlich erforderliche Abarbeitung der Verbundgeschäfte belastet die Erträge aus der Maschinen- und Anlagenlieferung. In der Praxis werden (Stand 1985/1986) von den Staatshandels- bzw. Entwicklungsländern Kompensationsforderungen über zum Teil mehr als 100% des Anlagenwertes gestellt [1].

Es ist ratsam, Verbundgeschäfte vorsichtig anzugehen, denn Tauschhandel als Form der Bezahlung hat in der Regel seine Ursache in Schwierigkeiten des Kunden, die nötigen Devisen zum Einkauf der Ausrüstungen zu besorgen. Gründe für die Devisenknappheit sind:

- fehlende Deviseneinnahmen des Kundenlandes
- geringe internationale Wettbewerbsfähigkeit der Waren des Kunden bei zugleich weicher Inlandswährung.

Das Verbundgeschäft kommt einem Rückfall in den geldlosen Handel nahe, jedoch ist es im Zweifel einer offenen Währungsposition oder der Alternative „kein Handel" vorzuziehen [17, 18].

2.2.2.7.1 Das Kompensationsgeschäft (Barter business)

Bei einem Kompensations- oder Bartergeschäft bezahlt der Kunde die Lieferungen und Leistungen des Maschinen- und Anlagenbauers nicht mit frei konvertierbaren Devisen, sondern in Form von Warenlieferungen, die der Maschinen- und Anlagenbauer seinerseits verkaufen muß. Schon ein einfach strukturiertes Kompensationsgeschäft enthält in erster Linie für den Lieferanten der Maschinen und Anlagen wirtschaftliche Risiken. Es ist daher ratsam, bei der Entwicklung eines Vertrages über ein Kompensationsgeschäft nachfolgende Punkte sorgfältig auf ihre fallweisen Auswirkungen zu analysieren, zu bewerten und im Vertrag zu berücksichtigen:

- die Möglichkeiten der Vermarktung der vom Anlagenkunden zu liefernden Erzeugnisse
- die Qualität der als Kompensationsgut angebotenen Waren
- die Liefermöglichkeiten (Mengen, Ausführungen, Abrufe, Lagerfähigkeit, Vertriebswege, Transport, weitere Ausfuhr) für das Kompensationsgut
- eine Preisbestimmung für das Kompensationsgut und Verrechnung der Kompensationslieferungen mit den Lieferungen des Anlagenverkäufers, z. B. zum Marktpreis des Kompensationsgutes
- das zeitliche Auseinanderfallen zwischen Lieferung des Anlagenbauers und Lieferungen von Kompensationsgütern (Zahlungstermine und Verzinsung)
- der erhebliche Mehraufwand beim Anlagenbauer für die Durchführung des Kompensationsgeschäftes.

Es ist zu empfehlen, sich vor Abschluß eines Kompensationsgeschäftes an Handelshäuser zu wenden, die sich auf Kompensations- und Gegenseitigkeitsgeschäfte spezialisiert haben. Die wirtschaftlichen Risiken können bei Mitwirkung eines erfahrenen Partners (Barterer) vermindert werden. Einige Banken bieten Mittlerdienste an [17].

Nachfolgend ein Beispiel der Geschäftsbeziehungen bei Einschaltung eines Barterers:

1) Ein deutscher Maschinen- und Anlagenbauer liefert Ausrüstungen an den Betreiber im Staatshandelsland.

2) Der Betreiber beschafft im Ostblock das Kompensationsgut, kauft und bezahlt es in Ostblock-Währung.

3) Der Betreiber liefert das Kompensationsgut an den vom Anlagenbauer eingeschalteten Barterer.

4) Der Barterer verkauft das Kompensationsgut.

Der Verkaufserlös für das abgesetzte Kompensationsgut, abzüglich der Gebühren des Barterers, wird dem Maschinen- und Anlagenbauer als Entgelt für die von ihm gelieferten Ausrüstungen gezahlt.

2.2.2.7.2 Das Gegenseitigkeitsgeschäft

Auch das Gegenseitigkeitsgeschäft hat zum Ziel, dem Käufer (von Maschinen und Anlagen) durch den Verkauf von Erzeugnissen seines Landes ins Ausland die Devisen zu beschaffen, die er für den Import der Maschinen und Anlagen benötigt. Im Gegensatz zum Kompensationsgeschäft erfolgt die Bezahlung der Lieferungen aber nicht in Form von Warenlieferungen, sondern in frei konvertierbaren Devisen.

Für den Absatz der Erzeugnisse des Anlagenkunden wird ein separater Vertrag (Gegengeschäft) zwischen Anlagenkunde und Anlagenlieferant abgeschlossen. Dieser Vertrag hat zwar seinen Ursprung in der Lieferung von Maschinen und Ausrüstungen des Anlagenbauers, wird aber in der Regel unabhängig vom Maschinen- und Anlagengeschäft abgewickelt.

Sowohl die vertraglich bedeutsamen Punkte als auch die Abwicklungsaufgaben sind beim Gegenseitigkeitsgeschäft vergleichbar mit dem Kompensationsgeschäft, jedoch die mit dem Absatz der Erzeugnisse bzw. den Deviseneinnahmen vom Anlagenkunden verbundenen Risiken gehen mehr vom Anlagenbauer auf den Käufer der Maschinen bzw. Anlagen über.

Wird vereinbart, daß eine Abhängigkeit zwischen dem Vertrag über Maschinen- und Anlagenkauf und dem Gegengeschäft (insbesondere über den Absatz- und Devisenerfolg aus dem Gegengeschäft) bestehen soll, dann wird der leichte Vorteil des geminderten Risikos für den Maschinen- und Anlagenlieferanten wieder aufgehoben.

In der Praxis wird oft in den Vertrag der Gegenlieferung die Option aufgenommen, daß Dritten, z. B. Handelshäusern, der Absatz der Erzeugnisse des Maschinen- und Anlagenkunden übertragen werden kann. Aufgrund der Erfahrungen und Marktbeziehungen von Handelshäusern kann dadurch das Absatz- und Deviseneinnahmerisiko gemindert werden.

2.2.2.8 Kapitalbeteiligungsvertrag

Im Zusammenhang mit dem Abschluß von Maschinen- und Anlagengeschäften fordern die Kunden gelegentlich, mit zunehmender Tendenz, eine Kapitalbeteiligung des Lieferanten am Unternehmen des Kunden.

Der geforderte Beteiligungsanteil schwankt von Projekt zu Projekt, jedoch bewegt sich meist der Wert in der Größenordnung der vom Lieferanten geforderten Anzahlung (zwischen 10–15%). Die Dauer der Beteiligung orientiert sich oft an der Finanzierungslaufzeit, z. B. 6–8 Jahre nach Inbetriebnahme [10].

Der Maschinen- und Anlagenbauer hat in der Regel kein oder nur geringes Interesse an einer Kapitalbeteiligung am Unternehmen des Kunden, zumal die Erträge aus dem Maschinen- und Anlagengeschäft in der Praxis oft mit hohen Gewinnerzielungs- und -transferrisiken aus dem Kapitalbeteiligungsvertrag belastet sind [1].

Aus der Sicht des Kunden liegen die Gründe für seinen Wunsch, daß der Lieferant sich am Kapital des Kundenunternehmens beteiligt, z. B. darin:

- Finanzierungslücken abzudecken
- den Lieferanten der Maschinen und Anlagen bei der Produktion während der Anlaufzeit mit in die Verantwortung zu nehmen
- den Lieferanten zur Mithilfe bei der Vermarktung der Erzeugnisse zu verpflichten.

Falls Lieferanten von Maschinen und Anlagen eine Beteiligung am Kapital des Kunden wünschen, können die Gründe darin liegen, daß:

- der Lieferant auch gleichzeitig Know-How-Geber ist und sein Know-How durch eigene Mitwirkung und Kontrolle besser vor unberechtigter Nutzung schützen will, oder
- der Maschinen- und Anlagenlieferant selbst, bzw. eine ihm verbundene Gesellschaft, Erzeugnisse auf seinen Maschinen und Anlagen produziert und eine Kapitalbeteiligung neue Märkte eröffnet.

Unabhängig davon, ob Lieferant oder Kunde die Kapitalbeteiligung wünschen, wird der Lieferant der Maschinen und Anlagen in erster Linie versuchen,

- den Rückfluß des investierten Kapitals zu sichern und
- eine angemessene Verzinsung des investierten Kapitals und Transfer der Gewinne zu erreichen.

Falls sich die Kapitalbeteiligung auf die Marktstellung des Lieferanten günstig auswirkt, wird der Lieferant versuchen, seinen Einfluß auf das Kundenunternehmen zu wahren bzw. weiter auszubauen.

Aus den unterschiedlichen Interessenlagen von Lieferant und Kunde für den Wunsch nach Kapitalbeteiligung und in Verbindung mit der für den Vertrag maßgeblichen Rechtsordnung (einschließlich Mitspracherecht, Haftung, Steuerrecht und Gewinnausschüttung) ergeben sich hohe Anforderungen an die Fachleute aus Unternehmensleitung, Controlling, Recht und Vertrieb zur Ausarbeitung von Inhalt und Formulierung der Vertragsteile.

In diesem Zusammenhang wird auf die Beratungsdienste und Erfahrungen über den Aufbau, Abschluß und die Durchführung von Kapitalbeteiligungsverträgen, insbesondere mit Entwicklungs- und Schwellenländern, der bundeseigenen DEG verwiesen. (DEG = Deutsche Finanzierungsgesellschaft für Beteiligungen in Entwicklungsländern GmbH, Postfach 45 03 40, 5000 Köln 41.)

Weitere Arten der Kapitalbeteiligung bestehen u. a. darin:

- gemeinsam mit einem Auslandspartner ein gemeinschaftliches Unternehmen (Joint Venture) im Ausland zu gründen [9, 18].
- eine eigene Niederlassung im Lande des Kunden zu eröffnen,

was jeweils den Vorteil der größeren Nähe zum Absatzmarkt und ggfs. Kosteneinsparung bringen kann.

Es ist allerdings zu bedenken, daß bei der Gründung von Joint Ventures durchaus Interessengegensätze weiterbestehen; z. B. hat

- mit Jahresbeginn 1987 der Ministerrat der UdSSR eine Verordnung über das „Verfahren bei der Gründung und Tätigkeit von Gemeinschaftsunternehmen unter Teilnahme sowjetischer Organisationen und Unternehmen aus kapitalistischen Ländern (und Entwicklungsländern) auf dem Gebiet der UdSSR" erlassen. Damit werden von der Sowjetunion u.a. die Ziele verfolgt, moderne Technologie, Managementerfahrung, materielle und finanzielle Ressourcen von westlichen Industriestaaten zu übernehmen und zugleich die Exportbasis der Sowjetunion zu verbessern. Demgegenüber streben die westlichen Gemeinschaftspartner mit dem Joint Venture in erster Linie eine Basis zur Erschließung des sowjetischen Marktes an [19].

2.2.2.9 Management- und Betreiber-Vertrag

Gegenstand eines Management- und Betreiber-Vertrages ist die technische und/oder kaufmännische Führung eines Betriebes gegen Entgelt. Dabei können die zu übernehmenden Aufgaben alle Unternehmensbereiche betreffen, z.B. Unternehmensführung, Materialwirtschaft und Einkauf, Entwicklung und Produktion, Marketing und Vertrieb sowie Rechnungswesen und Administration.

Für das Zustandekommen des Management- und Betreiber-Vertrages ist es unwesentlich, ob die Produktionsanlagen des zu führenden Betriebes von dem künftigen Betreiber oder einem Dritten geliefert wurden oder ob es sich um bestehende Anlagen handelt.

Aufgrund der mit einem Management- und Betreiber-Vertrag verbundenen wirtschaftlichen und sozialen Verantwortung geht die Betriebsführung weit über die Beratertätigkeit hinaus.

Der Management- und Betreiber-Vertrag wird nur in den seltensten Fällen in vollem Ausmaß und der daraus folgenden Konsequenz abgeschlossen, weil mit einem solchen Engagement im Ausland erhebliche, schwer beeinflußbare Risiken für den Betreiber verbunden sein können, z.B.:

- Haftung des Betreibers für den wirtschaftlichen Erfolg des von ihm geführten Betriebes
- Haftung des Betreibers für den Fall der Illiquidität
- Haftung des Betreibers für eine angemessene Verzinsung des investierten Kapitals ab Ende einer Anlaufperiode
- Haftung des Betreibers für den Fall der Nichteinhaltung von landesspezifischen Rechtsvorschriften (Sozialgesetze, Steuern, Abgaben, Sicherheitsbestimmungen usw.).

Durch sorgfältige Ausarbeitung des Vertrags, bzw. durch Eingrenzung von vertraglichen Abreden, kann das Risiko eingegrenzt werden, z.B. sollte versucht werden, die Haftung für einen Betriebsverlust auf den Fall grober Fahrlässigkeit des Managements zu beschränken.

Aber selbst dann, wenn eine Haftung des Betreibers für den Betriebsverlust (z.B. in Form einer Verlustübernahme) vertraglich ausgeschlossen ist, kann ein Management- und Betreiber-Vertrag für den Betreiber erhebliche wirtschaftliche Nachteile mit sich bringen, z. B.:

- weil die geplante Betriebsleistung wegen unzureichender Ausbildung des Personals nur schwer zu erreichen und auf dem betriebsnotwendigen Niveau zu halten ist
- weil geringe Kenntnis zur Vermarktung der erzeugten Produkte besteht bzw. eingespielte Absatzwege fehlen
- weil dem betriebsführenden Unternehmen (z. B. dem Anlagenlieferant) oft von Dritten, ohne sachliche Prüfung, die Schuld an Produktions- oder Qualitätsproblemen („technische Unzulänglichkeiten der Anlage") zugewiesen wird und die Beweislast beim Betreiber liegt.

Falls z. B. eine Anlage während der Laufzeit des Management- und Betreibervertrages die vom Anlagenlieferanten garantierten, im Leistungstest nachgewiesenen Produktivitätsdaten nicht erreicht, liegt das nicht zwangsläufig an technischer Unzulänglichkeit der Anlage. Statt dessen kann die Ursache z. B. sein:

- Wichtige Ersatz- oder Verschleißteile fehlen, weil für deren Importe die erforderlichen Lizenzen verweigert werden
- Es mangelt an Rohstoffen oder Energie wegen Streik
- Qualifikation und Verfügbarkeit des Personals sind unzureichend
- die finanzielle Ausstattung der betriebsführenden Gesellschaft ist zu eng bemessen (Liquiditätsengpaß), was zur Folge hat, daß:
  - nur in kleinen Mengen zu hohen Preisen eingekauft werden kann
  - nur die wichtigsten Reparaturen durchgeführt werden können
  - kaum Spielraum für den Einsatz von hoch qualifiziertem Personal besteht
  - kaum marktbedingte Vorfinanzierung von Lagerbeständen bzw. Kundenaufträgen möglich ist.

Unabhängig von den aus vielfältigen Problemen resultierenden wirtschaftlichen Nachteilen ist es, ähnlich wie bei den Verträgen über Technical Assistance, ratsam, daß der Lieferant der Maschinen bzw. Anlage nur in dem Fall auch einen Management- und Betreiber-Vertrag mit dem Kunden abschließt, wenn er über ausreichende eigene Erfahrung im Betreiben seiner Anlage verfügt.

Dem Wunsch des Kunden, einen Management- und Betreiber-Vertrag abzuschließen, wird in der Praxis nach Möglichkeit nur im begrenzten Ausmaß stattgegeben:

- indem sich die Betriebsführung meistens auf die Gewährung von Technical Assistance beschränkt.

Ist die Begrenzung auf Technical Assistance nicht möglich, kann der Lieferant von Maschinen bzw. Anlagen darauf Einfluß nehmen, daß der Management- und Betreiber-Vertrag zwischen dem Kunden und einem auf Betriebsführung spezialisierten in- oder ausländischen dritten Unternehmen abgeschlossen wird.

2.2.2.10 Konsortialvertrag

Im Rahmen der Auftragsabwicklung des Maschinen- und Anlagenbaus ist Gegenstand des Konsortialvertrages die Abwicklung eines Maschinen- und/oder Anlagengeschäfts durch eine Gemeinschaft mehrerer rechtlich selbständiger, voneinander unabhängiger Gesellschaften.

Nach deutschem Recht (Bürgerliches Gesetzbuch: BGB) handelt es sich bei Konsortien, Bieter-, Arbeitsgemeinschaften oder Zufallsgesellschaften um „Gesellschaften des Bürgerlichen Rechts", die sich zur Erreichung eines bestimmten Zwecks für eine begrenzte Zeit horizontal zusammenschließen. Sachwerte können von den einzelnen Konsorten in das Konsortium eingebracht werden.

Voraussetzung für die Handlungsfähigkeit eines Konsortiums ist ein Konsortialvertrag, aus dem:

- Geschäftszweck (z. B. gemeinsame Errichtung einer Anlage),
- Dauer der Geschäftsverbindung (z. B. bis Ablauf der Gewährleistungszeit) und
- beteiligte Konsorten

hervorgehen, und der im Kern Vereinbarungen zwischen den Konsorten enthält. Dies sind Vereinbarungen:

- über die Vertretung des Konsortiums nach Außen (Vertretungsmacht)
- über den Entscheidungsprozeß im Konsortium (Geschäftsführung, Beschlußfassung) und
- über den Informationsaustausch.

Um zu erreichen, daß sowohl der Geschäftszweck als auch die wirtschaftlichen Ziele der Konsorten erfüllt werden, auch als Grundlage für nochmalige zukünftige Zusammenarbeit, ist es von besonderer Bedeutung (in verstärktem Maße bei internationalen Konsortien), wenn im Vertrag folgende Punkte geregelt werden:

- die Wahrung von Geschäftsgeheimnissen der einzelnen Konsorten untereinander bzw. gegenüber Dritten
- die Verwendung von Überschüssen, ggfs. Verteilung des Gewinns oder Verlustübernahme
- die Regelung des Ausgleichs für Substanzverzehr von eingebrachten Sachwerten (z. B. Kräne, Fuhrpark)
- vertragliche Bestimmungen über Finanzierung von Steuern und Abgaben, Ermittlung des Aufteilungsschlüssels und Belastung der Konsorten
- die einvernehmliche Regelung von strittigen Fällen, z. B. durch Abstimmung oder ggfs. durch eine praktikable Schiedsklausel.

Darüber hinaus ist es ratsam, wirtschaftlichen Nachteilen aufgrund solidarischer Haftung („gemeinsam und allein") durch sorgfältig ausgearbeitete Haftungsklauseln im Konsortialvertrag vorzubeugen (vergleiche Abschnitt 2.2.1.2: Das Konsortialgeschäft).

Anhand folgender Checkliste lassen sich für Haftungsfälle Vertragsteile des Konsortialvertrags entwickeln:

1) **Wer** ist verantwortlich bzw. übernimmt die Haftung?
   a) Rechte und Pflichten des technischen bzw. kaufmännischen Konsortialführers,
   b) Rechte und Pflichten der Konsorten (einschließlich Ausschluß von Konsorten).

2) **Welche** Haftung wird übernommen?
   a) Gewährleistung für Lieferungen und Leistungen,
   b) Verzug,
   c) Leistungsgarantie,
   d) Haftpflicht,
   e) Patente, Muster usw.,
   f) Produkthaftung.

3) **Wem** gegenüber wird gehaftet?
   a) dem Kunden,
   b) Konsorten untereinander,
   c) Dritten gegenüber.

4) **Wie** wird die Haftung limitiert?
   a) gemäß Vertrag mit dem Kunden,
   b) Konsorten untereinander,
   c) gemäß Einzelverträgen gegenüber Dritten.

5) **Wie** ist die Abwendung der Haftung nach außen und innen geregelt?

6) **Welche** Kostenarten und -höhen werden von den einzelnen Konsorten im Haftungsfall und bei Abwendungsbemühungen getragen?
   a) bei eindeutiger Feststellung des Verantwortlichen/Haftenden,
   b) bei nicht eindeutiger Feststellung des Verantwortlichen/Haftenden,
   c) bei Überschreiten von Limits.

7) **Wie** werden Meinungsverschiedenheiten aus Haftungsfragen geregelt (z. B. Schiedsgericht)?

Abhängig davon, ob es sich um ein „offenes" oder „stilles" Konsortium (vergleiche Abschnitt 2.2.1.2: Das Konsortialgeschäft) handelt, sollten die folgenden Punkte bei der Entwicklung/Abfassung eines Konsortialvertrages berücksichtigt werden:

– Das „offene" Konsortium vereinnahmt im Namen der Konsorten die Zahlungen des Kunden, teilt sie auf und leitet sie an die Konsorten weiter.

– Beim „stillen" Konsortium nimmt der Generalunternehmer in seinem Namen die Zahlungen des Kunden entgegen, teilt sie auf und leitet sie anteilig an die Konsorten weiter.

– Beim „offenen" Konsortium fällt der Gewinn/Verlust bei der Konsortialgesellschaft an, wird von der Konsortialgesellschaft versteuert und auf die Konsorten nach einem im Konsortialvertrag festgelegten Schlüssel verteilt. Zur Ermittlung des Gewinns/Verlust ist deshalb ein konsortialeigenes Rechnungswesen zu führen.

– Beim „stillen" Konsortium fällt der Gewinn/Verlust bei jeder an der Auftragsabwicklung beteiligten Gesellschaft unmittelbar an. Das „stille" Konsortium benötigt kein eigenes Rechnungswesen.

Aufgrund Erfahrungen der Praxis ist es empfehlenswert, den Kaufvertrag und evtl. Nachträge mit dem Kunden zum Bestandteil des Konsortialvertrages zu machen, um allen Konsorten gleichen Wissensstand über den Geschäftszweck (Vertragsgegenstand) zu geben. Gleicher Wissensstand erspart Unklarheiten, Fehler, Kosten und strittige Fälle.

Präambel

1.1   Zweck des Vertragsabschlusses
1.2   Mitglieder des Konsortiums

2.1   Gegenstand des Konsortialvertrages
2.2   Bestandteile des Konsortialvertrages (Angebot in der Angebotsphase/Vertrag mit dem Kunden nach Vertragsabschluß/Nachträge Kundenvertrag)

3.   Aufteilung der Lieferungen und Leistungen auf die Konsorten; Sprache, Normen, Standards

4.   Federführung und Beschlußfassung
4.1   Vertretung des Konsortiums
4.2   Beschlußfassung des Konsortiums
4.3   Informationspflicht der Konsorten untereinander
4.4   Abstimmung der internen Organisationen – Projektmanagement

5.   Konsortiale Kalkulationsaufschläge

6.   Zahlungsabwicklung und Kostentragung
6.1   Zahlungen des Kunden an das Konsortium/die Konsorten und evtl. Verteilung der Zahlungen
6.2   Verrechnung von „Federführungsgebühren" des Konsortialführers und sonstigen Aufwendungen des Konsortiums (z. B. Projektkosten, Reisekosten, Versicherungen)

7.   Haftung

8.   Patente

9.   Geheimhaltung

10.   Versicherungen

11.   Steuern und Abgaben

12.   Schiedsklausel/anwendbares Recht, Gerichtsstand

13.   Vertragsdauer, Änderungen und Zusätze

14.   Schlußbestimmungen, Unterschriften

Bild 9: Musteraufbau eines Konsortialvertrages

Die nur für einzelne Konsorten geltenden spezifischen Ergänzungen (z. B. detaillierte Beschreibung der Liefer- und Leistungsanteile) könnten als Anlage zum Konsortialvertrag beigefügt werden, ggfs. kann die Kopie für diejenigen Konsorten entfallen, die keinen Informationsbedarf über die spezifischen Ergänzungen haben.

Bild 9 zeigt den Musteraufbau eines Konsortialvertrages.

2.3 Anlagenarten

Jede Anlagenart hat in den Aufgaben- und Problemfeldern der Auftragsabwicklung ihre spezifischen Schwerpunkte. So z. B. erfordert die Lieferabwicklung von Teil- oder Gesamt-Anlagen mehr Planungsschritte, Arbeitseinsätze und Koordinierungsaufgaben als die Auftragsabwicklung von Einzelmaschinen und Ausrüstungen (vergleiche Abschnitt 2: Einflüsse auf die Auftragsabwicklung).

Anlagenarten neuer Technologie	Anlagenarten gängiger Technologie	Anlagenarten neuer und gängiger Technologie
Beschaffung und Führung von Personal hoher Qualifikation. Durchführung umfangreicher, tiefgehender Spezialschulungen.	Weiterbildung vorhandenen Personals. Zusatzbedarf beschaffen. Möglichkeit der Schulung unter vergleichbaren Verhältnissen.	Sicherstellung der personellen Grundlage.
Neuentwicklungsrisiko (Gewährleistung, Verteilen der Entwicklungskosten auf mehrere Aufträge, Knowhow-Transfer).	Anpassungsentwicklungen (überschaubare Garantien, Mengen- und Wertegerüst der Kalkulationsbasis mit Erfahrungswerten).	Funktions- und Abnahmerisiko durch Abhängigkeit Rohmaterial, Energie und Entsorgung.
Unterstützung bei Finanzierungsvorhaben umfangreich, ggfs. zu Lasten der Kapitalkraft des Anlagenlieferanten.	Breites Finanzierungsspektrum. Klassische Finanzierungsformen.	Kurssicherung. Refinanzierung. Sicherheiten/Bürgschaften. Ggfs. öffentliche Gelder.
Termin- und Ereignisplanung mit hohem Genauigkeits- und Aktualitätsgrad. Ständige Abstimmung. Koordinationsaufwand hoch.	In Termin- und Ereignisplanung Erfahrungswerte einbringbar. Erleichterte Abstimmung und Koordination.	Vertragliche Festlegung der Anlagenspezifikation. Meilensteine und Terminabhängigkeiten von Dritten vertraglich sichern.
Hohe Belastung der Unternehmensorganisation. Linienfunktionen werden Adhoc-Entscheidungen untergeordnet. Knowhow-Entstehung.	Auftragsabwicklung vorwiegend als Linienfunktion. Problemlösungen mit Routine. Kaum Entstehung von neuem Knowhow.	Aufnahmekapazität der Unternehmensorganisation. Priorität des Auftragsgeschehens gegenüber Bürokratie und Verwaltung.

Bild 10: Beispiele von Aufgaben-, Problem- und Risikofeldern der Auftragsabwicklung, die u.a. aus den Anlagenarten resultieren

Beziehung von Anlagenarten zu ausgewählten Faktoren						
Faktoren:						
Anlagenarten:	Grad der Ausbildung des Personals	Kopfzahl Bedienungspersonal	Kapitalintensität	Rohstoffabhängigkeit	Energieabhängigkeit	Politisches Risiko	Technologisches Risiko
Anlagen der Grundstoffindustrie	mittel bis hoch	mittel bis hoch	hoch	sehr hoch	mittel bis hoch	im allg. gering	gering
Anlagen der Verarbeitungsindustrie	hoch	mittel	hoch	mittel	hoch	im allg. gering	mittel bis hoch
Anlagen der chemischen und petrochemischen Industrie	hoch bis sehr hoch	mittel bis gering	hoch bis sehr hoch	hoch	mittel bis hoch	vorwieg. gering	mittel bis hoch
Infrastrukturanlagen	mittel bis hoch	mittel	mittel	mittel	mittel	gering	gering bis hoch

Bild 11: Beziehung von Anlagenarten zu Faktoren, die Komplexität und Schwierigkeitsgrad beeinflussen

Darüber hinaus führen unterschiedliche Anlagenarten zu einem jeweils anders einzuschätzenden Risiko bei der Projektabwicklung.

Bild 10 zeigt Beispiele von Aufgaben-, Problem- und Risikofeldern der Auftragsabwicklung, die u.a. aus Anlagenarten gängiger und neuer Technologie resultieren.

Bild 11 zeigt Beispiele für die Beziehung von Anlagenarten (Gliederung der Anlagenarten nach Funktionsbereichen) zu Faktoren, die die Komplexität und den Schwierigkeitsgrad der Projektabwicklung beeinflussen.

Bild 12 zeigt Beispiele für die Beziehung einiger Anlagen der Verarbeitungsindustrie zu Faktoren, die die Komplexität und den Schwierigkeitsgrad der Projektabwicklung beeinflussen.

Bild 13 zeigt Merkmale des Strukturwandels am Beispiel einiger Infrastrukturanlagen. Die mit Stern (*) gekennzeichneten Merkmale sind erst mit Beginn der 70er Jahre zum Bestandteil von Anlagenaufträgen geworden.

Der Begriff „Anlage" ist nicht eindeutig. Diesem Begriff kann eine Vielzahl von Gruppierungsmöglichkeiten für Anlagenarten zugeordnet werden, so z.B.:

- Anlagen neuer oder gängiger Technologie
- einfach strukturierte oder komplexe Anlagen

Beziehung einiger Anlagen der **Verarbeitungsindustrie** zu ausgewählten Faktoren						
Faktoren:						
Arten:	Grad der Ausbildung des Personals	Kopfzahl Bedienungspersonal	Kapitalintensität	Rohstoffabhängigkeit	Energieabhängigkeit	Politisches Risiko	Technologisches Risiko
Anlagen der Stahlverarbeitung	mittel	mittel bis hoch	hoch	hoch	hoch	im allg. gering	mittel
Anlagen des Maschinenbaues	hoch	mittel	hoch	mittel	mittel	im allg. gering	mittel bis hoch
Werften	mittel	mittel	hoch	mittel	mittel	im allg. gering	mittel
Fahrzeugfabriken	mittel bis hoch	mittel bis gering	hoch bis sehr hoch	mittel	mittel	gering	gering bis hoch
Elektrotechnische Fabriken	mittel bis hoch	mittel	mittel	mittel	mittel	gering	mittel bis hoch
Lebensmittelfabriken	mittel	mittel	mittel	mittel	mittel	sehr gering	gering bis hoch
Papier- und Pappefabriken	mittel bis hoch	mittel bis gering	hoch bis sehr hoch	mittel	hoch	im allg. gering	mittel bis hoch

Bild 12: Beziehung einiger Anlagen der Verarbeitungsindustrie zu Faktoren, die Komplexität und Schwierigkeitsgrad beeinflussen

— Anlagen mit personalintensiver Betriebsführung oder mit hohem Automationsgrad
— Anlagen mit hohem, mittlerem oder niedrigem Investitionsvolumen
— Anlagen für Industrie-, Schwellen- oder Entwicklungsländer.

Nachfolgend werden Anlagenarten unterschieden in:

● Anlagen der Grundstoffindustrie
● Anlagen der Verarbeitungsindustrie
● der chemischen und petrochemischen Industrie
● sowie Infrastrukturanlagen

und mit Bezug auf die Aufgaben-, Problem- und Risikofelder der Auftragsabwicklung näher erläutert (vergleiche Beispiele in Bild 11: Beziehung von Anlagenarten zu Faktoren, die Komplexität und Schwierigkeitsgrad beeinflussen).

Die komplette Lieferung und der Aufbau von Produktions- und Fertigungsstätten hat in den letzten Jahrzehnten größeren Umfang angenommen. Die Errichtung der

Merkmale des Strukturwandels am Beispiel einiger **Infrastrukturanlagen**			
Wandlungsmerkmal:			
Anlagenarten:	Erweiterter Leistungs-umfang der Anlagen*	Fertigung von Anlagen-ausrüstungen*	Leistungsfähigkeit der Produktionseinheiten*	Komplexität der Projekte*
Anlagen zur Energie-erzeugung	Rohstoff-Gewinnung, Rauchgas-Entschwefelung	Rohstoff-Transportsysteme, Filteranlage	hoher Wirkungsgrad, Leistungsbeständigkeit	Klima, Standortvorgaben, Grad der Automation
Anlagen zur Energie-verteilung	dezentrale Umspannanlagen, Infrastruktur Fernleitung	Transformatoren, Hochspannungsmasten	geringe Leitungsverluste, Leistungsbeständigkeit	Klima, Infrastruktur der Fernleitungswege
Verkehrsanlagen	Entwicklung der geeigneten Verkehrsmittel	Vorgabe der einzusetzenden Materialien	hohe Dauerbelastung, wenig Energieverbrauch	geograph. Infrastruktur, gesetzliche Vorgaben
Anlagen zur Wasser-versorgung	künstl. Aufbereitung von Wasser bei Wasserknappheit	Meerwasserentsalzungsanlagen, Tiefbrunnen	Nutzung div. Energieformen, natürliche Qualität	geograph. Infrastruktur, neue Technologie
Anlagen zur Abwasser-behandlung	Lösungswege Klärverfahren, steigende Abwassermengen	Energierückgewinnung, biologische Klärung	gute Qualität bei Belastungs-schwankung	chem. Zusammensetzung, Abwässer, Infrastruktur
Krankenhäuser, Hotels, Schulen	technische Ausstattung, Verkehrsanlagen	Erholungszentren, Klimatisierung	Module für Änderungen, niedrige Betriebskosten	neue Technologien, gesetzliche Vorgaben

Bild 13: Merkmale des Strukturwandels am Beispiel einiger Infrastrukturanlagen. (Die mit * gekennzeichneten Merkmale waren bis Ende der 60er Jahre selten Bestandteil des Anlagenauftrages.)

Fabriken in Entwicklungs- und Schwellenländern erweist sich als ein wirksames Mittel, diesen Ländern wirtschaftlich zu größerer Eigenständigkeit zu verhelfen.

Der Anlagenlieferant ist in der Regel verpflichtet, noch Jahre nach der Inbetriebnahme der Betriebsstätten als Fachberater tätig zu sein. Die Formen der Tätigkeit können z. B. sein:

- Bereitstellung von Know-How
- Lizenzvergabe
- Zulieferung von Präzisionsteilen
- Ersatzteilversorgung und Reparaturdienst sowie
- Abstellung von Fachpersonal.

Weil ein ordnungsgemäßes und wirtschaftliches Funktionieren der Maschinen und Anlagen wesentlich von der Qualifikation und Motivation des Betreiber-Managements und Fachpersonals abhängt (vergleiche Abschnitt 3.3: Auftragsrisikoanalyse), der Einfluß des Maschinen- und Anlagenlieferanten auf die Qualifikation und Motivation des Betreiber-Personals jedoch schwierig beizubehalten ist, müssen insbesondere beim Errichten von kompletten, schlüsselfertigen Produktions- und Fertigungsstätten, die Risiken erkannt und ihnen mit entsprechenden Maßnahmen vorgebeugt werden.

2.3.1 Anlagen der Grundstoffindustrie

Diese Anlagen bestehen aus zwei Gruppen:

- Anlagen zur Grundstoffgewinnung
- Anlagen der Grundstoffaufbereitung.

2.3.1.1 Anlagen zur Grundstoffgewinnung

Zu dieser Gruppe gehören Anlagen zum Abbau natürlicher Lagerstätten von Kohle, Erzen, Steinen, Erden, Mineralien sowie Erdöl und Erdgas; z. B.

- Bergbauanlagen:
  - Übertagebau
  - Untertagebau

- Erdöl- und Erdgasgewinnungsanlagen:
  - Onshore
  - Offshore.

Die Standorte dieser Anlagen sind an die natürlichen Lagerstätten gebunden. Ab Beginn der 70er Jahre werden zunehmend schwer zugängliche, abgelegene Gebiete mit extremen klimatischen Bedingungen erschlossen (z. B. Alaska, Sibirien, Nordsee). Gründe hierfür sind:

- Es besteht Mangel an Rohstoffen bzw. ein zu hoher Bedarf (Kupfer, Uran, Erdöl, Erdgas)
- Die Preisentwicklung macht die Gewinnung von Rohstoffen unter extremen Bedingungen wirtschaftlich (OPEC-Kartell für Erdöl)
- Industrieländer streben nach Unabhängigkeit von Rohstoffeinfuhren.

Der Anteil neuentwickelter Technologien bei Anlagen der Grundstoffgewinnung nimmt zu (z. B. Bohrinseln in der Nordsee, Abbau von Mangan vom Meeresboden, Öl- und Erdgasgewinnung in klimatischen Regionen mit ständigen Temperaturen weit unter dem Gefrierpunkt).

Weil es sich jeweils um neue technische Lösungswege handelt (d. h. der Grad der Wiederholung ist gering), sind die einzelnen Anlagenaufträge mit besonderen Risiken behaftet. Die Ursachen für Risiken liegen zumeist:

- in der Standortbeschaffenheit (z. B. geringe Festigkeit von Moorgrund oder Meeresboden)
- in der Materialbeständigkeit (extreme Schwankungen von Temperatur und/oder Feuchtigkeit)
- im Anlagentransport (unwegsames Gelände oder technische Lösung zur vorübergehenden Schwimmfähigkeit für den Transport auf See).

Werden neue Technologien angewendet, dann erfolgt in der Regel die endgültige Erprobung der neuen Technologie mit dem Anlaufen der Originalausführung und zwar im Beobachtungsbereich des Kunden.

Im Zusammenhang mit Verträgen über solche Anlagenprojekte, die auf der Grundlage neuentwickelter Technologien abgeschlossen werden, sollte das finanzielle Risiko weitgehend abgedeckt sein. Oft sind staatliche Stellen bereit, Mitverantwortung zu übernehmen, insbesondere dann, falls Anlagenprojekte für die Entwicklung der Infrastruktur bzw. Unterstützung der Wirtschaftspolitik eines Landes bedeutsame Auswirkungen haben werden.

Sind Projekte mit Pioniercharakter auch für den Anlagenbauer interessant, z. B.

- zur Know-How-Gewinnung
- für die Erschließung neuer Märkte
- um erwartete Wiederholaufträge zu erhalten,

so werden ggf. Risiken und Zusatzkosten vom Kunden und Lieferer gemeinsam getragen.

Neben den Abwicklungsschwerpunkten aufgrund der Technologie der Gewinung bzw. der Förderung der Grundstoffe stehen für den Projektabwickler Probleme im Vordergrund wie:

– Beschaffung und Ansiedlung des Personals (Sibirien, Alaska, Wüstenregion, Bohr-
insel)
– mit dem Personaleinsatz verbundene Sozial-und Infrastrukturmaßnahmen (Ab-
wesenheit vom Heimatort, Krankenhäuser, Schulen, Freizeitanlagen usw.)

2.3.1.2 Anlagen der Grundstoffaufbereitung

Diese Anlagen dienen dazu, die gewonnenen Grundstoffe in eine Form zu bringen,
die sich für den Transport bzw. die Weiterverarbeitung eignet. Zu dieser Gruppe
gehören u. a.:

– Erz- und Kohleaufbereitungsanlagen
– Erdgasreinigungs- und Verflüssigungsanlagen
– Anlagen der Steine- und Erden-Industrie
– Hüttenwerke
– Recycling-Betriebe.

Der Standort für Anlagen der Grundstoffaufbereitung orientiert sich an:

– ihrer geographischen und/oder politisch zulässigen Nähe zur Grundstoffgewinnung
– vorhandenen oder realisierbaren Aufbewahrungs- und Zugangsmöglichkeiten für
die Zwischenlagerung von Ausgangsmaterial und/oder Endprodukt
– Realisierungsmöglichkeiten für wirksame Maßnahmen zur Entsorgung
– einer erleichterten Erreichbarkeit des Absatzmarktes für die Endprodukte
– vorhandener oder machbarer Infrastruktur zum Abtransport der Erzeugung (Hafen, Eisenbahn, Pipeline, Straßen).

Bei vielen Ländern besteht wirtschaftliches Interesse, nicht nur die Grundstoffgewinnung, sondern auch – trotz evtl. Standortnachteile – die Grundstoffaufbereitung
selbst durchzuführen, weil die Gewinnmargen der Aufbereitung höher als die der
Grundstoffgewinnung sind oder aus Gründen der wirtschaftlichen Unabhängigkeit.
Mit Einsatz der heutigen, anpassungsfähigen Technologien lassen sich Standortnachteile für Anlagen der Grundstoffaufbereitung oft weitgehend ausgleichen.

Anlagen der Grundstoffaufbereitung liegen vorzugsweise in erreichbarer Nähe der
Gewinnungsanlagen, es gelten daher vergleichbare Aufgaben-, Problem- und Risikofelder der Auftragsabwicklung wie bei der Grundstoffgewinnung.

Über die mit der Grundstoffgewinnung vergleichbaren Aufgaben-, Problem- und
Risikofelder hinaus ist die Entwicklung von Lösungswegen zu Lagerungs-, Entsor-
gungs- und Transportproblemen ein weiterer Schwerpunkt in der Auftragsabwicklung von Anlagen der Grundstoffaufbereitung.

2.3.2 Maschinen und Anlagen der Verarbeitungsindustrie

In diese Gruppe gehören Maschinen und Anlagen zur Herstellung von Investitionsgütern wie z. B.:

- Stahlverarbeitungsanlagen
- Maschinenbauanlagen für Werkzeugmaschinen
- Werften
- Fahrzeugfabriken
- Elektrotechnische Fabriken
- Produktionsstätten des Maschinen-, Sondermaschinen-, Apparatebaus

und Anlagen zur Herstellung von Konsumgütern, z. B.:

- Lebensmittelfabriken
- Genußmittelfabriken
- Textilfabriken
- Automobilfabriken
- Papier- und Kartonfabriken.

Der Standort von Anlagen der Verarbeitungsindustrie wird vorwiegend bestimmt durch

- das im Umkreis des Standortes verfügbare oder verbringbare Potential an Facharbeitern
- die Erreichbarkeit des Absatzmarktes.

Darüber hinaus können andere Standortfaktoren wie Lohnniveau (Textilfabriken), Material- oder Energiekosten (Papier- und Kartonfabriken) oder öffentliche Förderung einer wirtschaftlich schwachen Region mitentscheidend sein.

Anlagen der Verarbeitungsindustrie entstehen überwiegend in der Nähe von industrialisierten Ballungszentren (Städte, Industrierreviere), d. h., der Projektabwickler kann oft eine weitgehend funktionierende Infrastruktur (Sozialeinrichtungen, Verkehrswege, Energieversorgung) in seine Planung einbeziehen.

Standortnachteile, wie ein zu geringes Potential an Facharbeitern, lassen sich durch einen hohen Automationsgrad der Fabriken (Automobilindustrie) mindern.

Werden Anlagen der Verarbeitungsindustrie in Entwicklungs- oder Schwellenländern – dort insbesondere in wenig industriell entwickelten Regionen – errichtet, steigt für den Projektabwickler in der Regel der Schwierigkeitsgrad zur Erfüllung seiner Aufgaben erheblich an, denn z. B.:

● entspricht das Bildungsniveau der örtlich verfügbaren Arbeitskräfte selten dem geforderten Anspruch, es muß umfassend und langzeitig theoretisch und praktisch geschult werden

- muß parallel zur Ausbildung von Facharbeitern und Maschinenbedienern Personal für Betriebsführung, Technik, Organisation und Administration herangebildet werden
- bewirkt ein unterentwickeltes Transportwesen Materialmangel und ggf. Qualitätseinbußen oder Produktionsunterbrechung
- entstehen durch unregelmäßige Energieversorgung Betriebsstörungen oder größere Schäden (wie Verderb von Lebensmitteln durch Ausfall von Kühlanlagen)
- können durch Ausbeutung der Natur (Wald, Wasser, Boden) bzw. unzureichende Entsorgung (Flüsse, Giftlager) Langzeitschäden verursacht werden.

Der Vielzahl der Maschinen- und Anlagenarten dieser Gruppe „Maschinen und Anlagen der Verarbeitungsindustrie" entspricht ihre Lieferantenstruktur.

Dies sind:

- mittelständische Unternehmen des Maschinenbaus
- Großunternehmen des Maschinenbaus
- Großunternehmen des Maschinenbaus, die in der Umbruchphase zum Maschinen- und Anlagenbau sind
- Großunternehmen des Maschinen- und Anlagenbaus.

In der Regel ist die Auftragsabwicklung von Einzelmaschinen leichter überschaubar, planbar und auf der Kostenseite beeinflußbar sowie mit geringeren Einzelrisiken behaftet, als die Abwicklung von Anlagen. Jedoch wird die im Maschinenbau noch oft praktizierte Lieferung von Einzelmaschinen mit geringer Berücksichtigung der Produktverwendung am Einsatzort zunehmend von Systemlösungen verdrängt, d. h., der Lieferant muß das Einsatzfeld der Einzelmaschine kennen und sein Produkt, deren Dokumentation, die Schulung des Personals und die nachträgliche Systembetreuung (After Sales) auf die geplante Verwendung abstellen.

Beispiel 1: **Großdieselmotor.** Er wird heute überwiegend – sofern er nicht als Antriebsmaschine für Fahrzeuge oder Schiffe geplant ist – als Teil eines Notstromsystems, als Teil eines Blockheizkraftwerkes oder als Baustein eines technischen Prozesses geliefert.

Beispiel 2: **Lagersysteme.** Es werden kaum noch Gabelstapler, Regale usw. getrennt beschafft, sondern integrierte, untereinander kompatible Komponenten als Lagersysteme.

Beispiel 3: **Flexible Fertigungssysteme.** Es werden zunehmend nicht nur einzelne Werkzeugmaschinen beschafft, sondern integrierte Fertigungsinseln mit Steuerung durch Prozeßrechner, möglichst mit Anschluß an Rechnersysteme der Produktionsplanung und -steuerung.

Dieser Trend stellt an die Hersteller von Einzelmaschinen völlig neue Aufgaben, auf die sie sich vorbereiten müssen, z. B. durch:

- Einrichtung von technischen und kaufmännischen, unternehmensinternen Funktionen „Entwicklung und Auftragsabwicklung für den System- und Anlagenbau"
- Intensivierung der Zusammenarbeit mit Unternehmen für Anlagen-Engineering.

2.3.3 Anlagen der chemischen und der petrochemischen Industrie

Unter diese Gruppe fallen Anlagen wie:

- Raffinerien
- Produktionsanlagen für organische Chemieprodukte
- Produktionsanlagen für anorganische Chemieprodukte
- Produktionsanlagen für pharmazeutische Produkte.

Diese Anlagen weisen einen sehr hohen Automatisierungsgrad auf (automatischer Durchlauf des Herstellungsprozesses vom Ausgangs- bzw. Rohmaterial bis zum Fertig- bzw. Enderzeugnis). Der Personalbedarf ist in der Regel relativ gering, die Anforderungen an die Qualifikation (Spezialisten) relativ hoch.

Besonders zu beachten sind eine effektive Entsorgung und die wirtschaftliche Nutzung der Prozeßwärme. Der Ausstoß umweltschädlicher Abfälle ist zu reduzieren (vergleiche Abschnitt 2.3.4.3: Umweltschutzanlagen). Insbesondere durch Bau mehrerer ähnlicher Anlagen an einem Standort besteht die Gefahr der Massierung der Umweltverschmutzung [20].

Bei komplexen modernen Anlagen der chemischen und der petrochemischen Industrie muß während des Betriebs mit unkontrolliertem Schadstoffaustritt gerechnet werden. Darüber hinaus besteht Explosionsgefahr, wenn sich aus brennbaren Stoffen in Form von Gas, Dampf, Staub oder Nebel in Verbindung mit Luft explosive Gemische bilden. Es müssen daher bei der Planung dieser Anlagen besondere Sicherheitsvorkehrungen (z. B. Gaswarngeräte) vorgesehen werden [20].

Soweit Anlagen der chemischen und der petrochemischen Industrie (z. B. Produktionsanlagen für pharmazeutische Produkte) in Entwicklungs- und Schwellenländern errichtet werden, ähneln die abwicklungsbezogenen Aufgaben-, Problem- und Risikofelder denen von Anlagen der Verarbeitungsindustrie. Vergleichbar in der Art der Auftragsabwicklung sind Raffinerien (aus dem Bereich der petrochemischen Industrie) mit Anlagen der Grundstoffaufbereitung.

2.3.4 Infrastrukturanlagen

Zur Schaffung bzw. Verbesserung der Voraussetzungen für die Integration und Entwicklungsfähigkeit der Volkswirtschaften der Länder werden, vorwiegend von öffentlichen Auftraggebern, Investitionen zum Aufbau bzw. der Erweiterung der

Infrastruktur vorgenommen. Einige Merkmale von Infrastrukturanlagen sind

- die großen Projekteinheiten
- eine lange Lebensdauer der Infrastrukturanlagen
- wechselseitige Abhängigkeitsbeziehungen zu anderen geplanten oder im Aufbau/ Umbau befindlichen Infrastrukturanlagen
- länderspezifische Vorgaben können dominieren (z. B. gegenüber Standardisierungsbestrebungen oder vom Anlagenlieferanten vorgeschlagener Verfahrenstechnik)
- Vorhandenen oder geplanten Wirtschaftszweigen wird die Nutzung neu entstandener Infrastrukturanlagen unmittelbar ermöglicht.

Oft werden Investionen in Infrastrukturanlagen im Rahmen regionaler Infrastrukturpolitik durchgeführt. Ziel der Infrastrukturpolitik ist es, u.a. die Ansiedlung von Industrien zu fördern, ggf. unterstützt durch öffentliche, meist finanzielle Anreize.

Die Gruppe der Infrastrukturanlagen enthält Anlagen verschiedener Art, wie:

- Anlagen zur Energieerzeugung und Verteilung
- Verkehrsanlagen
- Umweltschutzanlagen (u.a. Anlagen zur Müllverbrennung und Kompostierung, zur Abgasreinigung und -entstaubung)
- Anlagen zur Wasserversorgung und Abwasserbehandlung
- Krankenhäuser, Hotels, Schulen
- Kommunikationsanlagen.

2.3.4.1 Anlagen zur Energieerzeugung und -verteilung

Eine Voraussetzung jeder Industrialisierung ist die Bereitstellung von Energie. Je nach den von der Natur gegebenen Möglichkeiten steht die Primärenergie in Form von Brennstoff (Gas, Öl, Uran oder Kohle), Wasser oder in wenigen Ländern auch als Dampf zur Verfügung.

Zum Transport und zur Nutzung von Energie muß die Primärenergie in eine technisch nutzbare Form umgewandelt werden. Die dazu notwendigen Kraftwerke, heute in Größenordnungen von einigen hundert Megawatt Leistung, gehören mit zu den größten Anlagen-Lieferungen.

In den Industrieländern entspricht die Kapazität der Kraftwerke zur Erzeugung elektrischen Stroms im wesentlichen dem heutigen Bedarf, der künftige Stromverbrauchszuwachs erfordert nur wenig Neuinvestitionen [1]. Kernpunkt der Kraftwerke-Lieferungen in industrialisierte Länder sind daher Ersatz- und Rationalisierungsinvestitionen und Investitionen zur Reduzierung der Emissionen.

In den Entwicklungs- und Schwellenländern besteht ein hoher Bedarfsüberhang, jedoch wird aus anderen Prioritäten und aufgrund geringer Haushaltmittel nicht entsprechend investiert.

Der Standort konventioneller Kraftwerke wird weitgehend bestimmt durch die Nähe bzw. Verfügbarkeit der Primärenergieträger. Thermische Kraftwerke werden daher vorzugsweise in der Nähe von Kohle-, Erdöl- oder Erdgaslagerstätten, Wasserkraftwerke in Gegenden mit großem Wasseraufkommen errichtet. Die Entsorgung der Abfälle aus thermischen Kraftwerken (Asche, Schwefel) ist sicherzustellen.

Bei der Standortwahl von Kernkraftwerken sind die Möglichkeit zur ausreichenden Versorgung mit Kühlwasser und die dauerhaft gesicherte Entsorgung von radioaktivem Abfall mit entscheidend.

Alle Anlagen zur Energieerzeugung benötigen umfangreiche Verteilungseinrichtungen (Transformatoren, Hochspannungsleitungen usw.). Die Planung und Installierung der Verteilungseinrichtungen allein kann bereits ein Anlagengroßauftrag sein.

Anlagen zur Erzeugung von Strom aus anderen Energiequellen wie Wind- und Sonnenenergie haben relativ niedrige Leistungen. Deren Standort liegt stets in windreichen (Meeresküste) bzw. sonnenintensiven (Tropen, Subtropen) Regionen und, zur Minderung von Verteilungsverlusten, in unmittelbarer Nähe der Verbraucher.

2.3.4.2 Verkehrsanlagen

Hierzu gehören

- Stadtbahnsysteme (u. a. Straßenbahn, Schnellbahn, Magnetbahn, Eisenbahn, Untergrundbahn, O-Busse)
- Land- und Wasserwege (u. a. Straßen, Autobahnen, Pässe, Brücken, Kanäle, Flußbegradigungen)
- Flughäfen (u. a. Militär- und Zivilflughäfen, regional, kontinental und interkontinental, Fracht- und Passagierflughäfen)
- Fluß- und Seehäfen (u. a. Militär- und Zivilhäfen, Passagiere, Fracht, Fischfang, Ölterminal)
- Umschlag- und Förderanlagen (u. a. Kräne, Transportbandsysteme).

Merkmale der Verkehrsanlagen sind:

- Ihr umfangreicher Bauteil
- Die sehr hohen Anforderungen an die Bauausführung.

So können einerseits die geographischen und klimatischen Bedingungen in erheblichem Maße die Durchführung der Vorhaben erschweren (Berge, Schluchten, rauhe See; Dauerfrost), andererseits gesetzliche Vorschriften oder rechtliche Bindungen umfangreiche Änderungen, Terminverschiebungen oder Zusatzlösungen bewirken (Straßenführung, Grundstücksrechte, einstweilige Verfügung usw.). Darüber hinaus muß oft eine bereits funktionierende Verkehrsanlage während der Bauzeit der neuen Anlage möglichst ohne Einbußen weiter betrieben werden (z. B. Straßenbahnbetrieb während des Untergrundbahnbaues).

Wenn der Auftraggeber eine schlüsselfertig zu errichtende Verkehrsanlage als Auftrag vergibt, wird in der Regel dem Lieferanten der Verkehrsanlage auch Schulung des Personals sowie Organisation des betriebsführenden Unternehmens übertragen.

2.3.4.3 Umweltschutzanlagen

In der jungen Technologie der Umweltschutzanlagen hat der deutsche Anlagenbau eine Weltspitzenposition [1].

Sie werden geordert

- von Industrieunternehmen:
  - als nachträgliche Ergänzung zu bestehenden Anlagen (z.B. Entstaubungsanlagen oder Rauchgasentschwefelungsanlagen bei thermischen Kraftwerken)
  - im Zusammenhang mit der Neuerstellung von Anlagen (z. B. Entgiftungsanlagen im Zusammenhang mit dem Bau einer Chemieanlage).
- von öffentlichen Auftraggebern:
  - als Maßnahme zum Umweltschutz in einer Region (z.B. Anlagen der Abfallentsorgung/Müllverbrennung und Kompostierung).

Umweltschutzanlagen werden derzeit überwiegend in industrialisierten Ländern errichtet, die Gründe hierzu sind:

- in den industrialisierten Ländern ist die Umweltbelastung durch gewachsene Industrie und privaten Verbrauch hoch. Die Problematik der Umweltbelastung wird mehr und mehr erkannt. Durch Gesetze und Verordnungen wird einer noch stärkeren Umweltbelastung entgegnet.
- Anlagen mit Umweltentlastung sind kostspielig. In Entwicklungs- und Schwellenländern wird zwar die Gefahr der Umweltbelastung teilweise erkannt, jedoch aus Gründen der Devisenknappheit zunächst für billigere Anlagen (mit geringerer Umweltentlastung) entschieden: die Erweiterung der Anlagen zur Reduzierung der Umweltschäden wird auf einen späteren Zeitpunkt verschoben.

Steigende Deponiekosten und kaum noch zu bewältigende Probleme der Entsorgung werden auch zukünftig in den Entwicklungs- und Schwellenländern zu einer offeneren Haltung gegenüber Investitionen in Umweltschutzanlagen führen [1].

Da Umweltschutzanlagen überwiegend in neuer Technologie erstellt werden, sind mangels ausreichender Erfahrungen oft umfangreiche Laborversuche und Simulationen durchzuführen. Bei der Festsetzung der Leistungskriterien von Umweltschutzanlagen (und damit Bestimmung des Gewährleistungsrahmens) ist in der Regel von veränderbaren Grenzwerten auszugehen, die ihre Grundlage in Verordnungen bzw. Gesetzen haben.

2.3.4.4 Anlagen zur Wasserversorgung und Abwasserbehandlung

Hierzu gehören u. a.:

– Brunnen, Pumpwerke, Speicheranlagen, Talsperren
– Meerwasserentsalzungsanlagen
– Abwasserklär- und Filteranlagen
– Wasserzuleitungs- und Abwasserkanalsysteme.

Die Bedeutung dieser Anlagenarten nimmt ständig zu:

● Einerseits steigt der Wasserbedarf in Entwicklungs- und Schwellenländern wegen
  des schnellen Bevölkerungswachstums
● andererseits nimmt die Grundwassergewinnung und Abwasserbehandlung in den
  industrialisierten Ländern wegen des hohen Verbrauchs an wasserverunreinigen-
  den Stoffen [21], die das Altwasser belasten, zu.

Die Standorte von Anlagen zur Wasserversorgung und Abwasserbehandlung richten
sich z. B. nach:

– Natürlichen Wasservorkommen (Seen, Grundwasserseen, Flüsse, aber auch Mee-
  resnähe)
– Der Nähe zu Orten mit hohem Wasserbedarf (Gebiete mit hoher Bevölkerungs-
  dichte, aber auch Nähe zu Industrieanlagen mit hohem Wasserbedarf).

Anlagen zur Wasserversorgung und Abwasserbehandlung stehen oft im Zusammenhang mit der Errichtung anderer Anlagenarten, z. B.:

– Kraftwerke, insbesondere Wasserkraftwerke
– Verkehrsanlagen, insbesondere Kanäle, Flußbegradigungen, künstliche Seen
– Anlagen der verarbeitenden Industrie, wie Papier- und Kartonfabriken.

2.3.4.5 Krankenhäuser, Hotels, Schulen

Schlüsselfertige Großprojekte mit großen Transport- und Montageproblemen nehmen zu (vergleiche Abschnitt 1.3: Strukturwandel der Anlagenexporte).

Im Zusammenhang mit der Erstellung von großen Anlagen, deren Betrieb viel
Personal erfordert, ist, insbesondere in noch nicht erschlossenen Regionen, die soziale
Infrastruktur, besonders für die Mitarbeiter des betriebführenden Unternehmens
einschließlich deren Familienangehörigen, sicherzustellen.

Der Auftraggeber der Anlagen verlangt im Einzelfall vom Anlagenlieferanten:

– die Planung und Bauausführung für Krankenhäuser, Hotels, Schulen zu übernehmen und
– ggf. dem betriebsführenden Unternehmen bei der Beistellung von Fachpersonal
  für den Betrieb der Krankenhäuser, Hotels, Schulen zu helfen.

Weil mit dem Bau dieser Einrichtungen Spezialwissen erforderlich ist, werden vom Anlagenbauer in der Regel Subunternehmer mit der Durchführung der Planung und Bauausführung sowie Personalbeistellung beauftragt.

Planung und Bau von Schulen für die Mitarbeiter des betriebführenden Unternehmens (Lehrwerkstätten, Ausbildungsbetriebe, Fachschulen) werden ggfs. vom Anlagenlieferanten selbst durchgeführt.

2.3.4.6 Kommunikationsanlagen

Hier ist zu unterscheiden in:

a) Kommunikationsanlagen für die Infrastruktur einer Region oder eines Landes und
b) Kommunikationsanlagen für die unternehmensinterne Infrastruktur, d. h. für die Betriebsstätte des Kunden, in der Maschinen und Anlagen errichtet werden.

Die Bedeutung beider Anlagenarten wächst ständig:

- Einerseits wird eine funktionierende externe Kommunikation immer mehr mitentscheidender Produktionsfaktor für die Infrasturktur einer Volkswirtschaft,
- andererseits hat eine funktionierende innerbetriebliche Kommunikation erhebliche Auswirkung auf die Wirtschaftlichkeit und Zukunftssicherheit der Betriebsführung.

Zu den Kommunikationsanlagen gehören u. a.

- mit Schwerpunkt zu a)
  - Fernseh-/Rundfunk-/Richtfunkanlagen
  - Sende- und Empfangssysteme (Antennen- und Satellitenempfangsanlagen)
  - Orts- und Fernvermittlungsstellen für Telefon-/Telex- und Datenübertragungsnetze
  - Land- und Seeverkabelungssysteme
- mit Schwerpunkt zu b)
  - unternehmensinterne Fernsprechnetze
  - Computersysteme einschließlich Prozeßrechner
  - unternehmensinterne Kommunikationsnetze, z. B. Lokale Breitband-Netze (Local Aerea Network).

Unternehmensinterne Kommunikationsanlagen sind zunehmend im Zusammenhang mit anderen Anlagenarten (u. a. Maschinen und Anlagen der Verarbeitungsindustrie sowie Anlagen zur Energieerzeugung und -verteilung) zu planen und zu liefern. Dies gilt in besonderem Maße bei Lieferungen in industrialisierte Länder:

- Der Computer als Systemgrundlage zur Steuerung und Überwachung von hochleistungsfähigen Produktionsprozessen sowie zur Unterstützung der Betriebsführung gilt bereits als Regelfall.

Bei Entwicklungs- und Schwellenländern wirkt der, mit der Anwendung von Hochtechnologie im Produktionsprozeß und zur Betriebsführung verbundene, intensivierte Computereinsatz wegen

- des hohen Qualifikationsanspruchs
- des schwierig zu beschaffenden Personals

bisher hemmend auf Entscheidungen [22] für die Anwendung der Hochtechnologie.

2.4 Märkte

Die verschiedenen Abnahmemärkte in den Regionen, Ländern und Kontinenten haben spezifische Einflüsse, insbesondere bezogen auf die Anlagenarten (vergleiche Abschnitt 2.3: Anlagenarten). Bild 14 zeigt Beispiele für einige spezifische Einflußfaktoren der Abnahmemärkte und deren Beziehungen zu einigen Anlagenarten.

Die Einflußfaktoren der Abnahmemärkte wirken sich auf die Auftragsabwicklung von Maschinen und Anlagen u. a. hinsichtlich

- Planungs- und Koordinationsaufwand
- Technologiegrad
- Projektumfang und Schwierigkeitsgrad
- Kalkulations- und Terminsicherheit
- Finanzierungsunterstützung und Zahlungseingang
- Zuverlässigkeit der Leistungserfüllung

bestimmend aus. Die Abnahmeländer der Maschinen und Anlagen (Inland, europäisches Ausland und Übersee) lassen sich bezüglich ihrer Einflußfaktoren auf die Auftragsabwicklung eingruppieren nach:

- Industrieländern
- Entwicklungs- und Schwellenländern
- Staatshandelsländern.

2.4.1 Hauptmärkte und ihre Anteile am Auftragseingang

Heute und auch zukünftig werden neben dem Inlandsmarkt (Auftragseingang 1985 7,4 Mrd DM [1]) die wesentlichen Absatzmärkte des deutschen Maschinen- und Anlagenbaus im Ausland (Auftragseingang 1985 13,6 Mrd DM [1]) sein.

Der Markt der Entwicklungs- und Schwellenländer einschließlich OPEC-Länder (Auftragseingang 1985 6,3 Mrd DM [1]) ist für den Maschinenbau und insbesondere den Anlagenbau von hoher Bedeutung (vergleiche Abschnitt 1: Entwicklung der Anlagengeschäfte); bezogen auf die Erwartungen der Zukunft ist jedoch, trotz des

76

Einflußfaktoren der Abnahmemärkte und deren Beziehungen zu einigen Anlagenarten							
Abnahmemärkte in:							
	Industrieländern		Entwicklungs- und Schwellenländern			Staatshandelsländern	
Einflußfaktoren:							
Anlagenarten:	Infrastruktur Verkehrswege/ Energie	Ausbildung/ Personal	Kapitalbereitstellung	Infrastruktur Verkehr/ Energie	Ausbildung und Personal	Infrastruktur Verkehrswege/ Energie	Ausbildung Personal/ Motivation
Anlagen der Grundstoffindustrie	meist vorhanden und erweiterbar	geschultes Personal verfügbar	Devisen knapp	geringe Leistung, veraltet	Hilfspersonal in großer Zahl	oft verfügbar, wechselnde Leistung	gefördert verfügbar, schwach
Anlagen der Verarbeitungsindustrie	meist vorhanden und erweiterbar	geschultes Personal verfügbar	geringe Präferenz	teilweise verfügbar, veraltet	kaum geeignetes Personal	geringe Zuverlässigkeit	gefördert verfügbar, schwach
Anlagen der chemischen und petrochemischen Industrie	meist vorhanden und erweiterbar	geschultes Personal verfügbar	teilweise Kapital verfügbar	neue Technologien erforderlich	oft Fremdpersonaleinsatz	neue Technologien erforderlich	geschultes Personal verfügbar
Infrastrukturanlagen	meist vorhanden und erweiterbar	geschultes Personal verfügbar	Bedarf z.T. nicht erkannt	Grundlage fehlt, veraltet	kaum geeignetes Personal	Verbesserung alte + neue Technologien	Personal im Aufbau

Bild 14: Beispiele für einige Einflußfaktoren der Abnahmemärkte und deren Beziehungen zu einigen Anlagenarten.

Bevölkerungswachstums, wegen der schwierigen wirtschaftlichen und finanziellen Lage dieser Länder kurzfristig nicht mit beachtlichen Wachstumsraten zu rechnen.

Mittelfristig interessant werden die Staatshandelsländer (Auftragseingang 1985 3,9 Mrd DM [1]), zumal die heute erkennbaren Tendenzen auf eine Verbesserung der Wirtschaftseffektivität dieser Länder zielen [1].

Die Voraussetzungen zur Abwicklung von Aufträgen sind bei Lieferungen in Länder mit sozialer Marktwirtschaft in der Regel günstiger als vergleichbare Lieferungen nach Staatshandelsländern oder Entwicklungs- und Schwellenländern. Die Gründe liegen u.a. darin, weil in den Industrieländern westlicher Prägung

- meist eine hochentwickelte, funktionierende Infrastruktur besteht und weiter ausgebaut wird
- ausreichende Erfahrungen in Technik, Organisation, Finanzierung, Geschäftsabwicklung usw. auf breiter Basis vorhanden sind
- personelle und sachliche Ressourcen verfügbar gemacht werden können
- das politische und soziale Umfeld in der Regel (bis auf einzelne Regionen) stabil ist.

2.4.2 Bedeutende Abnehmerländer

Im Bereich der industrialisierten Länder liegen die Abnehmer schwerpunktmäßig im Raum der Europäischen Gemeinschaft (Auftragseingang 1985 1,2 Mrd DM), Nordamerika und Australien. Der Auftragseingang von Nordamerika (USA und Kanada) beträgt 1985 0,9 Mrd DM, von Australien und Neuseeland 0,3 Mrd DM [1]. Japan, als dominierendes Industrieland in Fernost, wäre ein interessantes Abnehmerland, ist jedoch derzeit ein schwierig zu erschließender Markt. Die Gründe hierzu sind im wesentlichen:

- das in Japan vorhandene Know-How verbunden mit der Fähigkeit, neues Know-How frühzeitig und umfassend zu erwerben und zu nutzen, bewirkt, daß deutsche Anbieter von Maschinen und Anlagen auf der Grundlage von Hochtechnologie in Wettbewerb zu japanischen Maschinen- und Anlagenherstellern treten müssen
- eine, die japanische, heimische Wirtschaft schützende, einfuhrhemmende Wirtschaftspolitik die Wettbewerbssituation zugunsten japanischer Anbieter verschärft
- die spezifische Landesschrift, Sprache und für Europäer schwer umzusetzende Mentalität (z.B. in Entscheidungsprozessen)
- das Bestreben nach wirtschaftlicher Unabhängigkeit (wegen knapper eigener Rohstoffe) mit dem Zwang zum intensiven Auslandsengagement und dem Export hochwertiger Investitions- und Konsumgüter
- die traditionell technologische und wirtschaftliche Führungsrolle Japans in Fernost [23]

78

– das Bestreben nach Weltmarktbeherrschung in Schlüsseltechnologien. Auch die in
der japanischen JMEA-Studie [23] aufgeführten beschwichtigenden Absichtser-
klärungen, wie „Steigerung der Importe aus Gastländern", „gemeinsame Entwicklung und Austausch von Forschungspersonal", „coexistence and coprosperity"
können das japanische Bestreben kaum verhüllen.

Die Anteile der verschiedenen Anlagenarten (vergleiche Abschnitt 2.3: Anlagenarten) am Auftragseingang aus den Industrieländern sind etwa jeweils in gleicher
Größenordnung (0,1 bis 0,3 Mrd DM in 1985).

Im Bereich der Entwicklungs- und Schwellenländer sind seit mehreren Jahren die
OPEC-Staaten bedeutende Abnehmerländer (Auftragseingang 1985 2,3 Mrd DM
[1]), inzwischen übersteigt der Auftragseingang aus den übrigen Entwicklungs- und
Schwellenländern (Auftragseingang 1985 4 Mrd DM [1]) jedoch den der OPEC-
Staaten. Die Gründe hierzu liegen in der schwierigen wirtschaftlichen Lage der
Rohölmärkte und in einer gewissen Marktsättigung. Schwerpunkte der Lieferungen
in die Entwicklungs- und Schwellenländer (ohne OPEC-Staaten) sind z. Z. (1985)
Anlagen der organischen Chemie, der Elektrotechnik, der Stromerzeugung sowie
Walz- und Hüttenwerke.

Bei den Staaatshandelsländern sind die größten Auftraggeber für den deutschen
Anlagenbau die UdSSR, die Volksrepublik China und die Deutsche Demokratische
Republik (Auftragseingang dieser drei Länder 1985 3,1 Mrd DM [1]). Schwerpunkte
der Lieferungen sind z. Z. (1985) Walzwerke und Anlagen der organischen Chemie.

2.4.3 Einflüsse und Probleme bei der Auftragsabwicklung

Die geographischen, klimatischen und politisch/wirtschaftlichen Bedingungen der
Länder haben spezifische Einflüsse auf die Auftragsabwicklung von Maschinen und
Anlagen.

Darüber hinaus haben die Abnahmemärkte für die verschiedenen Maschinen- und
Anlagenarten spezifische Einflüsse und verursachen Probleme der Auftragsabwicklung. In Bild 14 werden Beispiele für einige Einflußfaktoren der Abnahmemärkte:

– Industrieländer
– Entwicklungs- und Schwellenländer
– Staatshandelsländer

in Beziehung gesetzt zu einigen Anlagenarten.

In Bild 15 werden in einer Strategiematrix die Entwicklungsstufen der Märkte vom
Entwicklungs- zum Industrieland beispielhaft aufgezeigt.

Selbst in den infrastrukturell hochentwickelten Industrieländern kann es von Land
zu Land, Region zu Region, Stadtnähe oder Stadtferne, unterschiedliche Einflüsse auf

Entwicklungsstufen der Abnahmemärkte vom Entwicklungs- zum Industrieland

Entwicklungsstufe:

Funktion:	Stufe 1 Entwicklungsland	Stufe 1a Entw.-land Staatshandel	Stufe 2 Schwellenland	Stufe 2a Schwellenland Staatshandel	Stufe 3 Industrieland	Stufe 3a Industrieland Staatshandel
Ansprüche an Maschinen- und Anlagen	kleine, primitive Mechanik	Gigantismus modernste Technologie	mittlere + Hochtechnologie	Hochtechnologie	nur modernste Technik	Hochtechnologie, Restriktion/ Embargo
Umfang der Einzelinvestitionen	billigst	Großinvestitionen in Schwerindustrie	dem Einzelfall angemessen	Investitionen in Verarbeitungsindustrie	flexibel erweiterbar	Umfang um Infrastrukturinvest. erweiterbar
Finanzierung	Kapitalverkehrskontrolle	Devisenschwäche/ Kompensationsgeschäfte	Kredite/Kapitalschwäche	Kompensationsgeschäfte	alle Finanzquellen	Devisen/Kredite/ Kompensationsgeschäfte
Investitionsrisiko für Exporteur	überschaubar	hoch, schwierig steuerbar	bei komplexen Investit. hoch	hoch, Einfluß möglich	vertragliche Absicherung	hoch, z.T. vertragliche Absicherung
Personalbereitstellung durch Kunde	kein Fach-/ viel Hilfspersonal	kaum Fach-/ viel Hilfspersonal	hohe Ausbildungsbereitschaft	hoher Ausbildungswille	Engpaß an Spezialisten	Ausbildung Teil des Auftrages
Infrastruktur	fehlt, kaum Bewußtsein d. Notwendigkeit	fehlt, oft Notwendigkeit erkannt	Infrastruktur Teil des Auftrages	teilweise Teil des Auftrages	Vermeiden Umweltschäden	Ansätze zur Leistungserhöhung
Marktversorgung mit Erzeugung	kein Funktionieren, Infrastruktur fehlt	zentrale Planung, Leistung gering	Marktvers. Teil des Auftrages	Export, Devisenbeschaffung	Marketing Werbung/ V-Förderung	Ansätze zur Privatisierung
Ansprüche an die zukünftige Betreuung (After Sale)	kein Bewußtsein für Bedarf	wegen Bürokratie kein Bedarf	möglichst Eigenregie Kunde	möglichst Eigenregie Kunde	Wartungsverpflichtung	Eigenständigkeit/ fallweise Wartung

Bild 15: Strategiematrix: Entwicklungsstufen der Märkte vom Entwicklungs- zum Industrieland

die Auftragsabwicklung geben, abhängig von:

- Techniknähe und Effektivität des Ausbildungswesens
- Facharbeitskräftemangel bzw. Hilfskräfteüberschuß
- technischer Entwicklungsstand und Ausmaß der Industrialisierung einer Region
- Mentalität und Anpassungsfähigkeit [22]
- öffentlicher Förderung
- Landes- oder Provinzrecht.

In hochentwickelten Industrieländern ist die Infrastruktur nicht auf einheitlich hohem Stand. Anhand nachfolgender Beispiele wird dies erkennbar:

Beispiel 1:

Norditalien mit Großindustrie und Mittelstand:

● Hier ist Personal mit Industrieerfahrung verfügbar, die Infrastruktur hoch entwikkelt.

Dagegen sind in Süditalien vorwiegend Unternehmen der Kleinindustrie, von mittleren Verarbeitungsbetrieben und Landwirtschaftsbetriebe angesiedelt:

● Es ist kaum Personal mit Industrieerfahrung verfügbar, die Infrastruktur ist nicht ausreichend entwickelt.

Beispiel 2:

Ruhrgebiet:

● Schwerpunkt sind rückläufige Industrien der Kohleerzeugung und Stahlherstellung, das Personal ist traditionell stark spezialisiert auf Kohle und Stahl.

Dagegen sind z. B. in Baden-Württemberg Unternehmen des Automobilbaus, der Elektrotechnik und Elektronik angesiedelt:

● Diese Industriezweige sind zukunftsträchtig, qualifiziertes Personal mit breiter Wissensbasis ist verfügbar.

Aus den regionalen Infrastrukturunterschieden ergeben sich im Falle von Aufträgen für Standorte in diesen Regionen auch unterschiedliche Einflüsse auf die Auftragsabwicklung.

Mit der Auftragsabwicklung von Projekten des Maschinen- und Anlagenbaus in Industrieländern sind bereits hohe Risiken verbunden (vergleiche Abschnitt 1.4: Probleme der Anlagenexporte). Darüber hinaus können im Geschäftsverkehr mit Entwicklungs- und Schwellenländern als auch mit den Staatshandelsländern zahlreiche zusätzliche Probleme und Risiken während der Auftragsabwicklung entstehen; sie sind im Kern auf die spezifischen Bedingungen in diesen Märkten zurückzuführen:

- Die Kultur eines Landes, die Mentalität, die Motivation und die Religionen der Bevölkerung wirken sich mit ihren Eigenheiten im Lande des Anlagenstandortes bei der Auftragsabwicklung aus, insbesondere bei der Zusammenarbeit mit Geschäftspartnern und Arbeitnehmern des Gastlandes.
- Selbst wenn mentalitäts- und ausbildungsbedingte Unterschiede auch schon zwischen Nord- und Süditalien sehr stark ausgeprägt sind, so sind sie im Vergleich zu den Erschwernissen in islamischen Ländern gering. Dort stehen eigentlich nur 3 Arbeitstage pro Woche zur Verfügung und zudem fällt ein Monat des Jahres für Arbeiten, wegen des Ramadans (islamischer Fastenmonat), ganz aus.

Die mentalitäts- und kulturbedingten Unterschiede zwischen dem Baustellenpersonal des Anlagenherstellers und den im Kundenland selbst verfügbaren Arbeitskräften zeigen sich deutlich im Ausbildungsgefälle [24].

Der Ausbildungsstand im Ausland und die Qualität der Arbeitsergebnisse hängen voneinander ab; je nachdem, wie hoch der Anteil der zu erbringenden Eigenleistungen des Landes ist, steigt oder fällt die Qualität der geleisteten Gesamtarbeit und das Risiko der Auftragserfüllung.

Sofern in einem Vertrag vorgesehen ist, als Eigenleistung eines Entwicklungs- oder Schwellenlandes (in dem die Anlage aufzustellen ist) die Erstellung der Infrastruktur und des Bauteils durch landeseigene Unterlieferanten selbst durchzuführen, so beeinflußt dies in der Regel ungünstig die Gesamtauftragsabwicklung und das Erfüllungsrisiko.

Besonders zu beachtende Schwierigkeiten können in bezug auf die Dokumentation entstehen, wenn Unterlieferanten aus den verschiedensten Sprachräumen zur Auftragserfüllung herangezogen werden.

Die Kosten zur Erstellung einer umfangreichen Dokumentation sind nicht zu unterschätzen. Der Abwickler kann durch entsprechende Vermerke bei Vertragsweitergabe an Unterlieferanten bereits in sehr früher Phase Einfluß auf diese Kostenentwicklung nehmen.

Die negativen Einflüsse auf die Gesamtauftragsabwicklung und das Erfüllungsrisiko verstärken sich, wenn als entscheidende Voraussetzung zur Durchführung der Eigenleistungen des Entwicklungs- oder Schwellenlandes vom Anlagenhersteller zunächst ein umfangreiches Infrastruktur- und Bau-Schulungsprogramm für das ortsansässige Personal (das die Eigenleistungen erbringen soll) abzuwickeln ist.

Erschwerend für den Anlagenhersteller sind auch vertragliche Vereinbarungen, die bestimmen, daß Ausrüstungen im Land des Kunden durch ortsansässige Unterlieferanten oder vom Kunden bereitgestelltem Personal gefertigt werden, wobei dem Anlagenhersteller die Überwachung der Qualität der Ausrüstungsteile und das Risiko der einwandfreien Funktion (vergleiche Abschnitt 3.3: Auftragsrisikoanalyse) obliegen.

Der Maschinen- und Anlagenbauer sollte sich organisatorisch und personell darauf einrichten, daß die lokale Eigenfertigung in Entwicklungs- und Schwellenländern hinsichtlich ihrer Kosten, ihrer Funktions- und Leistungsqualität sowie ihrer Terminsicherheit besonders überwacht und gesteuert werden muß. Die lokale Eigenfertigung kann dazu führen, daß während der Auftragsabwicklungs- und Fertigungszeit mehr Mitarbeiter aus dem Abwicklungsteam des Maschinen- bzw. Anlagenherstellers als geplant vor Ort im Kundenland arbeiten müssen. Im Abwicklungsteam fehlen dann diese Mitarbeiter, eine schnelle Ersatzbeschaffung ist, wegen der Einarbeitung in das laufende Projekt, in der Regel schwierig.

Es ist ratsam, bei lokaler Eigenfertigung in Entwicklungs- und Schwellenländern auf die Fertigungstiefe zu achten, weil die Qualität der gefertigten Erzeugnisse u. a. unmittelbar abhängig von der Fertigungstiefe sein kann. Darüber hinaus hängt die zu wählende Fertigungsmethode u. a. von der Form, Festigkeit, Genauigkeit der Abmessungen, Oberflächengüte des Werkstückes und von der Stückzahl ab [21].

Daher ist die Gefahr gegeben, daß in einigen Ländern die Qualitätserwartungen (vergleiche Abschnitt 4.6: Qualitätssicherung und Qualitätskontrolle) nicht erfüllt werden können (Werkzeugmaschinenpark, Materialwirtschaft, Arbeitsvorbereitung, Fertigungssteuerung [25], Fachpersonal, Meß- und Prüfgeräte).

Es ist dem mit der Auftragsabwicklung beauftragten Projektmanager (vergleiche Abschnitt 3.5: Benennung des Projektmanagers und des Abwicklungsteams) und den Projektmitarbeitern zu empfehlen, sich ausreichende Kenntnis über die landesspezifischen und regionalen Mentalitäten, Kulturen und Religionen und damit verbundenen sozialen Eigenheiten zu beschaffen [22, 26].

Die Kenntnis der landesspezifischen Besonderheiten ist bereits vor und während der ersten Auftragsverhandlungen und in der Projektierungsphase nützlich. Die Vertragsverhandlungen (vergleiche Abschnitt 4.1: Inkrafttreten des Auftrags) und die spätere Kundenbetreuung (After sales) verlaufen in Entwicklungs- und Schwellenländer und Staatshandelsländern wesentlich anders, als dies im Umgang mit den Industrieländern der Fall ist [26].

Im Gegensatz zu den Industrieländern werden Maschinen und Anlagen in den Staatshandelsländern überwiegend (sowie auch oft in den Entwicklungs- und Schwellenländern) an staatliche Kunden abgesetzt.

Oft fehlt diesen Verhandlungspartnern Verständnis für und die Kenntnis über

- die zu erstellenden Anlagen
- den Produktionsprozeß
- Anforderungen an die Qualifikation von Bedienungspersonal
- Bereitstellung der Infrastruktur
- wirtschaftliche Betriebsführung
- Nutzbarkeit und Vermarktung der Anlagenerzeugnisse

(vergleiche Bild 15: Strategiematrix: Entwicklungsstufen der Märkte vom Entwicklungs- zum Industrieland).

Die infrastrukturellen, organisatorischen und personellen Voraussetzungen für die Abwicklung eines Anlagengeschäftes sind in den Entwicklungs- und Schwellenländern meistens nicht vorhanden oder sind unzureichend bzw. veraltet. In den Staatshandelsländern liegen zwar überwiegend bessere Voraussetzungen als in den Entwicklungs- und Schwellenländern vor, jedoch sind wegen der zentralen, bürokratischen Planung und wegen geringer personeller und sozialer Anreize die Leistungsfähigkeit der Infrastruktur meist gering und das Personal wenig motiviert.

Dies erklärt, daß das Anlagengeschäft außerhalb der Industrieländer wesentlich umfangreichere Planungsschritte, Arbeiten und Funktionen erfordert als in den Industrieländern selbst. Auch die Risiken beim Maschinen- bzw. Anlagenaufbau, bei Inbetriebnahme und Produktionsanlauf zwingen zu lückenloser Vorplanung und zugleich zum Einsatz einer improvisationswilligen und -fähigen Abwicklungsmannschaft.

In den Staatshandelsländern werden die technischen Entscheidungen in Instituten und die kaufmännischen Entscheidungen zentral durch staatliche Einkaufsstellen getroffen. Zentralistische Projektierung der Staatshandelsländer und Abwicklung mit viel Bürokratie in den Entwicklungs- und Schwellenländern verursachen erhöhtes Personalengagement und -kosten (zusätzliche Reisen, längere Abwicklungsdauer, mehr Anlagenvarianten, größere Abwicklungsteams und Betreuungspersonal).

Aufgrund der Devisenknappheit oder ungünstigen Finanzierungsmöglichkeiten der Auftraggeber in den Entwicklungs- und Schwellenländern sowie auch in den Staatshandelsländern setzt in den meisten Fällen der Abschluß eines Exportauftrages für den Großanlagenbauer voraus, daß er eine konkurrenzfähige Finanzierung anbieten kann.

Zusätzlich muß dann der Großanlagenbauer die Sicherstellung der Finanzabwicklung überwachen und gegebenenfalls zur Finanzsicherung korrigierend eingreifen. Über die Beschaffung der Finanzierung hinaus werden, insbesondere im Geschäft mit den Staatshandelsländern sowie in neuerer Zeit auch mit vielen Entwicklungs- und Schwellenländern, Abschlüsse von Exportaufträgen zusätzlich noch mit Kompensationsverpflichtungen verknüpft [vergleiche Abschnitt 2.2.2.7.1: Das Kompensationsgeschäft (Barter business)].

Für den störungsfreien Baufortschritt ist die politische Stabilität im Land des Kunden von großer Bedeutung. Politische Unruhen in Entwicklungs- und Schwellenländern und Spannungen im sozialen Umfeld – die nur sehr schwer prognostizierbar sind – können das wirtschaftliche Ergebnis des Auftrags trotz möglichst weitgehender vertraglicher Absicherung (vergleiche Abschnitt 2.2.2: Vertragsarten) nachhaltig verschlechtern.

Zu den Ursachen, die die zukünftigen politischen Verhältnisse im Kundenland verändern können [24] gehören z. B.:

- innere Spannung aufgrund von Religions-, Rassen-, Sprach-, Stammes- oder Wirtschaftskonflikte, regionale Autonomiebestrebungen
- soziale Unruhen und Aufruhr
- neugewonnene oder bevorstehende Unabhängigkeit
- neue Bündnisse und Beziehungen zu Nachbarländern
- bevorstehende Wahlen
- radikale Programme
- drohende bewaffnete Konflikte.

Politische Entscheidungen der Bundesrepublik Deutschland oder von westlichen Industrieländern können die Abwicklung von Geschäften mit sozialistischen Ländern hemmen, stören oder die Kosten erhöhen (z. B. dirigistische Maßnahmen, Embargo). Aber auch die Wirtschafts- und Steuerpolitik der Bundesrepublik Deutschland sollte die Exportbemühungen des Maschinen- und Anlagenbaus, zumindest im Vergleich zu den Exportförderungen anderer Industrieländer fördern. Mit der Neufassung des Instrumentariums für Ausfuhrgewährleistungen sind im Ansatz Maßnahmen festzustellen, die dem Maschinen- und Anlagenbau gegen den besser gerüsteten internationalen Wettbewerb nützlich sein können [1].

Änderungen der Währungsverhältnisse im Kundenland können sich verbessernd oder verschlechternd auf den Anteil der im Kundenland anfallenden Kosten zur Auftragsabwicklung (u. a. Materialbereitstellung, Energie, Montage, Aufenthalt, Gebühren/Steuern) auswirken.

Da in der Regel der lokale Eigenanteil eines Auftrages auch in lokaler Währung bezahlt wird, muß die von der Inflation im Kundenland beeinflußte Kostenentwicklung in ihren Auswirkungen auf die Kosten des Gersamtauftrages mit Vorsicht beachtet werden.

Viele Entwicklungsländer wollen Maschinen- und Anlagenaufträge auf der Basis des US-Dollar abschließen, z. B., weil auch die mit der neuen Anlage/Maschine herzustellenden Produkte in US-Dollar verkauft werden sollen. Falls im Vertrag mit dem Auftraggeber des Entwicklungslandes keine ausreichende Absicherung gegen Wechselkursrisiken durchgesetzt werden kann, sollte sich vor Vertragsabschluß der deutsche Auftragnehmer – um eine offene Währungsposition zu vermeiden – bei Geschäftsbanken mit Exporterfahrung vergewissern, mit welchen Maßnahmen und wie weit er sich in der aktuellen Sitution gegen evtl. Wechselkursverluste absichern kann.

Übliche Maßnahmen zur Wechselkursabsicherung sind:

- Der Maschinen- oder Anlagenlieferant verschuldet sich in US-Dollar solange, bis aufgrund der Lieferung die Dollarforderung fällig ist. Mit Bezahlung der Dollarforderung durch den Auftraggeber zahlt der Lieferant die Schulden in US-Dollar zurück.

- Der Lieferant verkauft die erwarteten US-Dollar gegen Deutsche Mark bereits dann, wenn die Dollarforderung entsteht, und zwar zum Termin des Zahlungseingangs.

Beide Maßnahmen verhindern eine offene, risikobehaftete Währungsposition [17].

2.4.4 Technologietransfer und Einflüsse auf den Wettbewerb

In den Entwicklungs- und Schwellenländern sowie in den Staatshandelsländern besteht im Zusammenhang mit Aufträgen über Maschinen bzw. Anlagen Bedarf zur nutzbaren Übernahme des Herstellungs- und Verfahrens-Know-How (vergleiche Abschnitt 2.2.1.5.1: Know-How), z. B. in Form eines planvollen, zeitlich limitierten und freiwilligen Prozesses der Übertragung; sowohl systematisch als auch organisch wachsend [22].

In Bild 16 werden Intensitätsstufen des Technologietransfers beispielhaft dargestellt. Stufen 1 bis 3 sind reiner Wissenstransfer („Blaupausenexport").

Die Außen-, Entwicklungs- und Wirtschaftspolitik der Bundesrepublik Deutschland steht (wie im Prinzip auch alle Industrieländer) den Forderungen der Entwicklungs- und Schwellenländer sowie der Staatshandelsländer nach Technologietransfer nicht ablehnend gegenüber. Allerdings sollen keine nachteiligen Folgen für den Technologiegeber entstehen [27].

Die Lieferungen und Leistungen des Deutschen Maschinen- und Anlagenbaus halten dem internationalen Vergleich der Industrieländer, in bezug auf den Stand der Technologie, stand. Der hohe Anteil der Rationalisierungs- und Modernisierungsinvestitionen am Auftragseingang stellt große Anforderungen an Know-How, Ingenieurwissen und Engineering-Leistung der Maschinen- und Anlagenhersteller. Damit ist aber auch der technologische Vorsprung im internationalen Wettbewerb gesichert.

Weil dieser Vorsprung nur in Stufen und nur jeweils in Teilbereichen eingeholt werden kann, ist

- für nachdrängende Wettbewerber kein sofortiger Sprung von mittlerer Technologie in Hochtechnologie möglich
- das Einholen des technologischen Vorsprungs nicht umfassend für alle Funktionsgruppen der Maschinen bzw. Anlagen zugleich möglich.

Es wird in Auftragsverhandlungen seitens der Wettbewerber (neben der eindringlichen Darlegung der Preis- und Finanzierungsvorteile ihres Angebotes) versucht, durch Argumentation gegenüber dem Kunden zumindest einen teilweisen Abstand gegenüber Hochtechnologie durchzusetzen. Zu den Argumenten gehören z. B.:

- Die langfristige Abhängigkeit vom Lieferanten der Hochtechnologie ist größer als vom Lieferanten mittlerer Technologie, eine evtl. gewollte Eigenständigkeit läßt sich nicht erreichen.

Beispiele für Intensitätsstufen des Technologietransfers							
	Stufe 1	Stufe 2	Stufe 3	Stufe 4	Stufe 5	Stufe 6	Stufe 7
Zunahme der Intensität des Technologie-transfers	Allgemeines Wissen über Anlagenarten	Allgemeines Wissen über Anlagenarten	Allgemeines Wissen über Anlagenarten	Allgemeines Wissen über Anlagenarten	Allgemeines Wissen über Anlagenarten	Allgemeines Wissen über Anlagenarten	Allgemeines Wissen über Anlagenarten
		Überlassung von Konstruk-tionsunterlagen	Überlassung von Konstruk-tionsunterlagen	Überlassung von Konstruk-tionsunterlagen	Überlassung von Konstruk-tionsunterlagen	Überlassung von Konstruk-tionsunterlagen	Überlassung von Konstruk-tionsunterlagen
			Anweisungen zum Anwend. Verfahren	Anweisungen zum Anwend. Verfahren	Anweisungen zum Anwend. Verfahren	Anweisungen zum Anwend. Verfahren	Anweisungen zum Anwend. Verfahren
				Modelle, Maschinen, Anlagen	Modell, Maschinen, Anlagen	Modelle, Maschinen, Anlagen	Modelle, Maschinen, Anlagen
					Schulung, Personal-ausbildung	Schulung, Personal-ausbildung	Schulung, Personal-ausbildung
						Unterstützung bei der Inbe-triebnahme und Anlauf	Unterstützung bei der Inbe-triebnahme und Anlauf
							Eigenständigkeit bei Produktion und lfd. Wartung

Bild 16: Beispiele für Intensitätsstufen des Technologietransfers [22]. Stufe 1 bis 3 sind reiner Wissenstransfer (Blaupausenexport).

– Das Funktionsrisiko ist groß, es ist zweifelhaft, ob die Ausbringung der Maschinen/Anlage realisiert werden kann, ob die geplante Amortisation eintrifft.
– Die eigene, im Aufbau befindliche Industrie des Maschinen- und Anlagenbaus hat Vorrang und ist zu schützen, es ist eine Frage der Zeit, daß technologische Vorteile auch von der eigenen Industrie nachgerüstet werden können.
– Die Leistungsfähigkeit und Qualität der Erzeugung einer hochtechnisierten Maschine bzw. Anlage überdeckt den Abnahmemarkt für die Erzeugung.
– Die Rohmaterialqualitätsansprüche aufgrund der hochtechnisierten Maschine bzw. Anlage zwingen zum Import von Rohmaterialien und schaden der einheimischen Wirtschaft.
– Die Leistungsfähigkeit und Qualität der Erzeugnisse einer hochtechnisierten Maschine bzw. Anlage überdeckt den Abnahmemarkt für die Erzeugung.

Es ist im Einzelfall zu prüfen, ob diese Argumente zutreffen. Insbesondere der Projektabwickler muß sich den Argumenten stellen, wenn während der Auftragsabwicklung Entscheidungen über Zusatzlieferungen, Nachträge bzw. Umbauten getroffen werden müssen (vergleiche Abschnitt 4.3.4: Kostenmäßige Änderungen im Verlauf der Auftragsabwicklung).

Eine realisierte Hochtechnologie kann durchaus den Vorteil haben, Maßstäbe zu setzen, d. h.,

● sie hat die Wirkung einer Standardvorgabe für andere Investitionsentscheidungen, aber auch für Rohmaterialversorgung, Personalbeistellung, Infrastruktur und Versorgung des Marktes mit den Erzeugnissen der gelieferten Maschinen bzw. Anlage. Der Standard zwingt den Wettbewerb, den vollen Anschluß an den technologischen Stand zu bekommen und mitzuhalten;
● mit Einsatz der Hochtechnologie werden Perspektiven (z. B. langfristige Energieeinsparung oder Vermeiden von Umweltschäden) aufgezeigt, die die Strategien der privaten oder öffentlichen Abnehmer wesentlich beeinflussen;
● mit den gelieferten Maschinen bzw. Anlagen wird im Sinne einer Referenz (vergleiche Abschnitt 7: Abschlußbericht – Referenzen) bewiesen, daß Komplexität, Projektumfang, Termine und Budgeteinhaltung nur gesichert auf der Grundlage einer geschulten, erfahrenen Abwicklungsmannschaft und einer eingespielten und flexiblen Organisation zu realisieren sind.
● Schließlich kann eine hochwertige Technologie dem Kunden ggf. helfen (aufgrund der Erzeugnisqualität und der zuverlässigen Produktion), den Absatz seiner Erzeugung mit deutlichen Wettbewerbsvorteilen – insbesondere auch auf Märkten der Industrieländer, die bessere Produkte verlangen, dafür bessere Preise bieten – gegenüber seinen Konkurrenten sicherzustellen.

Die Verlagerung von Teilen der unternehmenseigenen lohnintensiven Fertigung von Anlagenausrüstungen und Maschinen (einschließlich von Teilen des Engineering) von der Bundesrepublik Deutschland in Schwellenländer (vergleiche Abschnitt 1.3:

Strukturwandel der Anlagenexporte) mit niedrigerem Lohnniveau ist eine Form des geregelten Technologietransfers.

Bei einer Entscheidung für die Fertigungsverlagerung ins Ausland ist zu berücksichtigen, daß

- Lohnkostenvorteile durch gegenläufige Einflüsse aufgezehrt werden können, z. B.
  - geringe Arbeitsproduktivität
  - niedriges Fertigungs-Know-How
  - unzureichende Qualifikation der Mitarbeiter
  - geringe Termin- und Qualitätstreue
  - Versorgungsrisiken bei Material und Energie
- ein mit der Fertigungsverlagerung verbundener unkontrollierter Technologietransfer wie Entwicklungshilfe wirkt, bei der
  - kurzfristig das Wissen und Können der eigenen Fachleute an Dritte, ohne entsprechende Gegenleistung, weitergegeben wird und langfristig sogar gegen den Technologiegeber gerichtet werden kann.

2.4.4.1 Schaffung neuer Märkte

Maschinen- und Anlagenlieferungen ins Ausland haben dazu beigetragen, den Aufbau von Industrien insbesondere in Schwellenländern zu fördern. Inzwischen entwickelte sich im Bereich der einfachen und mittleren Technologien eine zunehmende internationale Konkurrenzsituation durch Anbieter aus Niedriglohn- bzw. Schwellenländern. Die Entwicklung begann in konsumnahen Spezialgebieten der Feinmechanik und Optik, erfaßte u. a. den Schiff- und Fahrzeugbau; und heute ist bereits ein engagierter internationaler Wettbewerb in Teilbereichen des Maschinen- und Anlagenbaus tätig.

Die Wettbewerber aus den Niedriglohn- bzw. Schwellenländern werden durch eine Wirtschaftspolitik ihrer Regierungen, deren Merkmale eine Vielzahl an Subventionsformen, Schutzmaßnahmen und Exportförderungen sind, unterstützt. So ist oft von der Regel auszugehen, daß die Regierungen der Niedriglohn- bzw. Schwellenländer zur Stützung ihrer landeseigenen Anbieter die hohen banküblichen Zinssätze auf den niedrigen Wert des OECD-Konsensus (Zinssatz, den die Länder der westlichen Welt übereinstimmend innerhalb der Organization for Economic Cooperation and Development festgelegt haben) herunter subventionieren. Die deutschen Unternehmen des Maschinen- und Anlagenbaus müssen – um gegenüber dem kostengünstigen Finanzierungsangebot des Mitbewerbes mithalten zu können – die Differenz zum Marktzins in ihre Preise einkalkulieren. Das kann bis zu 20% Mehrpreis bei langfristig zu finanzierenden Projekten ausmachen.

Aufgrund der langjährigen Projekterfahrungen entwickelte sich ein hohes länderspezifisches und organisatorisches Know-How. Die Pflege dieses Know-How, verbunden mit dem Betrieb der in- und ausländischen Vertriebs- und Serviceorganisation verursacht ständig hohe Fixkosten [1].

Auf Dauer ist eine alleinige Strategie zum Halten und Erweitern des deutschen Technologievorsprungs nicht ausreichend, um die Beschäftigung und Ertragskraft des deutschen Maschinen- und Anlagenbaus im internationalen Wettbewerb zu sichern.

Es ist daher ergänzend hierzu u. a. eine Strategie zur Schaffung neuer Abnahmemärkte notwendig. Diese Abnahmemärkte können grob unterteilt werden in:

- Geographische Märkte (u. a. extreme Klimazonen, Meer)
- Politische Märkte (u. a. Wirtschaftsgemeinschaften, Länder, Regionen)
- Märkte für neue Produkte (u. a. alternative Energieerzeugung, Umweltschutzanlagen, Recycling) [27]
- Märkte auf der Grundlage bereits realisierter Produkte (Erhaltungsinvestitionen, Modernisierungs-, Rationalisierungs- und Erweiterungsinvestitionen).

Das vorhandene Know-How, die langjährige internationale Projekterfahrung und die bestehenden Vertriebs- und Serviceorganisationen in Verbindung mit:

- dem langzeitig praktizierten, geregelten Technologietransfer zur Schaffung einer Technologiebasis in den Schwellenländern
- der Bereitschaft zur Risikoübernahme bei der Entwicklung und Inbetriebnahme neuer Maschinen und Anlagen in neuen Märkten
- der Bereitstellung neuer, flexibler, zinsgünstiger Finanzierungshilfen sowie
- der Anpassungsfähigkeit der Auftragsabwicklungsorganisation an die Erfordernisse neuer Märkte

ist eine gute Ausgangsbasis für die Erschließung und Sicherung neuer Abnahmemärkte des Maschinen- und Anlagenbaus.

2.4.4.2 Erfordernis der Entwicklung neuer Technologien

Die Unterstützung der Strategien zur Schaffung neuer Märkte zwingt zur breit angelegten Entwicklung neuer Technologien. Der Auftragsabwickler sollte davon ausgehen, daß

- die Komplexität der neu zu entwickelnden Technologien gegenüber heute eingesetzten Technologien deutlich ansteigen wird
- die Anteile in den Maschinen und Anlagen verwendeter hochwertiger Technologie zunehmen werden
- die Abwicklungsarbeit erheblich schwieriger wird, nicht nur wegen der Zunahme der Komplexität und der steigenden Anteile hochwertiger Technologie, sondern auch, weil aus Gründen der Wettbewerbsfähigkeit intensive, systematische, computerunterstützte Neuorganisation der Auftragsabwicklung notwendig ist (ver-

gleiche Abschnitt 6: Voraussetzungen zum Rechnereinsatz bei der Auftragsabwicklung).

Neue Technologien werden aus Gründen der Kostenreduzierung und Erhöhung der Leistungsfähigkeit auch im Fertigungsbetrieb des Maschinen- bzw. Anlagenbauers selbst notwendig [u. a. CAD (Computer Aided Design), CAM (Computer Aided Manufacturing), CIM (Computer Integrated Manufacturing)]. Die Einführung dieser neuen Techniken geschieht in der Regel über einen Zeitraum von mehreren Jahren [28]; zumindest während der Einführungs- und Umstellzeit auf die neuen Fertigungstechnologien ist für den Auftragsabwickler mit zusätzlichen Problemen der unternehmenseigenen Fertigung (Terminsicherheit, Kosten, Qualität) zu rechnen (vergleiche Abschnitt 2.3.2: Maschinen und Anlagen der Verarbeitungsindustrie. Beispiel 3).

3 Schaffung der Voraussetzung zur Auftragsabwicklung

Nach dem Zustandekommen eines Vertrages über Lieferungen und Leistungen (Auftrag) mit Inkraftsetzungsklausel (oder alternativ in Form einer Vertagsparaphierung) sind vor Inkrafttreten des eigentlichen Lieferungs- und Leistungsvertrages für den Erfolg des Auftrages wichtige Fragen zu klären.

Diese Fragen sollen Sicherheit geben, daß:

- Anlagenaufstellung und -betrieb am gewünschten Standort im vertraglich festgelegten Ausbau zulässig sind
- alle infrastrukturellen und logistischen Voraussetzungen vor Ort gegeben bzw. geplant und verabschiedet sind, um die Anlage zu betreiben
- die Finanzierung des Projektes in allen Stufen zugesichert ist
- alle Lizenzen, Know-How, Garantien, Bürgschaften von Dritten rechtsbindend beigebracht sind
- die Aufbauorganisationen des Auftragnehmers und der Unterlieferanten gerüstet sind hinsichtlich der Abwicklung des Auftrages.

Wenn alle offenen Fragen geklärt und durch schriftliche Zusagen von z. B. Genehmigungs- oder Baubehörden, Drittunternehmen, Lizenzgebern, staatlichen Deckungsgebern, Banken, Bürgen usw. nachgewiesen sind, steht – was Abhängigkeit zu Dritten betrifft – dem Inkrafttreten des Vertrages über Lieferungen und Leistungen durch, z. B. Anfertigen eines gemeinsamen Protokolls zwischen den Vertragsparteien, nichts mehr im Wege.

Es hat sich in der Praxis gezeigt, daß es zur umfassenden und jeweils vollständigen Einzelklärung der offenen Punkte betreffs Inkrafttreten des Liefer- und Leistungsvertrages zweckmäßig ist, anhand von Checklisten vorzugehen, u. a. Checklisten über

– Genehmigungen, Finanzierung
– Standortfragen/Infrastruktur
– Voraussetzung für Anlagenbetrieb
– Zusagen von Dritten.

Viele Punkte der Checklisten lassen sich auf der Grundlage der Dokumentation aus der Vorphase des Auftrags (Angebotsphase, Auftragsentstehungsphase) aktualisieren, da im Zusammenhang mit der Angebotsabgabe eine Vorklärung der Voraussetzungen für eine evtl. zukünftige Auftragsabwicklung stattgefunden hat [29, 30].

Eine Checkliste zur Klärung bzw. Absicherung von Infrastruktur/Standortfragen könnte z. B. enthalten:

– personelle Infrastruktur (Ausbildungsmöglichkeiten, Stadtnähe usw.)
– materielle Infrastruktur (Straßen, Verkehrswege, Energieversorgung)
– Grundstücksfragen
– Bodenbeschaffenheit
– Grundwasser
– Topografische Untersuchung
– Klimatische Bedingungen
– Erdbebenzone.

Eine Checkliste über Voraussetzungen für den Anlagenbetrieb sollte mindestens enthalten:

– Arbeitskräfte (Verfügbarkeit, Anforderungsprofil, Nationalität usw.)
– kaufmännische Bedingungen für Anlagenbetrieb (Entlohnung, Sozialversicherung, regionale Steuern, Sozialrecht, Handelsrecht usw.)
– Untersuchung der Rohmaterialkomponenten
– Qualitäten sowie Mengen der Roh-, Hilfs- und Betriebsstoffe

3.1 Genehmigungen und Abhängigkeiten

Zur Bewertung der Gültigkeit und Wirksamkeit eingeholter Genehmigungen ist insbesondere in Entwicklungs- und Schwellenländern sowie in politisch instabilen Ländern zu beachten, daß die rechtlichen, politischen, steuerlichen und administrativen Grundlagen ständigen und teilweise nicht voraussehbaren Veränderungen unterliegen [31].

Daraus folgt, daß man ggf. bei Handelsvertretungen, Handelskammern, Konsulaten, Großbanken, Bundesstellen für Außenhandel nachfragen muß, welche speziellen

Lizenzen zusätzlich erforderlich sind und welche Änderungen berücksichtigt werden müssen.

Ein genereller Schutz gegen Veränderungen aus Genehmigungen und Abhängigkeiten ist nicht machbar. In Teilbereichen kann man sich schützen, wenn die Veränderung pauschal in den Vertrag aufgenommen wird und wenn die Vertragsklausel im entsprechenden Land rechtsgültig ist, z. B. könnte zur vorsorglichen Anpassung an sich ändernde Steuergesetze in den Vertrag aufgenommen werden:

„Das Datum der Vertragsunterzeichnung ist Stichtag für die Gültigkeit der Steuergesetzgebung, alle sich auf den Vertrag erstreckenden Auswirkungen aus Änderungen der Steuergesetzgebung nach diesem Stichtag gehen zu Lasten des Auftraggebers."

Wenn dieser Passus im Vertrag enthalten ist, muß der Abwickler aktiv werden, indem im Eintrittsfall eine Nachtragsforderung oder Rückstellung veranlaßt wird.

Eine Erschwernis bei der Beschaffung von Zusagen und Genehmigungen ist in der Sprache begründet, z. B.

- besteht von Land zu Land und innerhalb des Landes von Region zu Region auch bei Gleichsprachigkeit ein unterschiedliches semantisches Verständnis für gleichlautende Begriffe
- eine für das Empfängerland moderne Technologie bringt Begriffe mit, die im Wortschatz der Genehmigungsbehörden noch unbekannt bzw. unübersetzt sind.

3.1.1 Erforderliche Genehmigungen

Genehmigungen von Behörden bezüglich Beschaffung und Betrieb von Maschinen und Anlagen haben ihren Ursprung im Schutzbedürfnis der Länder vor negativen Auswirkungen, insbesondere zum Schutz

- der eigenen Bevölkerung (Gesunderhaltung, Arbeitsplatzsicherung)
- der Umwelt (Naturerhaltung)
- der eigenen Wirtschaft (Subventionierung eigener Maschinen- und Anlagenhersteller, Devisenknappheit) oder
- gegen Einflußnahme auf staatspolitische Interessen.

In den hochtechnisierten westlichen Ländern sind die genehmigungspflichtigen Objekte und die zugehörigen Verfahren aufgrund langjähriger Erfahrungen (Unfallzahlen, Veränderung der Natur) weit entwickelt [29].

An der Beschaffung/Einholen von Genehmigungen sind beide Vertragsparteien beteiligt. Die vom Auftraggeber einzuholenden Genehmigungen sind zu unterscheiden in

a) Genehmigungen zum **Aufstellen der Anlage.**

Hierzu gehören:

- Baugenehmigung
- Genehmigung von Umweltschutzbehörden (Luft- und Wasserreinhaltung, Lärmschutz)
- Importlizenz
- Transfergenehmigungen
- Finanzierungsgenehmigungen.

b) Genehmigungen zum **Aufbau und Inbetriebnehmen der Anlage.**

Hierzu gehören:

- Arbeitserlaubnis einschließlich Aufenthaltsgenehmigung (ggf. auch für Familienangehörige)
- Sondergenehmigungen (z. B. zur Errichtung einer Schule)
- temporäre Importlizenz (für Materialien, Montagegeräte, Fahrzeuge)
- Transportgenehmigung (Art der Ladung, Überbreiten usw.)
- Überstundengenehmigung
- Liefergenehmigung für Unterlieferanten
- Genehmigung zum Betrieb von Telefon-, Telex-, Datenübertragungs- und Funkanlagen.

c) Genehmigungen zum **Betreiben der Anlage.**

Hierzu gehören:

- Betreibungsgenehmigung für eine spezifizierte Leistung der Maschinen bzw. Anlagen
- Liefergenehmigung für Roh-, Hilfs- und Betriebsstoffe sowie Energie
- Genehmigung für den Exportabsatz der mit den Maschinen bzw. Anlagen produzierten Erzeugnisse.

Der Auftragnehmer sollte sich vom Vorhandensein dieser Genehmigungen überzeugen, zumindest sich deren Vorhandensein bestätigen lassen (Versicherungen verfügen oft über hilfreiche Forderungslisten).

Zu den vom Auftragnehmer (Lieferanten und Unterlieferanten) beizubringenden Genehmigungen gehören:

- Finanzierungsgenehmigung für den Lieferantenkredit
- Kreditsicherungen z. B.:
  - Hermes Kreditversicherungs-AG (Zentrale: Friedensallee 254, 2000 Hamburg 50), staatliche Exportkreditversicherung, im Bereich der Ausfuhrgewährleistungen im Namen und für Rechnung der Bundesrepublik Deutschland tätig [32, 33].
  - Coface (Compagnie Française d'Assurance pour le Commerce Extérieur), c/o Deutsch-Französische Handelskammer, Grabenstr. 11 a, 4000 Düsseldorf 1.

- Garant (Garant AG, Wien). Tochtergesellschaft der sowjetrussischen Gesellschaft Ingosstrakh. Ausschließlich tätig für Absicherungen von Ländern des Ostblocks, in kleinerem finanziellen Rahmen [34].
- Unbedenklichkeitsbescheinigung
- Exportgenehmigung: Nach deutschem bzw. EG-Recht kommt eine Ausfuhrgenehmigung nur dann in Betracht, wenn die zu exportierende Ware in der Ausfuhrliste (Anlage der Außenwirtschaftsverordnung AWV) aufgeführt ist. Im Zweifel gibt die Genehmigungsbehörde für gewerbliche Waren (Bundesamt für gewerbliche Wirtschaft, Eschborn) verbindliche Auskunft, ob Genehmigungspflicht besteht oder nicht [35].
- Ein- und Ausreisegenehmigung
- Visa für Kunden und Besucher
- evtl. Aufenthaltsgenehmigung für Auszubildende.

3.1.2 Bereitstellung der erforderlichen Mittel für die Abwicklung des Auftrages im eigenen Hause

Mit dem Inkrafttreten des Auftrages muß das auftragnehmende Unernehmen, einschließlich der Lieferanten, dafür gerüstet sein, den Auftrag abzuwickeln. Die Vorbereitung erstreckt sich auf:

- Bereitstellung personeller Ressourcen (Führungs- und Fachkräfte)
- Bildung der für die Koordination/Abwicklung zuständigen und verantwortlichen Projektstelle (vergleiche Abschnitt 3.5: Benennung des Projektmanagers und des Abwicklungsteams)
- Reservierung und Einplanung von Personalkapazität in den Linienstellen für das Projekt
- Festsetzung und Freigabe von Budgets sowie Beginn der Kostenkontrolle
- Überprüfung und ggf. Neufestsetzung von Kompetenzen
- Grobeinplanung der Belegung von Produktionskapazität.

Der Übergang von der Auftragsentstehungsphase in die Auftragsabwicklung wird dem Unternehmen wesentlich leichter fallen, wenn bereits im Angebotsstadium zumindest der zukünftige Projektleiter der Auftragsabwicklung in wichtigen planerischen Bereichen mitwirkt.

Günstig für das Unternehmen wirkt es sich aus, wenn die Führung und Koordination der Angebotsbearbeitung vom zukünftigen Projektleiter „Auftragsabwicklung" übernommen werden kann und auch dessen aktive Beteiligung bei den Auftragsverhandlungen möglich wird. Dadurch kann sichergestellt werden, daß alle wichtigen Überlegungen und Informationen, die dem Angebot zugrunde gelegt werden, lückenlos in die Ausführung einfließen.

Um den Finanzbedarf für das vorliegende Projekt zu ermitteln, sollte ein Finanzplan (Einnahmen- und Ausgabenplan), aufgestellt werden, der für diesen Auftrag die monatlich anfallenden Ausgaben dem Geldeingang vom Kunden gegenüberstellt. Dabei kann sich eine Über- oder Unterdeckung, die einen evtl. zusätzlichen Finanzbedarf für einen bestimmten Zeitraum aufzeigt, ergeben.

3.2 Überprüfung aller Liefer- und Leistungspositionen

Ab Inkrafttreten des eigentlichen Lieferungs- und Leistungsvertrages (vergleiche Abschnitt 4.1: Inkrafttreten des Auftrags) wird die Gesamtheit der durch verfügbare Technik und Organisation zu erfüllenden Einzelmerkmale für den Maschinen- und Anlagenlieferanten (sämtliche Lieferungen und Leistungen des Anlagenauftrags) als verbindlich sichtbar. Zugleich kann aus den Verträgen abgeleitet werden:

- Inhalte und Zusammenhänge von Auftragsbestätigungen, Zuatzvereinbarungen, Sonderabkommen
- Rechtlich bindende Aussagen des Maschinen- bzw. Anlagenkunden in Form von Bestellungen
- Rangfolge von Rechten und Pflichten der Vertragspartner (u. a. Gewährleistung, Zusagen, Garantien, Haftung).

Weil, insbesondere bei komplexen Aufträgen, zum Zeitpunkt der Abschlußgespräche in der Regel

- unter Wettbewerbsdruck
- mit Einbeziehung von Zusatzwünschen zur Lösung weiterer Probleme der Auftraggeber
- unter Beachtung von verbindlichen Finanzierungszusagen
- unter Zeitdruck, z. B. wegen behördlicher Auflagen oder bevorstehender Devisenbeschränkung,

gehandelt werden muß – und die jeweils aktuelle Unternehmenssituation hinsichtlich Beschäftigung und Finanzlage zu berücksichtigen ist – können sich in der Inkraftsetzungsphase der Verträge ungeplante Abweichungen in bezug auf Technik, Organisationsbeanspruchung und Rechtsbeziehung gegenüber dem vorigen Stand in der Auftragsentstehung ergeben [33, 36].

Auftragnehmer und -geber sind, insbesondere bei aktivem internationalen Wettbewerb und/oder aufgrund von Vorgaben in den Investitionsbudgets, gezwungen, Wunschvorstellungen und Lösungsansätze auf Machbarkeit, im Rahmen der vorgegebenen Grenzen, abzustimmen oder nach Alternativen bis hin zu Kompromißlösungen zu suchen.

Falls in der Inkraftsetzungsphase der Verträge Alternativen oder Kompromißlösungen entstehen, dann muß der Auftragsabwickler von erhöhtem Arbeitsaufwand für

96

technische und terminliche Klärung (vergleiche Abschnitt 4.3: Termine und Kosten – Kontrolle und Steuerung) sowie steigendem Risiko der Leistungserfüllung (vergleiche Abschnitt 3.3: Auftragsrisikoanalyse) ausgehen, zusätzlich zur unverzüglichen Überprüfung der Liefer- und Leistungspositionen.

Die Phase des Inkrafttretens der Verträge ist eine der wesentlichen Voraussetzungen für die effektive Kontrolle und Steuerung von Terminen und Kosten in den späteren Auftragsabwicklungsstufen.

- **Daher müssen Abweichungen durch unverzügliche und genaue Überprüfung aller Liefer- und Leistungspositionen erkannt werden.**

Diese Überprüfungsaufgabe ist, wegen ihrer Auswirkung auf den Gesamterfolg des Auftrages, als Vorstufe vor dem Inkraftsetzen des Auftrages einzuordnen.

Die Überprüfung aller Einzelverpflichtungen auf Auftraggeber- und -nehmerseite erstreckt sich auf:

- Vollständigkeit der zu erfüllenden Einzelmerkmale
- Rangfolge der Verträge einschließlich vertragsähnlicher Dokumente
- Veränderungen von Schnittstellen (Abgrenzungen) zum infrastrukturellen, technischen, rechtlichen und organisatorischen Auftragsumfeld.

Es ist zweckmäßig, die Ergebnisse der Überprüfung als Bestandteil der schnellen Grundinformation des Hauses über die Belange und Anforderungen des Auftrages für das „Kick-off-Meeting" [37] bereitzuhalten (vergleiche Abschnitt 4.1.1: Auftragsübergabe-Sitzung).

Mit der sorgfältigen Durchführung der Aufgabenstellung „Überprüfung aller Liefer- und Leistungspositionen" können die damit beauftragten Projektingenieure wirksam die Zielsetzung [33] unterstützen, daß mit der nachfolgenden Auftragsabwicklungstätigkeit das Projekt innerhalb der geplanten Zeit im Rahmen sowohl der vertraglichen Liefer- und Leistungszusagen als auch der budgetierten Kosten abschließend durchgeführt wird.

Voraussetzung für die Durchführung der Aufgabenstellung „Überprüfung aller Liefer- und Leistungspositionen" ist, daß der Projektingenieur

- den Auftragszusammenhang erkennt und
- Einzelleistungen sorgfältig ausarbeitet oder
- gegebenenfalls Leistungen nachträglich definiert.

Der zu überprüfende Auftrag besteht aus einer Anzahl von Einheiten, die im Zusammenhang stehen, gegenseitige Abhängigkeiten bilden und schlüssig ins bestehende und geplante Umfeld einzuordnen sind. Darüber hinaus verpflichtet (und berechtigt) ein Auftrag in der Regel sowohl die Auftragnehmer- wie auch die -geberseite zur Erfüllung der gemachten Leistungszusagen.

Sind außer dem Auftragnehmer auch Lieferanten in die Erfüllung der Zusagen einbezogen, so ergibt sich auf dieser Ebene ein weiterer Prüfungsansatz. Die Einheiten auf der Ebene der Lieferanten müssen schlüssig in die Gesamtleistung passen.

3.2.1 Schnittstellen (Abgrenzungen) zum Auftragsumfeld

Ein Merkmal der Komplexität von Maschinen und Anlagen sind Schnittstellen zwischen verschiedenen Maschinen- und Ausrüstungsteilen. Für die Gesamtfunktion und -leistung von Maschinen und Anlagen ist von entscheidender Bedeutung, wie die Einzelteile und Baugruppen hinsichtlich ihrer Ausmaße, Funktion und Leistung aufeinander abgestimmt sind (vergleiche Abschnitt 4.6: Qualitätssicherung und Qualitätskontrolle).

Die Aufgabenstellung besteht also im Prinzip aus der Prüfung auf Vollständigkeit der Einzelleistungen und deren genaue terminliche, funktionelle und leistungsbezogene Abgrenzung zu anderen Maschinen- und Anlagenteilen. Die Schnittstellen [33] lassen sich in folgende Arten aufteilen:

a) nach dem Grad der genauen Definierbarkeit, der Eignung für Standardisierung, Normung, Bestimmung einheitlicher Dimensionen bzw. Vereinbarung fester Regeln.

Hierzu gehören:

– technische und verfahrenstechnische Schnittstellen:

Beispiel 1:

Bei der Einrichtung einer Fabrikhalle sollte man sich auf wenige, verschiedene, zueinander passende Förderhilfsmittel festlegen, da man nicht für jedes Material, Werkstück oder Erzeugnis das jeweils günstigste Förderhilfsmittel bereitstellen kann. Die Anforderungen an die Förderhilfsmittel sind u. a. abhängig vom Aggregatzustand, von Menge, Gewicht, Volumen [21]. Der Auftragsabwickler muß prüfen, inwieweit von Unterlieferanten oder Mitlieferanten unterschiedliche Vorstellungen oder bereits Festlegungen bezüglich der Förderhilfsmittel vorliegen.

– Kapazitäts- und Leistungsschnittstellen:

Beispiel 2:

Die Stoffzentrale in einer Papierfabrik sichert die Mengenzuteilung der verschiedenen für die Papiermaschine erforderlichen Komponenten (u. a. Holzschliff, Zellstoff, Ausschußrückführung). Die Leistung der Stoffzentrale, der Rohrsysteme und die Aufnahmekapazität der Papiermaschine müssen aufeinander abgestimmt sein.

– organisatorische Schnittstellen:

Beispiel 3:

Es wird vertraglich festgelegt, daß für die Einrichtung und Versorgung einer Baustelle ausschließlich ein Spezialunternehmen aus dem Lande des Kunden zuständig ist. Demnach ist sicherzustellen, daß die Aufgaben und Termine des Spezialunternehmens mit den Leistungsanforderungen und Zeitpunkten der Leistungsbereitstellung übereinstimmen.

b) in vom Einzelfall abhängige Schnittstellen.
Hierzu gehören:

- geographische Schnittstellen:

Beispiel 4:

Beim Bau einer Verkehrsanlage gehört der Schienenweg mit zum Leistungsumfang, der innerhalb von Tunneln zu erstellende Schienenweg jedoch ist Leistung eines Unterlieferanten des Tunnelbauunternehmens. Materialien, Ausführung, Qualität und Termine sind mit dem Unterlieferanten abzustimmen.

- infrastrukturelle Schnittstellen:

Beispiel 5:

Der Betrieb einer zu errichtenden Anlage zur Aluminiumerzeugung bedarf der Bereitstellung hoher Strommengen. Die Bereitstellung der Energieinfrastruktur ist Aufgabe eines Staatsunternehmens. Der Auftragsabwickler ist vertraglich verpflichtet, in Verbindung mit dem Kunden oder dem Staatsunternehmen direkt eine Abstimmung herbeizuführen, ob die benötigte Energie einschließlich der Energietransportleistung zum vereinbarten Termin verfügbar ist.

- vertragliche Schnittstellen:

Beispiel 6:

In einem Vertrag mit einem Auftraggeber aus einem Staatshandelsland ist zur Bezahlung der Lieferungen für Maschinen ein Kompensationsgeschäft (vergleiche Abschnitt 2.2.2.7: Kompensationsvertrag und Gegenseitigkeitsgeschäft) vorgesehen. Der Auftragsabwickler hat zu prüfen, ob sich im Kompensationsvertrag keine Verschiebung hinsichtlich des zu erwartenden Entgelteingangs ergibt.

- finanzielle Schnittstellen:

Beispiel 7:

In vertraglicher Beziehung zu den Lieferanten und Unterlieferanten kann sich für den Maschinen- bzw. Anlagenhersteller die Verpflichtung zur Anzahlungsleistung ergeben. Der Auftragsabwickler muß prüfen, inwieweit eine Anzahlung zu leisten ist, um den Beginn der Leistungserfüllung der Lieferanten zu initiieren.

Beispiel 8:

Bei Großprojekten mit einem Auftragswert über 25 Mio DM ist der Maschinen- bzw. Anlagenlieferant gehalten, dem Antrag an die staatliche Exportkreditversicherung Hermes (vergleiche Abschnitt 3.1.1: Erforderliche Genehmigungen) ein Memorandum beizufügen, aus dem entscheidungsrelevante Kriterien, z. B. volkswirtschaftlicher Nutzen oder Projektrentabilität, hervorgehen [32].

Für den mit der Auftragsabwicklung betrauten Vertriebsingenieur gilt:

● **Nur eine eindeutige Definition vollständiger Leistungsverpflichtungen kann vor unliebsamen Überraschungen schützen.**

Technische Schnittstellen lassen sich für den Vertriebsingenieur meistens besser erfassen und klarer definieren als andere Schnittstellenarten. In der Praxis sind die nicht oder zu spät erkannten bzw. ungenau definierten Schnittstellen oft genug der Anlaß für strittige Auslegungen zwischen Kunde und Lieferant:

● **Schnittstellen sind somit wie potentielle „Reibungspunkte" anzusehen.**

Anhand der folgenden Beispiele wird die Auswirkung unzureichend definierter Schnittstellen deutlich:

– Ein Generalunternehmer definiert in den Abnahmedokumenten die vom Kunden beizustellende Infrastruktur (Verkehrswege, Energiezuführung, Materialbereitstellung) bezüglich Leistungsfähigkeit und Endtermin so ungenau, daß seitens des Kunden ein weiter Spielraum der Interpretation entsteht. Zum Anlauftermin der Anlage steht keine leistungsfähige Infrastruktur bereit. Der Kunde kann die Folgen weder erkennen noch sieht er Anlaß zum Handeln. Den Generalunternehmer trifft die volle Verantwortung auch für die Unterlassung bzw. Fehler des Kunden.
– Es wird ein Vertrag abgeschlossen, nach welchem eine Anlage pro Tag eine bestimmte Menge Stahl produzieren soll. Im Vertrag verpflichtet sich der Kunde, für jeden Produktionstag Kühlwasser in ausreichender Menge zur Verfügung zu stellen.
  Falls im Vertrag nicht näher definiert ist, wie der Kunde das Kühlwasser bereitzustellen hat (z. B. Minimal- und Maximalmengen pro Zeiteinheit, Druck, Temperaturgrenzen) und, wegen mangelnder Leistungsfähigkeit der Infrastruktur, der Kunde täglich nur während einiger Stunden unregelmäßig Wasser erhält, kann der Stahlwerkbauer zur zusätzlichen Lieferung von Speicher-, Pumpanlagen und Kreislaufsystemen gezwungen sein. In der Regel geht der Kunde davon aus, daß die Zusatzkosten vom Lieferanten zu tragen sind.

Dem Vertriebsingenieur muß bewußt sein, daß:

● die für ihn selbstverständlichen technischen Funktionen noch lange nicht selbstverständlich für die Gesprächspartner des Kunden sind, und
● daß, zusätzlich zur gemeinsamen Verständigung in technischen Funktionen, hinsichtlich vertraglicher Definitionen eine übereinstimmende Interpretation bis zu den Details erreicht werden muß.

Die Sorgfalt der Schnittstellenüberprüfung gilt nicht nur in der Beziehung Kunde zu Gesamtanlagen-Lieferant, sie ist sinngemäß genauso wichtig gegenüber Konsortialpartnern bzw. Lieferanten.

Als organisatorisches Hilfsmittel zur Überprüfung der Auftragsbestandteile und der Schnittstellen ist zu empfehlen, Checklisten zu benutzen. In diesen Checklisten sollten aufgeführt sein:

- die einzelnen Prüfungsaufgaben zu Schnittstellen
- die jeweils für die Aufgabe Verantwortlichen
- die Termine für die Durchführung.

In Bild 17 werden Beispiele für Inhalte einer Checkliste zur Überprüfung der technischen Schnittstellen angegeben.

Bild 18 zeigt Beispiele für Inhalte einer Checkliste zur Überprüfung der vertraglichen Schnittstellen.

Bild 19 zeigt Beispiele für Inhalte einer Checkliste zur Überprüfung der organisatorischen Voraussetzungen [33].

Bei der Arbeit mit den Checklisten läßt sich eine gewisse Redundanz nicht vermeiden. Für den Vertriebsingenieur ist die Funktion der Checkliste außer dem Hilfsmittel zur Klärung der Schnittstellenprobleme ein geeignetes Werkzeug zur Einarbeitung in den Auftragsabwicklungsfall und eine brauchbare Wissensbasis für nachfolgende Auftragsabwicklungsfälle.

3.3 Auftragsrisikoanalyse

Jeder Maschinen- oder Anlagenauftrag enthält Risiken für Auftraggeber und Auftragnehmer. Wesentlichen Einfluß auf die Risiken haben:

- die Art der Maschinen bzw. Anlagen
- der Grad der Planbarkeit von Einzelschritten und Terminen (vergleiche Abschnitt 4.3.5: Projektplanung und -kontrolle mit Netzplantechnik)
- der Abnahmemarkt (Entwicklungs-, Schwellen- oder Industrieland) (vergleiche Bild 14)
- im Empfängerland u. a. die Verschiedenheit der personellen, rechtlichen, organisatorischen und technischen Infrastruktur.

Es gilt, die in den verschiedenen Arten auftretenden Risiken durch Risikoverteilung, -ausgleich, oder -abwälzung abzuwehren, um:

- das auftragnehmende Unternehmen,
- den Kunden,
- andere Geschäftspartner (u. a. Lieferanten, Konsorten) vor Schaden zu schützen.

Die Risiken entstehen im zeitlichen, örtlichen oder funktionellen Zusammenhang mit der Abwicklung des Auftrags. Sie können die Einhaltung vertraglicher Vereinbarungen der Vertragsparteien gefährden.

1. **Prüfung auf Vollständigkeit**

1.1 – Abweichung des Auftrags von dem Angebot, das in der Auftragsentstehungsphase die Grundlage darstellte.
1.2 – Listen der Einzellieferungen aus Angebot und Auftrag:
1.2.1 – Vergleich der Spezifikationen und Normen
1.2.2 – Vergleich technischer Daten
1.2.3 – Vergleich der Umweltparameter.
1.3 – Übereinstimmung der Aufgabenstellungen zwischen Angebot und Auftrag.

2. **Nachprüfung auf Durchführbarkeit**

2.1 – Realistische Abschätzung der technischen Schwierigkeiten und deren Markierung.
2.2 – Vergleich mit bereits realisierten Aufträgen.
2.3 – Prüfung des eigenen Know-How und das der Partner.
2.4 – Prüfung auf erforderliche technische Innovationen (teure Entwicklungen).
2.5 – Prüfung der Schutzrechte Dritter.

3. **Kontrolle der Liefer- und Leistungspositionen**

3.1 – Einzellieferungen aus Eigenleistungen des Kunden.
3.2 – Lieferungen und Leistungen von Konsorten und/oder Unterlieferanten.
3.3 – Prüfung der Verpflichtungen aus Installationen und Montagen vor Ort.
3.4 – Prüfung der Verpflichtungen zur Inbetriebnahme und evtl. Betreiben der Anlage vor Ort:
3.4.1 – Verpflichtung zu Leistungsnachweisen
3.4.2 – Verpflichtung zur Wartung und Ersatzteilversorgung.
3.5 – Plausibilität und Vollständigkeit der technischen Daten sicherstellen.
3.6 – Einzelne Liefer- und Leistungspositionen innerhalb des Auftrages klar voneinander abgrenzen.

4. **Verfahrenstechnische Überprüfung**

4.1 – Kapazität der Anlage hinsichtlich vertraglich zugesicherter Produktionsdaten prüfen.
4.2 – Verträglichkeit der Auslegungsdaten prüfen in Beziehung zu den Leistungs- und Verfahrensdaten.
4.3 – Aktualität und Vollständigkeit der technischen Daten sicherstellen.
4.4 – Kapazität der vom Kunden selbst oder von Dritten beigestellten Maschinen bzw. Ausrüstungen auf Verbund mit Gesamtanlagen prüfen.

5. **Qualitätsmerkmale prüfen**

5.1 – Realisierbarkeit der Qualitätssicherung in der im Auftrag vorgesehenen Form.
5.2 – Qualitätsanforderungen laut Auftrag in Vergleich setzen zum Qualitätsstandard des eigenen Unternehmens.
5.3 – Abgleich der Qualitätsnormen aus dem Auftrag mit der des Angebots, das in der Auftragsentstehungsphase die Grundlage darstellte.
5.4 – Abgleich der Qualitätsanforderungen zum gängigen technischen Stand (State of the art).
5.5 – Prüfung der Dokumentationsvorschriften für die Fertigung, Abgleich mit dem letztgültigen Stand des Angebots.

6. **Überprüfung der infrastrukturellen Voraussetzungen**

6.1 – Vergleich der Baustellenbedingungen des Angebots, das in der Auftragsentstehungsphase die Grundlage darstellte, mit den im Auftrag aufgeführten Baustellenbedingungen (u.a. Erdbeben-, Hochwassergefährdung).
6.2 – Klimatische Besonderheiten (u.a. Regenzeit, Trockenzeit, Kälteperiode).
6.3 – Zugänglichkeit (polizeiliche Einschränkungen, Sicherheitsbestimmungen, religiöse Vorschriften).

6.4   – Einrichtung der Baustelle gemäß Forderungen an den Kunden als Auftragsvoraussetzungen im letztgültigen Angebot (für das Personal vor Ort: Lebensmittelversorgung, Gesundheitssicherung, freie Beweglichkeit, Aufenthalt und Freizeit).
6.5   – Infrastruktur von Verkehr und Versorgung:
6.5.1 – Verkehrswege (u. a. Straßen, Schienen, Flugwege)
6.5.2 – Energie (Strom, Gas, Wärme) und Wasser
6.5.3 – Materialien und Hilfsgeräte.
6.6   – Verfügbarkeit von Kommunikationseinrichtungen (u. a. Telefon, Telex, Funk).

7. Überprüfung technischer Vorschriften

7.1   – Allgemeine Vorschriften, Normen, Bestimmungen:
7.1.1 – staatlicher oder öffentlicher Stellen
7.1.2 – des Kunden
7.1.3 – der Lieferanten.
7.2   – Betriebsvorschriften:
7.2.1 – staatlicher oder öffentlicher Stellen
7.2.2 – des Kunden
7.2.3 – der Lieferanten.
7.3   – Montagevorschriften:
7.3.1 – des Kunden
7.3.2 – der Lieferanten.
7.4   – Werksnormen und Abwicklungsvorschriften:
7.4.1 – des Kunden
7.4.2 – der Lieferanten.
7.5   – Lagervorschriften:
7.5.1 – des Kunden
7.5.2 – der Lieferanten.

8. Prüfung übriger Schnittstellen und Detaillierung

8.1   – Prüfung auf zusätzliche Schnittstellen, abweichend von dem Angebot, das in der Auftragsentstehungsphase die Grundlage darstellte.
8.2   – Prüfung aller Schnittstellen auf ausreichende Detaillierung und Eindeutigkeit.
8.3   – Prüfungsverfahren für zusätzliche Schnittstellen festlegen, Prüfung durchführen.
8.4   – Liste aller Schnittstellen:
8.4.1 – unternehmensintern
8.4.2 – unternehmensextern.
8.5   – Spezielle Kundenschnittstellen analysieren, strukturieren und im Detail festlegen.

Bild 17: Checkliste zur Überprüfung der technischen Schnittstellen

Mit Hilfe der Auftragsrisikoanalyse [5] kann der Vertriebsingenieur eine Entscheidungsgrundlage erstellen und für Einzelentscheidungen aktuell halten, um frühzeitige, vorbeugende Maßnahmen einzuleiten bzw. durchzuführen, damit mögliche Risiken verhindert bzw. eingedämmt werden.

Eine erste Risikoanalyse ist vor Beginn der Projekt-/Anfragebearbeitung auf der Grundlage des Wissenstandes zeitlich weit vor der ausgearbeiteten Auftragsvergabe erfolgt. Sie muß jetzt nochmals auf der Grundlage des Wissenstandes zum Zeitpunkt der Auftragsvergabe sorgfältig durchgegangen werden.

1. Vertragsrisikoprüfung

1.1   – Vergleich der Risiken aus dem Angebot, das in der Auftragsentstehungsphase Grundlage
darstellte, mit den Risiken, die im Auftrag enthalten sind:

1.1.1 – finanzielle Risiken

1.1.2 – terminliche Risiken

1.1.3 – wirtschaftliche Risiken (u. a. Wechselkursänderungen, durch Zeitverschiebung wirksame
Inflation der Lohn- und Materialkosten)

1.1.4 – technische Risiken.

1.2   – Vertragsrechtliche Risiken (u. a. Standort des Schiedsgerichts, Haftung, deutsches oder fremdes Recht, Sprache, Terminologie).

1.3   – Vertragliche Durchsetzbarkeit von Titeln gegenüber Kunden (Rechtshilfeabkommen mit
Konsortialpartnern, Unterlieferanten, KnowHow-Gebern).

2. Kalkulationsüberprüfung

2.1   – Preisvergleich der Preise aus letztem, in der Auftragsentstehungsphase als Grundlage verwendetem Angebot und den Preisen laut Auftrag.

2.2   – Aktualität und Mengengrundlage der Preise und Konditionen für Kaufteile prüfen.

2.3   – Liefer- und Leistungsabweichungen:

2.3.1 – erfassen

2.3.2 – bewerten.

2.4   – Prüfung der sonstigen sich auf die Kalkulation auswirkenden Kostenarten.

2.4.1 – Kosten aus Risiken und zu erwartende Gewährleistung und Garantien (Wagnisse),

2.4.2 – Zusätzliche Einschlüsse von Lieferungen und Leistungen in den Preisrahmen,

2.4.3 – Kosten der Finanzierung,

2.4.4 – Kosten für Versicherung, Verpackung, Transport.

3. Kontrolle der Lieferbedingungen

3.1   – Liefervorschriften.

3.2   – Versicherungs-, Zollvorschriften.

3.3   – Steuerliche Vorschriften.

3.4   – Landesbedingungen.

3.5   – Einfuhr-, Ausfuhrbedingungen.

3.6   – Visagenehmigungen

3.7   – Arbeitserlaubnis.

3.8   – Dauer und Umfang der Gewährleistung.

4. Zahlungsbedingungen überprüfen

4.1   – Vergleich der Zahlungsmodalitäten aus letztem, in der Auftragsentstehungsphase als Grundlage verwendetem Angebot zu den im Auftrag vereinbarten Zahlungsmodalitäten.

4.2   – Preisstellung und Währung.

4.3   – Zahlungsweise (Anzahlungen, Raten) und Zahlungstermine, Abhängigkeiten der Zahlungstermine von Leistungserfüllungen.

4.4   – Garantie.

4.5   – Akkreditive.

4.6   – Kurssicherung.

4.7   – Finanzbedarf.

4.8   – Kreditsicherung (z. B. Hermes-Bürgschaft).

4.9   – Termingarantien, Vertragsstrafen.

4.10 – Rückbehalt, Bankbürgschaft.

5. Termine und Fristen prüfen

5.1   – Vergleich der Termine und Fristen des als Auftragsgrundlage verwendeten Angebots mit den
im Auftrag fest bestimmten Terminen und Fristen.

5.2   – Abgleich der Auftragstermine zu Terminvereinbarungen mit den Lieferanten.

5.3   – Nachkontrolle Bearbeitungszeiten.

5.4   – Prüfen der Transporttermine.

5.5   – Prüfen der Montagetermine.

5.6   – Prüfen der Inbetriebnahmetermine.

5.7   – Terminänderungen und Auswirkungen prüfen (evtl. durch verzögerten Vertragsabschluß).

Bild 18: Checkliste zur Überprüfung der vertraglichen Schnittstellen

1. **Prüfung auf Personalkapazität**

1.1   – Ermittlung der Anzahl erforderlicher Projekt- und Vertriebsingenieure und mögliche Bereitstellung für die Auftragsabwicklung.

1.2   – Ermittlung der Anzahl erforderlicher Techniker und mögliche Bereitstellung für die Auftragsabwicklung (Konstrukteure, Montagepersonal, Ausbilder, Inbetriebnahmepersonal).

1.3   – Ermittlung der Anzahl erforderlicher kaufmänn. Mitarbeiter und mögliche Bereitstellung für die Autragsabwicklung (u. a. Kalkulatoren, Sachbearbeiter, Übersetzer, Schreibkräfte).

2. **Prüfung der Fertigungskapazitäten**

2.1   – Prüfung auf Fertigungskapazität für den Zeitraum der Auftragsdurchführung.

2.2   – Prüfung auf Bereitstellung von Fertigungseinrichtungen für den Zeitraum der Auftragsdurchführung.

2.3   – Ermittlung evtl. externer Ressourcen (Leiharbeiter, Sublieferanten).

2.4   – Raumkapazitäten prüfen

3. **Prüfen der Aufbauorganisation auf Eignung**

3.1   – Zweckmäßigkeit der Struktur und Kompetenzen.

3.2   – Auswirkungen auf Entscheidungsprozesse prüfen.

3.3   – Geplante Projektorganisation auf Eignung prüfen.

6. **Kontrolle der Versandmöglichkeiten**

6.1   – Spezialtransporte.

6.2   – Verlademöglichkeiten.

6.3   – Transportmittel.

6.4   – Transportwege (Infrastruktur Verkehrswege).

7. **Prüfung auf sonstige organisatorische Hilfsmittel**

7.1   – Prüfung auf vorhandene, geeignete oder für den Auftrag machbare Datenverarbeitungsprogramme.

7.2   – Prüfung auf übrige organisatorische Hilfsmittel (u. a. Personal Computer, Textverarbeitung).

Bild 19: Checkliste zur Überprüfung der organisatorischen Voraussetzungen

Wegen ihrer Bedeutung für den wirtschaftlichen und funktionellen Erfolg des Gesamtprojekts sollte die Durchführung der Auftragsrisikoanalyse auf Fachleute übertragen werden, bei denen ein hohes Maß an technischem und kaufmännischem Wissen, Erfahrung und systematischem Vorgehen vorausgesetzt werden kann.

Diese müssen bei der Durchführung der Auftragsrisikoanalyse beachten, daß

– Gefahren weitere Risiken und Gefahren nach sich ziehen können (Risiko-Baumstruktur) [38]

– beim Auftreten von Folgegefahren mit Zeitpunktveränderungen, anderen Orten, Ausmaß und Gegenmaßnahmen zu rechnen ist, und

– zu unterscheiden ist in:

    • Fakten bzw. Gewißheiten (z. B. der Bauplatz ist fest bestimmt, die Energieversorgung gesichert, der Personalbedarf qualitativ und quantitativ abdeckbar).

- Risiken mit wahrscheinlichen und eingrenzbaren Auswirkungsalternativen (abhängig von der Entscheidung zur Rohmaterialversorgung wird die Anwendungstechnik und der Lieferumfang einer zu liefernden Ausrüstung bestimmt).
- Unsicherheiten bzw. Risiken mit ungewissen Auswirkungen (z. B. Gerichtsverfahren nach Section 337 des US-Tariff-Act von 1930 gegen deutsche Maschinenbauer wegen angeblicher Patentverletzungen beim Export in die USA [39]).

Die Erfahrung zeigt, daß eine systematisch durchgeführte Analyse auf der Basis der abgeschlossenen Verträge gute Erkenntnisse für eine sichere Entscheidungsgrundlage bringt. Das systematische Vorgehen wird unterstützt, wenn man sich einer Checkliste bedient.

Bild 20 zeigt an einem Beispiel eine Checkliste „Auftragsrisikoanalyse".

Die in der Beispiel-Checkliste (Bild 20) aufgeführten Punkte gelten nicht in gleichem Maße

- für alle Unternehmen des Maschinen- und Anlagenbaues
- für alle Länder
- für alle Auftragsabwicklungen.

Jedes Unternehmen des Maschinen- und Anlagenbaues sollte aufgrund der eigenen Erfahrungen Checklisten der Auftragsrisikoanalyse entwickeln, anwenden und an sich verändernde Bedingungen anpassen.

Aus allgemein gehaltenenen Checklisten lassen sich Risikoanalyse-Checklisten für besondere Abnahmemärkte oder besondere Maschinen- oder Anlagenarten ableiten:

- So kann eine Checkliste für Exporte in die USA andere Schwerpunkte enthalten als eine Risikoanalyse-Checkliste für Ausfuhrlieferungen von Maschinen oder Anlagen in Länder des Orients.
- Auch im Falle der Auftragsrisikoanalyse im Zusammenhang mit einem Auftrag zur Erstellung von Bohrinseln in der Nordsee sind bei der Checkliste andere rechtliche, technische und vertragliche Risikoursachen zu beachten als bei der Errichtung von Produktionsstätten des Maschinen-, Sondermaschinen- oder Apparatebaus.

Bei der Durchführung der Auftragsrisikoanalyse ist es hilfreich,

- den Bezug auf bereits in ähnlichem Umfang und Umfeld realisierte Projekte (vergleiche Abschnitt 7: Abschlußbericht – Referenzen) herzustellen
- vorausgegangene Risikoanalysen aus dem Angebotsstadium [30] heranzuziehen
- die im Zusammenhang mit der Prüfung von technischen, vertraglichen und organisatorischen Schnittstellen gewonnenen Erkenntnisse mitzuverwerten.

Bei der im folgenden dargelegten Unterscheidung in kaufmännische und technische Risiken ist zu beachten, daß Abhängigkeiten zwischen den Risikoarten bestehen:

106

– ein technisches Risiko kann ein weiteres technisches Risiko nach sich ziehen
– oder ein kaufmännisches Risiko kann ein kaufmännisches Folgerisiko nach sich
  ziehen
– oder ein technisches Risiko verursacht ein kaufmännisches Risiko oder umgekehrt.

In einer sich an die Auftragsrisikoanalyse anschließende Maßnahmenplanung müssen
die als Konsequenz abgeleiteten Maßnahmen zur Risikominderung bzw. -vermei-
dung, insbesondere hinsichtlich der wechselseitigen Beziehungen der Risiken, unter-
sucht werden.

3.3.1 Technische Risiken

Die technischen Risiken haben ihre Ursache in der unvollständigen Erfassung oder
falschen Einschätzung der Übernahmefähigkeit hinsichtlich Technologie durch den
Auftraggeber, sie gefährden die technische Bewältigung der Projektaufgabe, z.B.
hinsichtlich Funktion, Leistung, Standzeit, Qualität.

Diese Unsicherheit erstreckt sich z.B. auf die:

– Einsetzbarkeit der Technologie unter veränderten klimatischen bzw. allgemeinen
  Umweltbedingungen
– Mengen-, qualitäts- und terminmäßige Verfügbarkeit von Rohstoffen und Zulie-
  ferprodukten
– Fachliche Voraussetzungen, Lernbereitschaft bzw. -fähigkeit und Motivation des
  Auftraggeberpersonals.

Typische technische Einzelrisiken ergeben sich aus Zusagen oder aus unvollständigen
oder unklaren Regelungen einzelner Bestimmungen oder aufgrund mangelnder
Erfahrung, dem Einsatz neuer Technologien usw., z.B.:

– Wie wirken sich Termine, Leistung, Verbrauch, Standzeit für Verschleiß- und
  Maschinenteile sowie Ersatzteile, Verfügbarkeit der Anlage auf die vertraglich
  vereinbarten Garantien und Pönalen aus?
– Wurde ein Betreibungs- oder Managementvertrag eingegangen? Welche Auswir-
  kungen auf technische Risiken hat der Vertrag?
– Bestehen Erfahrungen mit dem evtl. eingeschalteten Consultant?
– Sind neue Verfahren, Produkte oder Anwendungen vorgesehen?
– Welche Auswirkungen hat der vorgesehene Automationsgrad, z.B. hinsichtlich
  Personalverfügbarkeit?
– Welche Gefahren ergeben sich aus der Nichteinhaltung (bzw. der Unmöglichkeit
  der Einhaltung) gesetzlicher Vorschriften und Regelwerke sowie Kundenvor-
  schriften oder deren Nichtbeachtung (DIN, VDE, Maschinenschutzgesetz,
  ASTM)?

1. **Technische Risiken**

1.1   – Technische Risiken und Maßnahmen aus alten Aufträgen des Kunden.

1.2   – Technische Risiken und Maßnahmen aus vergleichbaren Aufträgen von anderen Kunden.

1.3   – Neue Verfahren, Produkte oder Anwendungen:
1.3.1 – aus eigener Entwicklung
1.3.2 – aus Lizenznahmen
1.3.3 – von Dritten (Unterlieferanten, Konsorten).

1.4   – Neue Verfahren der eigenen Fertigung.

1.5   – Auswirkung der Gewährleistungsfristen.

1.6   – Risiken aus Zusagen zur Technologie:
1.6.1 – zur Leistung und Leistungssteigerung
1.6.2 – zur Qualität und Qualitätsverbesserung
1.6.3 – zur Wirtschaftlichkeit
1.6.4 – zur Bedienbarkeit
1.6.5 – zur späteren Betreuung.

1.7   – Risiken aus der technischen Zusammenarbeit:
1.7.1 – bei Eigenleistungen des Kunden
1.7.2 – bei Mitarbeit von Unternehmen aus Industrieländern
1.7.3 – bei Mitarbeit von Unternehmen aus Entwicklungs- und Schwellenländern
1.7.4 – bei Mitarbeit von Unternehmen aus Staatshandelsländern.

1.8   – Risiken nach Fertigung, vor Inbetriebnahme:
1.8.1 – Transportverfahren und -weg
1.8.2 – Maschinen- und Anlagenaufstellort
1.8.3 – Montagerisiken, Tests
1.8.4 – Schulungs- und Inbetriebnahmerisiken.

1.9   – Risiken ab Inbetriebnahme:
1.9.1 – Inbetriebnahme durch fremde Dritte
1.9.2 – Produktionsleistung
1.9.3 – Material- und Energieverbrauch
1.9.4 – Einrichte- und Rüstzeiten
1.9.5 – Stillstandszeiten
1.9.6 – Verschleiß und Störfälle
1.9.7 – Emissionen.

1.10   – Risiken aus technischen Vorschriften:
1.10.1 – Vorschriften des Kunden
1.10.2 – gesetzliche Vorschriften des Kundenlandes
1.10.3 – Lizenznahme und gesetzliche Vorschriften.

1.11   – Risiken aus Terminzusagen:
1.11.1 – Risikoübertragung auf andere Konstruktions- und Fertigungsaufträge
1.11.2 – Risikoübertragung auf andere Montage- und Inbetriebnahmetermine von weiteren Kun-
        denaufträgen.

1.12   – Technische Risiken aus der Auftragsgröße:
1.12.1 – Menge der Entwicklungsaufgaben – Anzahl der Projektbeteiligten
1.12.2 – Komplexität und Schwierigkeitsgrad der Aufgaben – Qualifikation der Projektbeteiligten
1.12.3 – Führungsverhalten/Projektsteuerung.

2. **Kaufmännische Risiken**

2.1   – Kaufmännische Risiken und Maßnahmen aus alten Aufträgen des Kunden.

2.2   – Kaufmännische Risiken und Maßnahmen aus vergleichbaren Aufträgen von anderen Kunden.

2.3   – Kalkulationsrisiken:
2.3.1 – Vollständigkeit der Kostenarten

2.3.2 – Vollständigkeit der Erlöse
2.3.3 – Vollständigkeit der Erlösschmälerungen
2.3.4 – Mengengerüste der Kalkulationsbasis
2.3.5 – Bewertungsansätze:
2.3.5.1 – Lohn- und Konstruktionsstundensätze
2.3.5.2 – Materialpreise
2.3.5.3 – Zukaufteile und Zulieferungen
2.3.5.4 – Garantieleistungen
2.3.5.5 – Back charges.

2.4   – Liquiditätswirksame Risiken:
2.4.1 – Bonität des Kunden in der Vertragslaufzeit
2.4.2 – Sicherheiten, Bankgarantien
2.4.3 – Wechselkursrisiken
2.4.4 – Finanzierungsrisiken
2.4.5 – Risiken aus Kompensationsverpflichtungen
2.4.6 – Pönale
2.4.7 – Risiken aus Bonitätsänderungen bei Dritten (Unterlieferanten, Konsorten).

2.5   – Kaufmännische Risiken aus der Auftragsgröße:
2.5.1 – Menge der kaufmännischen Aufgaben – Anzahl der Projektbeteiligten
2.5.2 – Komplexität und Schwierigkeitsgrad der Aufgaben – Qualifikation der Projektbeteiligten
2.5.3 – Führungsverhalten/Projektsteuerung.

2.6   – Rechtliche Risiken:
2.6.1 – Vertragsrechtliches Risiko (anwendbares Recht, Standort des Schiedsgerichts, Haftungsab-
         grenzung)
2.6.2 – Risiken aus „Höherer Gewalt“
2.6.3 – Risiken aus Maßnahmen der „Hohen Hand“ (z. B. Embargo oder Verbot des Technologie-
         transfers)
2.6.4 – Risiken aus ausländischem Recht (z. B. Recht auf religiöser Grundlage)

2.7   – Versicherungsrisiken:
2.7.1 – Abdeckung von wirtschaftlichen Risiken
2.7.2 – Abdeckung von politischen Risiken
2.7.3 – Deckungsumfang und Selbstbehalt
2.7.4 – Ausschlüsse von der Deckung
2.7.5 – Laufzeit der Deckung

2.8   – Sonstige kaufmännische Risiken:
2.8.1 – Steuern, Zölle, Abgaben in fremden Ländern
2.8.2 – Risiken aus Zwischenlagerung und -inspektion
2.8.3 – politische Risiken
2.8.4 – Risiken für Folgegeschäfte.

Bild 20: Checkliste „Auftragsrisikoanalyse“

– Ist ein Zeichnungsgenehmigungsverfahren (Prozedur bei Änderungsgenehmi-
  gungen) vorgesehen und wie wirkt es sich auf das technische Risiko aus (z. B.
  durch Verzögerung)?
– Welche technischen Risiken ergeben sich beim Transport, insbesondere wegen
  Abmessungen, Gewicht, Entlademöglichkeiten?
– Gibt es spezielle Abnahmevorschriften bzw. sind hierfür besondere Gesellschaften
  (Controll-Companies) eingesetzt?

– Welche Auswirkungen auf das technische Risiko haben die vereinbarten Gewährleistungsfristen?
– allgemeine Änderungsrisiken/-Verfahren.

3.3.2 Kaufmännische Risiken

Außer der Gefahr, im Einzelprojekt Folgen aus Nichteinhaltung von Zusagen tragen
zu müssen, gehört zu den kaufmännischen Risiken die Gefahr, daß Image und
Marktposition geschwächt werden, insbesondere bei Gütern mit mittlerem Technologieanspruch und dann, wenn das den Auftrag abwickelnde Unternehmen bisher
standarddarstellende Güter lieferte.

Hinzu kommen generelle kaufmännische Risiken aufgrund

– der aktuellen politischen Situation
– vertragsrechtlichem Risiko, geltendem in- oder ausländischem Recht
– Auswirkungen des vereinbarten Rechtes (z. B. Koran)
– Maßnahmen der hohen Hand (Exportverbot, Verbot der Weitergabe von Know-
How usw.)
– mangelhafter vertraglicher Vereinbarungen zwischen den Parteien
– der Vertragstreue der Partner.

Darüber hinaus ist das Verhalten des Auftraggeberstaates zu beachten, bezogen auf
plötzliche Änderung wirtschaftlich relevanter Bestimmungen oder Zusagen wie der
Wegfall staatlicher Subventionen oder Präferenzen, der Erschwerung des Kapitaltransfers, insbesondere als Lizenz- oder Know-How-Gebühren, Zölle und Devisenbestimmungen, Bestimmungen über Importsubventionen, Enteignung usw., die
auch mit dem Nichterreichen bestimmter Auflagen verbunden sein können.

Bei den kaufmännischen Einzelrisiken sind zuerst die Risiken zu nennen, die sich aus
den technischen Risiken ableiten:

– Gefahr der Nichteinhaltung zugesagter technischer Leistungen
– Nichterreichen des geforderten Qualitätsniveaus.

Typische kaufmännische Einzelrisiken sind ableitbar aus:

– Der Höhe des Auftragswertes im Vergleich zum Normalgeschäft
– der Komplexität des Auftrages
– der Abwicklungsart, z. B. über ein internationales Konsortium (je mehr Konsorten, desto schwieriger die Abwicklung)
– der Vollständigkeit der Kalkulationsposten (wie Provision, Federführungsgebühr,
Übersetzungen, Lizenzen, Festpreiszuschlag, Gleitpreis im Vertrag ausreichend
geregelt)
– der Bonität der Partner und der Garantien

- der Zahlungsabwicklung und Finanzierung
- Bankgarantien mit fixierten Spätestterminen
- dem Währungsrisiko
- Steuern, Zölle und Abgaben in fremden Ländern [Kundenland, Fertigungsland, Transitland, (Suezkanal)]
- Backcharges durch Montage und Baucontractor (Vereinbarung über Höhe und Anerkennungsverfahren)
- dem Schiedsgericht-Standort
- Kompensationsverpflichtungen.

Darüber hinaus sollten bei der Analyse der kaufmännischen Risiken gezielt Vertragspositionen auf zukünftige Konsequenzen überprüft werden, z. B.

- ob Folgeschäden absolut ausgeschlossen sind
- inwieweit die Restzahlung abgesichert ist
- ob die Summe aller Pönalen begrenzt ist
- inwieweit die „Höhere Gewalt"-Klausel vollständig ist
- ob die vorgesehenen Versicherungen ausreichen.

3.3.3 Minimierung der Risiken

Nicht auf alle Risiken ist Einfluß möglich und sind geeignete Maßnahmen zu deren Einschränkung und Kontrollierbarkeit machbar. Auf die auftragsbezogenen – d. h. von politischen oder rechtlichen Situationen unabhängigen Faktoren – kann durch Vertragsgestaltung und frühzeitiges Erkennen/Gegensteuern wirksamer Einfluß ausgeübt werden.

Eine Bewertung der Risiken kann von Fall zu Fall sehr unterschiedlich sein. Sie ist auch dann oft nur tendenziell möglich. Für den speziellen Fall müssen die Risiken gewichtet werden.

Hinsichtlich ihrer Wirksamkeit sind eindeutig risikoerhöhende und -senkende, aber auch fallspezifisch in beiden Richtungen wirkende Faktoren zu unterscheiden.

Eindeutig verringert wird das Risiko neben einer sorgfältigen Planung/Projektdurchführung und der Ausgewogenheit der Interessen der Vertragspartner durch zwischenstaatliche Vereinbarungen (Investitionsschutz- und -förderungsabkommen, Doppelbesteuerungsabkommen) oder die Möglichkeit der Inanspruchnahme des Schutzes im Ausland durch Staatsgarantien [40].

Bezogen auf den Projekteinzelfall wirken eindeutig risikosenkend Faktoren wie:

- umfassende und klare vertragliche Regelungen
- Bereitstellung einer funtionierenden, erfahrenen Auftragsabwicklungsorganisation im Unternehmen und bei den Vertragspartnern

- Rückgriff auf bewährtes Zukauf-/Lizenzprodukt statt Eigenentwicklung
- Rückgriff auf bewährte Lieferanten (auch im Empfängerland)
- Hinzuziehung von externen Beratern bzw. Fachleuten
- Bearbeitung des Auftrages, bevor die Termine laufen
- Beeinflussung des Termines zum Inkrafttreten des Vertrages
- weitestgehende Abstimmung zwischen Lieferanten-, Unterlieferanten- und Kundenvertrag
- Erfahrungsaustausch mit Wettbewerbern
- Überbrückung der Entfernung zu den Abnehmern und Montagestandorten durch gut organisierte Kommunikationseinrichtungen.

Bei Lieferungen in Entwicklungs- und Schwellenländer können Verfahrens-, Konstruktions- und Qualitätsänderungen oder die Veränderung der Fertigungstiefe wirksame risikosenkende Maßnahmen zum Ausgleich des technologischen Gefälles sein.

Die Beistellungen von Ausrüstungsteilen durch den Auftragnehmer oder Dritte können zu risikobehafteten Abhängigkeiten zwischen den Vertragsparteien führen.

Das Verteilen des Risikos auf externe und interne Risikoträger (Lizenzgeber, Consultinggesellschaften) kann eine geeignete Maßnahme zur Senkung des Risikos sein; bei nicht sorgfältiger Planung und vertraglicher Einbindung tritt eine risikosteigernde Wirkung ein.

3.3.4 Versicherungen

Versicherungen sind kein Ersatz für fehlende Maßnahmen zur Risikoabdeckung, z. B. aufgrund der Auftragsrisikoanalyse, sondern eine sinnvolle, zusätzliche Absicherungsmöglichkeit.

Der Versicherungsmarkt bietet für viele Phasen der Auftragsabwicklung Deckungsschutz. Hierbei ist jedoch unbedingt zu bedenken, daß im Hinblick auf die Kosten der Versicherungen nur die zu erwartenden Risiken aufgrund der Auftragsrisikoanalyse gedeckt werden.

Zu achten ist auf eine durchlaufende Versicherung bei einer Gesellschaft, auch für unterschiedliche Versicherungsarten. Wenn möglich, sollte bei einem Konsortium diese eine Versicherungsgesellschaft für alle Versicherungsnehmer angestrebt werden.

In vielen Fällen ist der Abschluß der Versicherungen durch den Lieferanten vorteilhafter als der Abschluß durch den Kunden:

- Es besteht beim Lieferanten mehr Übersicht über die vertraglichen Verflechtungen, das Schnittstellenrisiko wird besser abgedeckt.

- Die Interessen des Herstellers sind in den Versicherungsvertrag klar einbringbar, das Herstellerrisiko wird gedeckt
- Kulanzmöglichkeit.

Einige Länder bestehen aus nationalen Gründen auf Versicherungsabschluß durch ihre eigenen Gesellschaften. Vielfach entsprechen die Konditionen nicht dem eigenen Versicherungsbedürfnis.

Im Zusammenhang mit dem Abschluß von Versicherungsverträgen sollten keine zusätzlichen Risiken entstehen. Sie ergeben sich aber, wenn mit Versicherungsgesellschaften abgeschlossen werden muß, zu denen sonst keine Geschäftsbeziehungen bestehen; erschwerend wirkt, wenn die Versicherungsverträge auf einer nicht geläufigen Rechtsordnung basieren und dazu noch in fremder Währung.

Zur Vermeidung weiterer Risiken gehört auch die Sorgfalt beim Abschluß der Versicherungen selbst, insbesondere sollte

- geprüft und sichergestellt sein, daß der Kunde, Unterlieferant bzw. Fertigungsbetriebe entsprechende Versicherungen in ausreichender Höhe und mit ausreichendem Deckungsbereich abgeschlossen haben.
- sichergestellt sein, daß die abgeschlossenen Versicherungen für das betreffende Kundenland Gültigkeit haben.

Um eine schnelle, unbürokratische Versicherungsleistung im Schadensfall zu erreichen, ist bei Abschluß der Versicherung zweckmäßig, dem Versicherer genaue Kenntnis über das Vorhaben, der Verhältnisse am Versicherungsort und der vertraglichen Vereinbarungen mit dem Auftraggeber zu geben.

Es gibt Versicherer, die umfangreiche Dienstleistungen auch im Ausland bereithalten, dazu gehören [41]:

- Eigene Stützpunkte im Land des Anlagenstandortes
- Kenntnis der Landesverhältnisse
- Bereitstellung eigener Spezialisten, die im Schadenfall sofort einsetzbar sind
- Unterstützende Beratung zur vorbeugenden Schadenabwehr
- Unterstützende Beratung bei der Abfassung von Verträgen
- Erleichterte Abwicklung im Schadenfall.

Als logisch und sinnvoll hat sich gezeigt, die Abwicklung eines Auftrages mit drei sich zeitlich ablösenden technischen Versicherungen zu decken:

- die Transportversicherung, beginnend mit der ersten Teillieferung ab Werk, bis Eintreffen der letzten Teillieferung auf der Baustelle
- die Montageobjektversicherung, beginnend mit der ersten Montagetätigkeit und endend mit Erfüllung der Leistungsgarantie
- die Garantieversicherung, nahtlos an die Montageobjektversicherung angeschlossen, bis zum Ende der vertraglich vereinbarten Garantiezeit.

Hier muß an die in Einzelfällen vertraglich vereinbarten verlängerten Garantien von bestimmten Konstruktionselementen erinnert werden, die in Analogie verlängert über die Garantieversicherung risikogedeckt sein müssen.

Aus der Vielfalt von möglichen Versicherungen gegen weitere Risiken werden in der Praxis genutzt:

- Einschränkung der Nachteile aus unvermeidlichen, behindernden Vorschriften von im Ausland abgeschlossenen Versicherungen durch Abschluß von Rückversicherungs- oder Frontingvereinbarungen, Schutz und/oder Konditions-Differenz-Versicherungen
- Ausfuhrdeckung des Bundes durch Übernahme von Garantien und Bürgschaften (Hermes, Treuarbeit). Forderungen aus Lieferungen und Leistungen werden gegen die politischen Risiken der Nichtkonvertierung, des Nichttransfers, eines Zahlungsverbots und Moratoriums sowie beim öffentlichen Käufer gegen die Nichtzahlung innerhalb 6 Monaten nach Fälligkeit und beim privaten Käufer gegen den Eintritt einer Insolvenz gedeckt [42]
- Peronsalversicherung für ins Ausland entsandte Mitarbeiter
- Personal- und Anliegerschäden (in Montageobjektversicherung einschließen)
- Konstruktions-/Architektenversicherung
- Versicherung der Fertigung (In- und Ausland)
- Versicherungsschutz für Ausbildung von Kundenpersonal bei Unterlieferanten
- Kreditversicherung
- Währungsrisikoabdeckung (Devisenterminkontrakte in Verbindung mit Wechselkursversicherung des Bundes oder Kreditaufnahme in der Fremdwährung).

3.4 Aufschlüsselung der Liefer- und Leistungstermine

Bei der Planung einer großtechnischen Anlage vergeht ein gewisser Zeitraum, bis Teile „bestellreif" sind. Nach Anlaufen der Projektorganisation, Durchführen der verfahrenstechnischen Planung und der Konstruktion sowie nach Einholung von Angeboten folgt der Zeitpunkt, an dem Verhandlungen mit Lieferanten, auf der Grundlage der abgegebenen Angebote, stattfinden, mit dem Ziel, Aufträge an Lieferanten zu erteilen. Ab Auftragserteilung laufen die Einzeltermine für Berechnung, Fertigung und Lieferung der Ausrüstungsteile.

Jeder Ausliefertermin eines Ausrüstungsteiles ist ein „Meilenstein" auf dem Wege zum Bau einer großtechnischen Anlage. Alle geplanten „Meilensteine" müssen zu einem bestimmten Zeitpunkt verfügbar sein, um alle Teile aus verschiedenen Himmelsrichtungen zu einem Ort – der Baustelle – bringen zu können, damit dort die Montage zügig und reibungslos ablaufen kann.

Diese „Meilensteine" – die Lieferzeitpunkte für Ausrüstungsteile – werden in der Auftragsverhandlung fixiert. Zur Sicherstellung des Auslieferungstermines sind eine ganze Reihe von Zwischenterminen abzustimmen. Im folgenden werden die wesentlichen Termine erläutert.

3.4.1 Zahlungstermine

Als wichtigstes werden Zahlungstermine vereinbart. Üblicherweise gilt bei Auftragserteilung eine Anzahlung, die bei Erhalt der Auftragsbestätigung mit Zahlungsanforderung fällig wird.

Weitere Abschlagszahlungen werden nach vereinbarten Zeiträumen oder nach Arbeitsfortschritt gegen Zahlungsanforderung fällig.

Bei Lieferung des bestellten Teiles, bzw. bei Meldung der Versandbereitschaft erfolgt die letzte Zahlung. Heute wird sie oft mit der Lieferung aller Prüf- und Abnahmepapiere verbunden.

Ein Rückbehalt – in den meisten Fällen 5% des Auftragswertes – verbleibt bis zum Ende der Gewährleistungsverpflichtung, jedoch kann der Rückbehalt gegen Bestellung einer Bankbürgschaft abgelöst werden.

3.4.2 Termine zur Lieferung von Zeichnungen

Es ist heute übliche Forderung der Besteller, daß die vom Hersteller erstellten Zeichnungen zur Prüfung an die Besteller eingeschickt werden. Erst nach Prüfung und Freigabe darf der Fertigungsvorgang in der Werkstatt beginnen. Der Termin zur Einsendung der Werkstattzeichnung zum Zweck der Prüfung wird in der Auftragsverhandlung festgelegt. Dabei wird auch die Dauer bestimmt, die zum Prüfen maximal benötigt werden darf, üblich sind 10 Arbeitstage.

Bei Lieferung/Aufstellung von Maschinen wird im allgemeinen verlangt, daß die Fundamentpläne mit Hauptabmessungen in kürzester Zeit zur Verfügung gestellt werden, weil sie für weitere Planungen im Ingenieurbüro benötigt werden. Zu diesen Fundamentplänen folgen später die Angaben für statische und dynamische Lasten, damit Schwingungsberechnungen der Fundamente durchgeführt werden können.

Fast in allen Ländern der Welt, mit Ausnahme USA, ist es gängige, bewährte Praxis, daß die Werkstattzeichnungen, nach denen Ausrüstungsteile gefertigt werden, durch den Hersteller selbst angefertigt werden. In den USA werden hierin spezialisierte Ingenieurunternehmen beauftragt. Mit dem vermehrten Einsatz von Computerunterstützung bei der Zeichnungserstellung (CAD) ist auch in der Bundesrepublik damit zu rechnen, daß entsprechend ausgestattete Ingenieurunternehmen Dienstleistungen im Auftrag der Hersteller von Ausrüstungsteilen übernehmen, sobald sie mit Hilfe von CAD-Stationen Zeichnungen viel schneller und weitgehend fehlerlos erstellen können.

3.4.3 Fertigungsablaufpläne

Für komplizierte Teile oder Teile, die außergewöhnlich terminkritisch sind, werden Fertigungsablaufpläne vom Hersteller verlangt, nach denen die Terminverfolger den Fertigungsablauf beobachten und beurteilen können. Diese Fertigungsablaufpläne sind meistens als Balkendiagramme ausreichend aussagefähig dargestellt, nur selten findet die Netzplanmethode (vgl. Abschnitt 4.3.5, Einsatz der Netzplantechnik bei Projektplanung und -kontrolle) Anwendung. Solche Fertigungsablaufpläne enthalten Angaben über:

- Prüfvorgänge
- Glühdauer eines Apparateteiles
- Sandstrahlen
- Grundanstrich
- Kennzeichnung
- Zeitbedarf für Verpackung

Eine regelmäßige Beobachtung des Ablaufstandes, entsprechend den vorgelegten Plänen, kann viel zur Sicherstellung des Liefertermines beitragen.

3.4.4 Transportskizzen

Bei außergewöhnlich sperrigen Teilen oder Schwerstgütern muß der Transport zur Baustelle genauestens geprüft werden. Für das Befahren von Straßenabschnitten oder Brücken muß Genehmigung unter Polizeischutz beantragt werden. Hierzu muß der Hersteller möglichst frühzeitig eine Transportskizze beibringen, da der gesamte Transportvorgang so früh wie möglich geplant werden muß.

3.4.5 Montagepläne

Außergewöhnlich große Ausrüstungsteile, wie Kugeltanks oder hohe Kolonnen werden in vorgefertigten Teilen zur Baustelle geliefert und erst dort zusammengebaut oder geschweißt. Auch hier wird eine korrekte Planung vom Hersteller verlangt. Die Montagepläne müssen, nach Prüfung durch die Projektleitung, rechtzeitig dem Bau- und Montageleiter auf der Baustelle vorgelegt werden.

Baustellenschweißungen sind äußerst sorgfältig vorzubereiten. Meistens wird, um eine Teilung der Verantwortung zu vermeiden, neben der Lieferung der großen Ausrüstungsteile, auch die Baustellenschweißung vom Lieferanten durchgeführt. Hierzu ist Personal und Gerät zum Montageort zu schaffen. Die auch im Umfeld der Montage laufenden Arbeiten werden äußerst detailliert vorgeplant. Alle Vorbereitungen müssen vor Eintreffen der Experten erledigt sein, um keine Wartezeiten, die bezahlt werden müßten, aufkommen zu lassen. Die Durchführung solcher speziellen Arbeiten darf aus Qualitätsgründen nicht unter Termindruck geschehen. Dem entgegen stehen die Bestrebungen des Lieferanten, die Arbeiten in kürzester Zeit zu erledigen, um hohe Montagekosten zu vermeiden und um über die Spezialisten verfügen zu können.

3.4.6 Behördliche Genehmigungen

Bestimmte Teile, Güter oder Bauvorhaben unterliegen heute behördlichen Genehmigungen. Baupläne für Gebäude sind praktisch überall den zuständigen Bauämtern zur Genehmigung vorzulegen. Mit dem Bau darf erst nach Vorliegen der genehmigten Pläne begonnen werden.

Wird in der BRD eine Anlage gebaut, so muß diese nach dem Bundesimmissionsschutzgesetz [29] genehmigt werden. In der Praxis wird für jede Teilanlage eine Teilgenehmigung eingereicht. Diese wird mit umfangreichen Beschreibungen, Daten und Fakten sowie Plänen, Diagrammen und Ausführungszeichnungen belegt. Aus diesem Grunde sind die Hersteller gehalten, zu frühen Zeitpunkten Zeichnungen einzureichen, damit eine solche Teilgenehmigung rechtzeitig beantragt werden kann.

3.4.7 Liefergrafik

Während der Auftragsverhandlungen müssen alle die in Abschnitten 3.4.1 bis 3.4.6 aufgeführten Gesichtspunkte berücksichtigt und viele Einzeltermine festgelegt werden. Um alle Beteiligten schnell über Umfang und Lieferungs-/Leistungstermine zu informieren, ist es sinnvoll, die Einzeltermine in eine übersichtliche Darstellung aufzunehmen (s. Bild 21).

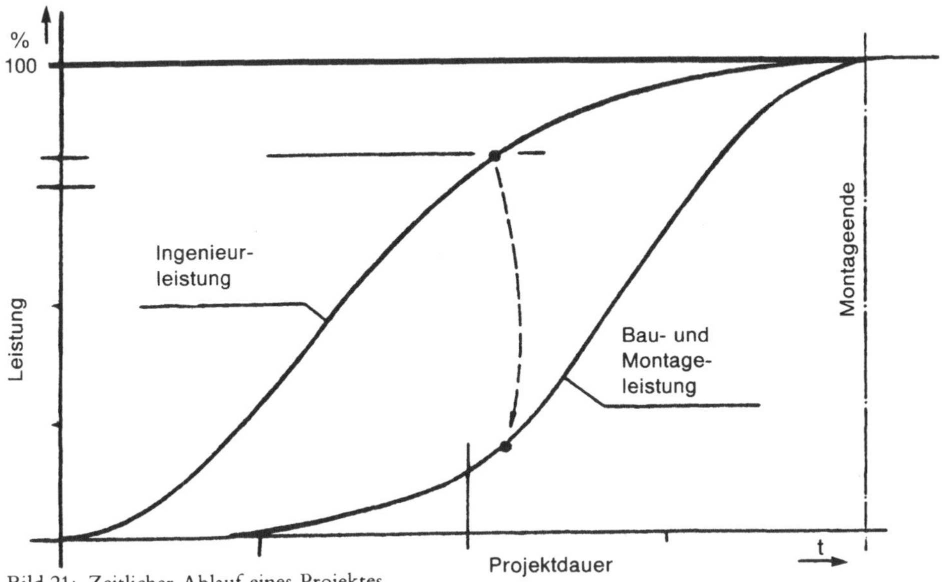

Bild 21: Zeitlicher Ablauf eines Projektes

3.4.8 Termingarantien

Die Festlegung vieler Zwischentermine dient dem Ziel, den Endtermin abzusichern. Werden die Zwischentermine nicht eingehalten, so kann der Auftraggeber besondere Maßnahmen verlangen, um überschrittene Termine wieder gutzumachen.

Eine zusätzliche Möglichkeit der Absicherung eines Liefertermines besteht, indem die Auftragnehmer durch Übernahme einer Vertragsstrafe die Einhaltung des Liefertermines garantieren. Durch diese Vereinbarung soll die Wichtigkeit eines Termines in bezug auf das Gesamtprojekt unterstrichen werden. Die Größenordnung der Vertragsstrafe bewegt sich meistens bei ½% je Woche Terminüberschreitung, jedoch maximal 5% des Gesamtauftragswertes.

Obwohl der Maschinen- und Anlagenbau der BRD auch heute noch in der Welt einen guten Ruf auch bezüglich Termintreue hat, ist die Festlegung der Vertragsstrafe schon fast zum Regelfall geworden. Ob dann noch die Vertragsstrafe ihren Sinn hat, muß bezweifelt werden, da der Regelfall eher dazu führt, daß Vertragsstrafen fester Kalkulationsbestandteil werden und zugleich der Druck auf den Lieferanten zur Einhaltung der Terminzusagen in eine Kostenfrage umgewandelt wird.

Die Vertragsstrafe ist dann eine „starke Waffe", wenn sie nur in Ausnahmefällen angewandt wird.

3.4.9 Rechtsgrundlage

In den Verträgen verwendet man oft unterschiedliche Begriffe wie Vertragsstrafe, Konventionalstrafe, Pönale (englisch penalty), Verzugsentschädigung (englisch liquidated damages). Zur Klarstellung der Begriffe sollen kurz die Rechtsgrundlagen erläutert werden.

Es ist zu unterscheiden in Länder mit Recht auf der Grundlage von Gesetzbüchern (codifiziertes Recht) und Länder mit Recht auf der Grundlage von Gewohnheit (Fallrecht, englisch case law), Länder mit Mischformen hieraus sowie Länder mit Orientierung der Rechtsprechung an religiösen, rechtsethischen Grundsätzen. Einige Länder, wie Bundesrepublik Deutschland, Belgien, Frankreich, Italien, Niederlande, Luxemburg, Portugal, Spanien, aber auch Ägypten, Japan, Lateinamerika, richten ihr Recht als codifiziertes Recht aus, englischsprachige Länder, wie Großbritannien, USA, sind orientiert am Fallrecht (Gewohnheitsrecht), Länder mit religiösen, rechtsethischen Grundsätzen sind z.B. die islamischen Länder.

Im deutschen Recht sind die Grundlagen für Verträge im bürgerlichen Recht (Bürgerliches Gesetzbuch BGB und Handelsgesetzbuch HGB) verankert, im wesentlichen im Privatrecht, und zwar im Recht der Schuldverhältnisse (BGB zweites Buch) und im Allgemeinen Teil (BGB erstes Buch. Rechtsgeschäfte/Fristen/Termine) sowie im Handelsgesetzbuch.

Das BGB regelt die Rechtsverhältnisse Einzelner zueinander auf der Grundlage der Prinzipien des individuellen Eigentums, der Vertragsfreiheit, der bindenden Kraft der Verträge usf. [43]. Die Vertragspartner können die Leistung, zu denen sie sich im Vertrage verpflichtet haben nunmehr rechtens gegenseitig verlangen und notfalls mit Hilfe der Rechtsordnung, im Wege einer gerichtlichen Klage und der sich daran anschließenden Zwangsvollstreckung, durchsetzen. Jeder der beiden Vertragsschließenden kann von dem anderen ein vertragsgemäßes Verhalten verlangen.

Für die Beurteilung der Gültigkeit von Rechtsnormen des Handelsrechtes ist die Tatsache von Bedeutung, daß kein codifiziertes Recht in der Lage sein kann, alle Rechtsfälle zu erfassen: zuerst ist das Recht aus der anerkannten Handelsübung vorhanden, aus der dann im Nachhinein der Gesetzgeber für typische Fälle, in möglichst umfassender Form, Bestimmungen formuliert. Hieraus folgt, daß außer den bestehenden Gesetzesvorschriften im Handelsrecht immer ein Handelsgewohnheitsrecht/Handelsgebrauch besteht, das überall gilt, wo Gesetzesbestimmungen fehlen.

Das Schuldrecht (2. Buch des BGB als gemeiner und besonderer Teil) enthält überwiegend dispositives Recht, d.h. Recht, das durch Individualvereinbarung der Vertragsparteien abgeändert werden kann und uns somit eine Reihe von Vertragstypen zur Verfügung stellt (u.a. Kauf- und Werkvertrag).

Beim anglo-amerikanischen Fallrecht als Bestandteil des Rechtssystems „Common Law" werden durch Jahrhunderte hinweg überlieferte und ergänzte Fallsammlungen mitsamt ihren Auslegungen den Entscheidungen der Richter zugrunde gelegt. Dabei sucht der Richter einen Fall, der einer vorliegenden Streitfrage möglichst weitgehend gleicht, um daran sein Urteil zu orientieren.

Es ist daher historisch bedingt, daß die Rechtsprechung in angelsächsischen Ländern durch privaten Kontrakt festgelegte Vertragsstrafen nicht anerkennt und die „Verhängung einer Strafe" als Sache der Gerichte ansieht.

3.4.9.1 Vertragsstrafe

Die Vertragsstrafe oder Konventionalstrafe (Pönale) ist in der Regel ein Geldbetrag, den der Schuldner dem Gläubiger für den Fall verspricht, daß er seine Verbindlichkeit nicht oder nicht in gehöriger Weise erfüllt (§ 339 BGB, Verwirkung der Vertragsstrafe). Ihr Zweck ist einmal ein Druckmittel zur Erfüllung, zum anderen die Ersparnis des Schadensbeweises bei Verwirkung der Strafe.

Nach deutschem Recht kann kein Schadensersatz mehr geltend gemacht werden, wenn Vertragsstrafe erhoben wird, es sei denn, daß im Vertrag ausdrücklich erwähnt ist, daß die Vertragsstrafe unabhängig der Geltendmachung eventueller Schadensansprüche erhoben wird.

3.4.9.2 Penalty

Private Vertragsparteien sind im angelsächsischen Raum in der Regel nicht befugt, Vertragsstrafen („penalties") zu vereinbaren; solche Vereinbarungen werden zumeist als ungültig angesehen.

Bei englisch-sprachigen Verträgen, die nicht einer angelsächsischen Rechtsordnung unterliegen, können durchaus Vertragsstrafen (Penalties) vereinbart werden. Allerdings nur dann, wenn als Individualvereinbarung folgende Formulierung festgelegt wurde:

„Es gelten ausschließlich die gesetzlichen Bestimmungen der Bundesrepublik Deutschland unter Ausschluß aller eventuell in Betracht kommender Kollisionsrechte."

3.4.9.3 Verzugsentschädigung

Verzugsschaden ist der Schaden, der dem Gläubiger durch den Verzug des Schuldners entsteht (§ 286 Abs. 1 BGB). Wer zum Schadenersatz verpflichtet ist, hat den Zustand herzustellen, der bestehen würde, wenn der zum Ersatz verpflichtende Umstand nicht eingetreten wäre (§ 249 BGB). Bei Verwirkung obliegt hier jedoch dem Gläubiger der Schadensbeweis.

3.4.9.4 Liquidated Damages

Die Parteien können womöglich im voraus abschätzen, welcher Schaden im Verzugsfalle eintreten könnte und entsprechend festlegen, in welcher Höhe Schadenersatz zu leisten ist. Dieser vielleicht eintretende Schadensfall muß bei Vertragsabschluß als wahrscheinlich (probable) erscheinen, der spätere Schadenersatz vernünftig, billig (reasonable) sein. Ist dies nicht der Fall, könnte die Angelegenheit als nicht durchsetzbare „penalty" ausgelegt werden. Verträge im angelsächsischen Raum haben deshalb oft den Zusatz wie z. B.: „All liquidated damages . . . shall not be considered as penalty . . ."

3.4.9.5 Geltendes Recht

Im deutschen Recht fehlen gesetzliche, ausdrückliche Vorschriften darüber, welches nationale Recht auf eine Sache und die mit ihr verbundenen gegenüber jedermann wirkende Sicherheiten im grenzüberschreitenden Rechtsverkehr anzuwenden ist. Gewohnheitsrechtlich ist jedoch im deutschen internationalen Privatrecht anerkannt, daß der Grundsatz gilt, für die rechtliche Beurteilung ist das Recht maßgeblich, das an dem Ort gilt, an dem die fragliche Sache sich befindet.

Ausländische Gerichte beantworten die Frage, aufgrund welchen Rechts der Streitfall zu entscheiden ist, nach seinem eigenen internationalen Privatrecht. Es gibt die verschiedensten Anknüpfungspunkte, nach denen sich bestimmt, ob eigenes oder fremdes Recht anzuwenden ist. In den meisten Rechtsordnungen wird, ähnlich wie im deutschen internationalen Privatrecht, davon ausgegangen, daß das Recht des Ortes, an dem sich die Sache befindet, für die Bestimmung – eigenes oder fremdes Recht – herangezogen wird [44].

Die Anwendung fremden Rechts bei Verträgen mit ausländischen Partnern ist oft nicht zu vermeiden, über die fremde Rechtsordnung sollten daher Kenntnisse angeeignet werden.

3.5 Benennung des Projekt-Managers und des Abwicklungsteams

3.5.1 Organisatorische Voraussetzungen:

Um einen komplexen Auftrag abwicklungsmäßig „in den Griff" zu bekommen, sind Ordnungshilfen erforderlich, die mit Methode das vielschichtige technisch-kaufmännisch-juristische Problem auflösen und handhabbar machen. Die Organisation des Projekt-Managements muß daher so erfolgen, daß systematisch geklärt werden kann, welche Art von Projektdaten nach welchen wesentlichen Merkmalen erfaßt und geordnet werden müssen und in welchen Phasen nach welchen Auftragsrichtlinien was erfolgen muß. Übersichtlich aufzulisten sind z. B.: beteiligte Partner, Grundlagendaten, Kennwerte des Auftrags, Konzentrat der Vertragsbedingungen, Abwicklungsrichtlinien mit Risikokennzeichnung, Termine (Meilensteine).

Die organisatorische Einordnung des Projekt-Managements ist firmenspezifisch zu lösen. Ein mögliches Beispiel, das auch den direkten Bezug zu den Vertragspartnern zeigt, ist in Bild 22 dargestellt.

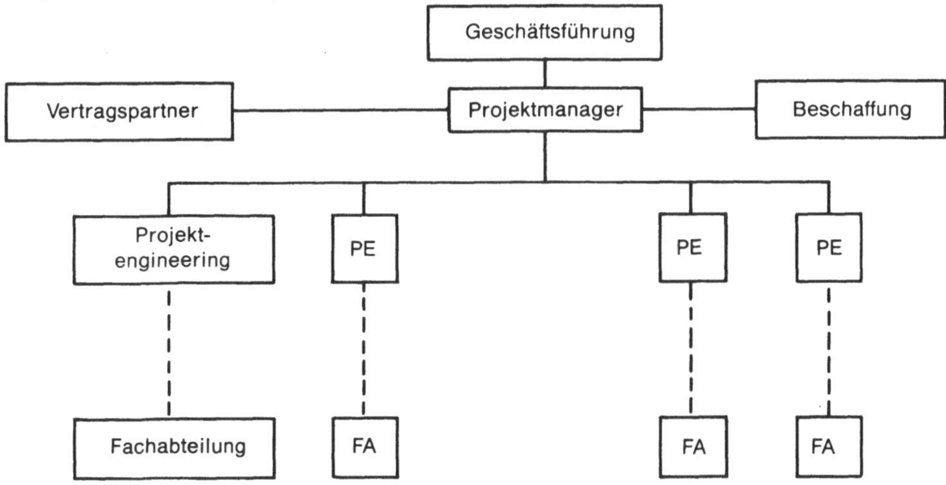

Bild 22: Organisatorische Einbindung des Projektmanagements in das Unternehmen

Die Einsetzung des Projekt-Managements setzt eine entsprechende Organisation im Unternehmen voraus. Sobald ein Unternehmen neu in das Anlagengeschäft einsteigt, muß die vorhandene Organisation in Richtung „duales Führungssystem" mit entsprechenden Kompetenzen für den Projekt-Manager = Projektleiter geändert werden, d. h.: Die vom Projektleiter in Absprache mit den Abteilungsleitern der benötigten Fachabteilungen geworbenen Projektmitarbeiter sind für die Dauer der Projektabwicklung dem Projektleiter in bezug auf wirtschaftliche und termingerechte Abwicklung des Projektes unterstellt; fachlich und disziplinarisch bleiben sie in der Verantwortung der jeweiligen Abteilungsleiter. Eine solche, anfangs nur zeitweilige Situation kann sich institutionalisieren, wenn häufiger strukturgleiche Aufträge abzuwickeln sind [45].

Die Organisationsform ist abhängig von der Struktur des Unternehmens (Fertigungsbetrieb, Ingenieurbüro, Handelshaus . . .).

Projekt-Manager und Abwicklungsteam – oft wird auch der Begriff „Contract-Manager" verwendet – sind erforderlich bei allen komplexen Aufträgen, bei denen durch die Natur des Vertrages

– ein erhöhtes Maß an Informationsaustausch
– eine starke Koordinationsnotwendigkeit
– ein erhöhtes Risiko

gegeben sind.

Dazu gehören

– turn key-Aufträge
– semi turn key-Verträge (Pauschal-Montage, Stahlhochbau)
– Aufträge mit Konsortialpartnern
– Aufträge mit hohem Anteil an Baustellenfertigung und/oder unerprobter lokaler Fertigung
– Aufträge, die als komplexe Systeme zu betrachten sind
– anspruchsvolle Aufträge mit hohem Schwierigkeitsgrad
– Aufträge, an denen mehrere Unternehmen oder mindestens zwei Fachabteilungen des Unternehmens mit unterschiedlichen Betätigungsfeldern beteiligt sind.

3.5.2 Projekt-Manager (Projektleiter) (s. auch Kap. 2)

3.5.2.1 Ausbildungs- und Tätigkeitsvoraussetzungen für die meisten Branchen:

– Ingenieurausbildung und kaufmännische Kenntnisse
– Ausreichende Erfahrungen im Anlagengeschäft

– Genaue Kenntnis des eigenen Hauses (Wege, Abläufe und Fachmentalität). Es empfiehlt sich, langjährige Mitarbeiter mit klaren Zielvorstellungen für diese Aufgabe aufzubauen und ihnen klare Zielsetzungen zu geben.
– Umfassende Erfahrung und Praxis im Umgang mit Kunden, Konsorten, Lieferanten usw.
– Umfassende Erfahrung in Auftragsabwicklung und Kenntnisse über Baustellenführung
– Erfahrungen über die Einsatzmöglichkeiten von EDV-Unterstützung
– Beherrschung mindestens einer Fremdsprache in Wort und Schrift ist immer anzustreben.

Persönliche Eigenschaften:

– Führungsqualitäten
– Entscheidungsfähigkeit
– Teambereitschaft (darf kein „Einzelkämpfer" sein)
– Durchsetzungsvermögen
– Belastbarkeit
– Flexibilität
– Mobilität
– Einsatzbereitschaft/Motivation
– Menschenkenntnis
– Organisationstalent.

Um ein Projekt-Team zu leiten, bedarf es der Erfahrung, nach welchen „Spielregeln" Informationsflüsse und Maßnahmen festgelegt werden, was mit dem Kunden und den Beteiligten abzustimmen ist, und der Fähigkeit, das Wissen und die Initiative der Mitarbeiter so zu fördern, aufeinander abzustimmen und auf die Aufgabe zu konzentrieren, daß Risiken unterschiedlicher Ebenen und Ressorts abwägbar und beherrschbar werden.

3.5.2.2 Die wesentlichen Aufgaben des Projekt-Managers sind:

Planen – Organisieren – Steuern – Führen – Kontrollieren, um das bestmögliche Ergebnis „seines Auftrages" sicherzustellen – Gewinnoptimierung!

Ziel und Gesamtaufgabe können wie folgt umschrieben werden:

Der Projekt-Manager muß sicherstellen, daß die Projektaufgabe wirtschaftlich, technisch optimal und entsprechend dem Wortlaut und Sinngehalt des Vertrages erfüllt wird, und daß gleichzeitig der vorgegebene Kosten- und Terminrahmen eingehalten wird. Das bedeutet, es müssen aus der Zielverantwortung heraus die parallel und nacheinander folgenden Aufgaben zum richtigen Zeitpunkt angestoßen und bewältigt werden. Darüber hinaus muß der Projekt-Manager die ausreichende Information aller am Auftrag Beteiligten sicherstellen (siehe auch Abschnitt 4.1). Der Bedeutung der Aufgabe entsprechend wird der Projekt-Manager von der Geschäftsleitung benannt.

Auch die Bestimmung eines Vertreters für den Projekt-Manager muß schon bei der Einsetzung des Projekt-Managements geregelt werden. Sie ist abhängig von der Größe und Organisationsform des Unternehmens (z. B. bestgeeignetes Mitglied des Abwicklungsteams oder Assistent des Projekt-Managers).

3.5.2.3 Vollmachten des Projekt-Managers:

Die personellen Vollmachten können temporär begrenzt sein. Sie können z. B. beinhalten:

nach außen

- Handlungsvollmacht für das eigene Unternehmen – gegebenenfalls auch für Konsorten
- für die Bauleitung vor Ort, mit oder ohne Recht Baustellenpersonal einzustellen oder zu entlassen.

nach innen

- die Steuerung und Kontrolle aller Auftragsarbeiten
- Einberufung und Leitung aller auftragsbezogenen Verhandlungen
- Vetorecht in bezug auf Fachfragen.

Der Projekt-Manager kann, wenn es die Gegebenheiten erfordern, Teilziele seines Projektes ändern, wenn dadurch das Gesamtziel nicht betroffen wird. Einer Abstimmung mit der Geschäftsleitung bedürfen:

- Änderung des Gesamtzieles
- Verschiebung des Endtermines
- personelle Veränderungen des Projektteams
- wesentliche Änderungen der Kostensituation.

3.5.3 Abwicklungsteam

Für die Abwicklung von komplexen Aufträgen wird, je Auftrag, aus Mitarbeitern der hauptsächlich betroffenen Fachbereiche ein Abwicklungsteam unter der Leitung des Projekt-Managers gebildet.

Die Teammitglieder werden namentlich von den einzelnen Fachbereichen in Abstimmung mit dem Projekt-Manager benannt. Sie sollen, außer einer generellen Eignung zur Teamarbeit, über möglichst umfassendes technisches Wissen der von ihnen vertretenen Fachabteilung(en) verfügen. Im Sinne einer schnellen und unkomplizierten Entscheidungsfindung sollten sie auch hierarchisch in ihren Fachabteilungen den Rang von Gruppenchefs innehaben.

Abweichungen hiervon sollten, nur in begründeten Ausnahmefällen, in Abstimmung mit dem Projekt-Management zum Tragen kommen.

Ein Fachdelegierter kann, wenn erforderlich, Mitglied in mehreren Abwicklungsteams sein.

Die einzelnen Teammitglieder stellen die fachbereichsbezogenen zentralen Ansprechstellen für das Projekt-Management und auch für die Sachbearbeiter anderer Abteilungen dar. In ihrem eigenen Fachbereich vertreten sie die Belange des Auftrages.

Für die Belange des Auftrages sind die Teammitglieder dem Projekt-Manager zugeordnet.

Die Aufgaben der einzelnen Teammitglieder sind firmenspezifisch so unterschiedlich, daß sie hier nicht behandelt werden sollen.

4 Die Phasen der Auftragsabwicklung

Die Arbeiten zur Auftragsabwicklung haben die Liefer- und Leistungsbedingungen des abgeschlossenen Vertrages mit Leben zu erfüllen. Es hängt von der Sorgfalt, Vollständigkeit und Terminsicherheit der auszuführenden Arbeiten wesentlich ab, ob der Auftrag als technischer und wirtschaftlicher Erfolg gebucht werden kann.

Die wesentlichen Phasen der Auftragsabwicklung sind:

- Beginn der Auftragsabwicklung mit Inkrafttreten des Auftrages
- Aufgabenplanung und -verteilung, Erstellung der Auftragsaufteilung
- Zeit- und Kostenplanung zur Kontrolle und Steuerung
- Planungsabwicklung Anlagenkomponenten/Verfahren – Engineering
- Beschaffung von Ausrüstungsteilen und Leistungen
- Qualitätssicherung und Qualitätskontrolle
- Transportabwicklung
- Dokumentation für Betreiber und Anlagenlieferanten erstellen
- Montage der Anlagenkomponenten/Ausrüstungsteile
- Inbetriebnahme und Übergabe an den Auftraggeber.

4.1 Inkrafttreten des Auftrages

Die eigentlichen Arbeitsvorgänge zur Auftragsabwicklung beginnen in großem Umfang unverzüglich ab dem Inkrafttreten des Vertrages, z.B. nach Eingang der Anzahlung, Erhalt der Zahlungsgarantien oder nach Erfüllung von Verpflichtungen des Auftraggebers (Öffnung des Baugeländes, Gewähr zur Versorgung mit Roh-, Hilfs- und Betriebs-Stoffen, Energie usw.) sowie der Verfügbarkeit über die für die Auftragsabwicklung erforderlichen personellen und sachlichen Ressourcen im Unternehmen (vgl. Abschnitt 3.1.: Genehmigungen und Abhängigkeiten).

Oft wird im Vertrag in einer „Inkraftsetzungsklausel" bestimmt, daß er erst dann inkraft tritt, wenn innerhalb einer Frist festgelegte Voraussetzungen erfüllt sind [33].

4.1.1 Auftragsübergabe-Sitzung

Der unternehmensinterne offizielle Beginn der Auftragsabwicklungsarbeiten wird für alle Beteiligten verbindlich mit Einberufung der Auftragsübergabe-Sitzung („Kick-off-Meeting"). Die Einberufung, mit Bestimmung der an der Sitzung teilnehmenden Fachbereiche, nimmt der von der Geschäftsleitung vorgesehene Projekt-Manager zum frühestmöglichen Zeitpunkt vor.

Das „Kick-off-Meeting" ist zugleich ein Forum zur schnellen Grundinformation des Hauses über die Belange und Anforderungen des Auftrages, wie: Festlegung der Verantwortungsbereiche, einschließlich der zur Verfügung stehenden Stunden, der Abhängigkeiten und möglichen Risiken.

Der Projekt-Manager (Projektleiter) sollte sich vor der Sitzung eingehend mit dem Auftragsinhalt vertraut machen, ein Vorgehenskonzept erstellen und Konsequenzen hinsichtlich Entscheidungen und Aufgabenverteilung aufzeigen. Entscheidend für die Bewältigung der Auftragsabwicklung kann sein, wie die Aufgaben an die Beteiligten übermittelt, die Mitarbeiter einbezogen und motiviert werden.

Alle Informationen und Unterlagen aus dem Vorstadium der Auftragsabwicklung – der Angebots- bzw. Projektbearbeitung – die für die Abwicklung von Bedeutung sein können, müssen dem Projekt-Manager bzw. dem Abwicklungsteam zugänglich sein. Der gesamte Auftrag sollte mittels Projektstrukturplan so aufgeschlüsselt werden, daß sich eine Übersicht nach

- zahlungsabhängigen Terminen und deren Voraussetzungen
- Basic Engineering (Verfahrens-KnowHow)
- Detail Engineering (Fertigungsvorbereitung)
- Beschaffungskomplex
- Montage-, Bauleistungen und Inbetriebnahme
- sonstigen Leistungen (Dokumentationsumfang, personelle Leistungen usw.)

ergibt, die von einem Terminplan begleitet werden kann.

In Gegenwart der Geschäftsleitung stellt der Projekt-Manager in der Sitzung den betroffenen Fachabteilungen, wie

- Maschinenbau
- Elektrotechnik
- Bauabteilung
- Verkauf
- Projektierung
- Programmplanung
- Einkauf
- Montage
- Ersatzteile
- Inbetriebnahme
- Versand,

anhand erster und grundlegender Projektablaufplanungen die beabsichtigte Vorgehensweise vor, mit der Zielsetzung, schnell zur näherer Bestimmung von Entscheidungen und Aufgaben zu kommen.

Ein wichtiger Tagesordnungspunkt dieser Sitzung ist die offizielle Einsetzung des Projekt-Managers mit seinem Abwicklungsteam. Von diesem Zeitpunkt an sind der Projekt-Manager und die für die jeweiligen Fachgebiete benannten Mitarbeiter für die Abwicklung des Auftrages zuständig und verantwortlich. Dies betrifft während der Dauer der Auftragsabwicklung alle das Projekt betreffenden Aufgaben innerhalb und außerhalb des Unternehmens. Durch umsichtiges Planen, Steuern und Überwachen wird der Projekt-Manager gemeinsam mit seinem Abwicklungsteam bestrebt sein, die vertragsgerechte und wirtschaftliche Auftragsabwicklung, im Einklang mit dem unternehmerischen Gesamtinteresse, durchzuführen.

4.1.2 Auftragsübergabe-Protokoll

Damit die an der Auftragsabwicklung beteiligten Fachabteilungen das zum Abwicklungsbeginn für deren eigene Aktivitäten erforderliche Fachwissen in kurzer und wirksamer Einarbeitungszeit übernehmen können, ist es zweckmäßig, eine, trotz Umfang übersichtliche, systematisch aufgebaute Dokumentation – das Auftragsübergabe-Protokoll – in einer auf die Belange der Fachabteilungen aufbereiteten Form zu erstellen.

Zweckmäßigerweise wird ein Auftragsübergabe-Protokoll angefertigt unter Verwendung einer firmenspezifisch entwickelten Checkliste, die zugleich als Übersichtsblatt für Inhalt und Aufbau der Dokumentation bzw. der an die Fachabteilungen übergebenen Unterlagen dient.

Bild 23 zeigt ein Beispiel für eine Checkliste „Auftragsübergabe-Protokoll".

AUFTRAGSÜBERGABE-PROTOKOLL	**Verteiler:**	Firma … NN
	Geschäftsleitung	
vom _______________________	A C	
	B Termin	
	P. M. D	
	Versand MO/IN	

Kennwort: _______________________	Kunde: _______________________
Kom.-Nr.: _______________________	Endabnehmer: _______________________
Projekt-Nr.: _______________________	Werk: _______________________
	Land: _______________________

Sachbearbeiter		**Kundenbearbeiter**
PM: _______ Team I: _______		Projekt: _______________________
2. PM: _______ Team II: _______		Auftrag: _______________________

Unterlagen

PM	☐	Übergabebericht	vom
Verkauf	☐	Kundenauftrag/-vertrag	vom
Proj.-Abt.	☐	Letztes Angebot	vom
PA	☐	Lieferspezifikation	vom
PA	☐	Fließschema mit Leistungsdaten	Nr.
PA	☐	Anlagenkurzbeschreibung	vom
Verkauf	☐	Einstandskosten	vom
Einkauf	☐	Lieferantenangebote	
Verkauf	☐	Zuschlagskalkulation	vom
Proj.-Abt.	☐	Auftrags-Aufteilung	
PM	☐	Terminplan (Eckwerte)	vom
Proj.-Abt.	☐	Projektzeichnungen	Nr. _______________
	☐	Auftragskennblatt	Nr. _______________
			Nr. _______________
			Nr. _______________
PM	☐	Montage-/Inbetriebnahme-Informationen	

Sonderabsprachen   Notiz/Brief v.

                                                  v.

Datum:

Verkauf,   X,   Proj.-Mgr.,   Y.

Bild 23: Beispiel für ein „Auftragsübergabe-Protokoll"

Zu den für die Projektbeteiligten wichtigen, im Auftragsübergabe-Protokoll aufbereiteten Informationen gehören:

- **allgemeine auftragsbezogene** Informationen in Form eines detaillierten Berichts im Zusammenhang mit der Auftragsübergabe (auch besondere Absprachen und Verständnishinweise)
- **vertragsbezogene** Informationen wie
  Kopien des Kundenauftrags, komplett mit allen Anhängen,
  Zusätzen und Nachträgen,
  Kopie des zuletzt an den Auftraggeber abgegebenen Angebots
- **lieferungs-** und **leistungsbezogene** Informationen wie
  Auftragskennblatt,
  Kurzbeschreibung der Anlage,
  Projektzeichnungen,
  Liefer- und Leistungsspezifikationen,
  Fließschema mit Mengen-Leistungs-Meßdaten
- **kalkulationsbezogene** Informationen wie
  Auftragskalkulation (Zuschlagskalkulation),
  Zusammenstellung der Einstandskosten,
  Lieferantenangebote,
  Hinweise auf in der Kalkulation berücksichtigte Vorbestellungen
- **terminplanbezogene** Informationen (Terminplan mit allen bereits festgelegten Eckwerten – vgl. Bild 24: „Auftrags-Terminplan")
- Informationen zur **Auftragsaufteilung**
- Informationen für **Montage** und **Inbetriebnahme.**

Es hat sich in der Praxis als zweckmäßig erwiesen, die einzelnen Informationsunterlagen so zu kennzeichnen, daß deren Zugehörigkeit zu einem Auftrag eindeutig erkennbar ist, so kann z. B. auf allen Formularen eine Kommissions-Nummer (Auftrag-Nr.) eingetragen werden oder es wird für den Auftrag ein eindeutiges Kennwort vergeben.

In den **allgemeinen auftragsbezogenen** Informationen werden die Zuständigkeiten und Verantwortlichkeiten der Abwicklung festgeschrieben gegebenenfalls eine Einordnung der Priorität des Auftrags mit Beachtung der Zusagen und Risiken vorgenommen.

Darüber hinaus wird erläutert, inwieweit Nebenabsprachen und/oder Sonderabsprachen zum Vertrag bestehen. Gründe für Kalkulationsänderungen, wie Kürzung oder Anhebung von Entwicklungsstunden in den technischen Büros, werden ebenfalls in den allgemeinen auftragsbezogenen Informationen aufgeführt.

Bestandteil der **vertragsbezogenen** Informationen ist das zuletzt abgegebene Angebot, insbesondere dann, wenn die zuletzt angebotene Verfahrenstechnik/Problemlösung möglicherweise nicht mit der dem Vertrag zugrunde liegenden Kalkulationsbasis übereinstimmt.

BENENNUNG		1988					
		Juli	Aug.	Sept.	Okt.	Nov.	Dez.
1	Auftragseingang						
2	Auftragsübernahme						
3	Überprüfung der Stundenvorgabe						
4	Überprüfung des funktionsgerechten Aufbaues						
5	Überprüfung der Berechnungen						
6	Überprüfung der Termine						
7	Organisation der Auftragsabwicklung	1. Besprechung					
8	Kundenbesuch						
9	Konstruktionsaufträge						
10	Materialuntersuchungen						
11	Einkaufsbedingungen erstellen!						
12	Sammelstücklisten für Hauptbestellung erstellen						
13	Schemaerstellung						
14	Entwurf der Anlagenzeichnungen						
15	Zeichnung an den Kunden						
16	Zeichnung zurück mit Genehmigung						
17	Sammelstücklisten für Hauptbestellung erstellen						
18	Detailzeichnungen						
19	Endgültige Anlagenzeichnungen						
20	Zeichnungen an den Kunden						
21	Zeichnungen zurück mit Genehmigung						
22	Sammelstücklisten für Restbestellung erstellen						
23	Interne Auftragsbesprechung	2. Besprechung					
24	Montagevorbesprechung						
25	Versandvorbesprechung						
26	Anlagenbeschreibung						
27	Dokumentation siehe Kundenvorschrift						
28	Inspektionseinteilung						
29	Teile-Fertigung – Ende						
30	Versandeinleitung						
31	Teile-Anlieferung beim Kunden						
32	Montageeinleitung						
33	Montagebeginn – Montageende						
34	Zahlungsüberprüfung						
35	Einfahringenieur Einweisung (Datenblätter)						
36	Inbetriebnahme						
37	Übergabe der Anlage – Restzahlung						
38	Umsatztermin:						
39	Akkreditiv: ja/nein bis _________	Kom.-Nr.: _____________					
		Proj.-Nr.: _____________					
		Kennwort: _____________					

Bild 24: Beispiel für einen „Auftrags-Terminplan"

	1989											1990					
Jan.	Febr.	März	April	Mai	Juni	Juli	Aug.	Sept.	Okt.	Nov.	Dez.	Jan.	Febr.	März	April	Mai	Juni

Auftrags-Terminplan

FIRMA . . . NN	Sachbearbeiter: __________________________
	Datum: ____________ Blatt ______ von ______
	Zeichnungs-Nr.:

Auftrags-Kennblatt: _______________	Auftragsbestätigung: _______________
vom: _______________	Bürofreigabe: _______________
Kennwort: _______________	Fertigungsfreigabe: _______________
Kom.-Nr.: _______________	Übersetzungen: _______________
	Sonstiges: _______________

Montage

				Inbetriebnahme	
Kunde ☐	pauschal ☐		pauschal ☐	
Fa NN ☐	nach Aufwand ☐		Zeitlohn ☐	
Fa NX ☐	Überwachung ☐		Kunde ☐	

Termine	**Pönalen**
Umsatztermin: _______________	Leistungen: _______________
Materiallieferung: * _______________	Lieferzeit: _______________
Zeichnungen: _______________	Gewicht: _______________
Dokumentation: _______________	Dokumentation: _______________
Techn. Abnahme: _______________	kW/h-Bedarf: _______________
Montagebeginn: _______________	Verfügbarkeit: _______________
Montageende: _______________	
Inbetriebnahmebeginn: _______________	
Garantieende: _______________	

Betriebsbedingungen	**Vertragsauflagen** Sprache:
Höhenlage: _______________	Dokumentation: _______________
Netz: _______________	Masch.-Beschriftung: _______________
Steuerspannung: _______________	Geräusch-Dämpfung: _______________
Schutzart: _______________	Oberflächenbehandlung: _______________
Isolierung: _______________	Fertigungskontrolle: _______________
Umgebungstemp. max./min.: _______________	Fertigungsabnahme: _______________
Kühlwassertemp. max.: _______________	Signierung: _______________
Relative Feuchte: _______________	Verpackung: _______________
	Werkstatt-Teste: _______________

Berechnungsgrundlagen für Statik	**Lieferumfang**
Berechnungsvorschriften (DIN/Ausl.)	
Nutzlasten für Treppen und Bühnen	
Verkehrslasten für Treppen und Bühnen	
Windlasten: _______________	
Erdbebenlasten: _______________	
Temperaturen max.: _______________	
Temperaturen min.: _______________	

Verkaufswert DM: _______________	**Bemerkungen**
Preisstellung: _______________	

* ab Werk; FOB; c + f; FOT; FOR; unverpackt etc.

Bild 25: Beispiel für ein „Auftragskennblatt"

Falls bis zum „Kick-off-Meeting" noch keine Anlagenkurzbeschreibung als wichtiger Bestandteil der **lieferungs-** und **leistungsbezogenen** Informationen vorliegt, sollte ersatzweise die Projektzeichnung in Verbindung mit dem Fließschema genommen werden.

Die Anlagenkurzbeschreibung muß in der benötigten Kopienanzahl des Auftragsübergabe-Protokolls kurzfristig nachgereicht bzw. an die Fachabteilungen verteilt werden.

Für das Auftragskennblatt ist die Erarbeitung eines firmenspezifischen Formulars angebracht. Bild 25 zeigt das Formular „Auftragskennblatt" in einem Beispiel. Mit dem Auftragskennblatt können die Projektbeteiligten schnell einen Überblick zu markanten lieferungs- und leistungsabhängigen, den Erfolg des Gesamtprojekts beeinflussenden Punkten bekommen, so z. B. über Einzeltermine, Pönale, Betriebsbedingungen, Vertragsauflagen, Berechnungsgrundlagen für die Statik.

Darüber hinaus ist das Auftragskennblatt eine Informationszusammenfassung für andere, indirekt an der Abwicklung beteiligte Fachabteilungen, so wird z. B. für die Umsatz- und Geldeingangsplanung der geplante Umsatztermin (Fakturierung) genannt; eine Aufteilung in Teilsummen ist oft als „Umsätze für vorbestimmte Haushalt-Zeiträume" erwünscht.

4.1.3 Kalkulation

Sowohl in der Projektierungs-/Angebotsphase als auch im Auftragsabwicklungszeitraum und nach Auftragsabschluß sind eine Anzahl von Kalkulationsmethoden und -verfahren gebräuchlich und unternehmensindividuell eingesetzt [30, 46]. Im Folgenden werden einige im Zusammenhang mit der Auftragsabwicklung stehende besondere Kalkulationsarten näher ausgeführt:

- Vertragskalkulation
- Auftragskalkulation (Zuschlagskalkulation)
- Material-Einstands-Kalkulation
- Engineering-Stunden-Kalkulation.

Bild 26 zeigt ein Beispiel für ein Formular „Kalkulation" mit Erfassungsmöglichkeit von Mengengerüst und Kostenarten zur maschinellen Kalkulation über Datenverarbeitung.

Der Unterschied zwischen Vertragskalkulation und Auftragskalkulation besteht darin, daß die während der Vertragsverhandlungen mitunter prozentual oder pauschal angeglichenen Kalkulationsposten nach Vertragsabschluß realistisch in die Auftragskalkulation eingetragen und im Abwicklungsverlauf auch, entsprechend den weiter übernommenen Zusatzaufträgen, laufend angepaßt werden.

Die Material-Einstands-Kalkulation und Engineering-Stunden-Kalkulation sind sowohl selbstaussagende Bestandteile des Auftragsübergabeprotokolls als auch Zuträ-

FIRMA . . . NN

Kalkulation

Betr.: Gesamtanlage/Anlagengruppe

		Auftrags-Nr.	KST	Projekt-Nr.	KST

Kennwort: _______________

Datum: _______________

Bearbeitet von:
PM: __________ KST: ______ Tel.: ______
(Vertreter): __________ KST: ______ Tel.: ______

1. Zukauf

1.1 Materialeinstand Lieferbasis: __________ TZ __________ %   `0 0 0`

1.2 Eingangsfracht, -verpackung   `0 0 1`

1.3 Montage   `0 0 2`

1.4 Inbetriebnahme   `0 0 3`

1.5 Fremdengineering Anz. Std.   `0 3 4`   Std.-Satz ______   `0 0 4`

1.6 Summe Zukauf

1.7 Materialgemeinkosten __________ % auf 1.6   `0 0 5`

2. Engineering

2.1 Anzahl Stunden Masch.bau   `0 1 1`   `0 1 1`

2.1 Anzahl Stunden Elektrik   `0 1 2`   `0 1 2`

2.1 Anzahl Stunden Konstrukt.   `0 1 3`   `0 1 3`

Anzahl Stunden gesamt

3. Herstellkosten   (1.6 + 1.7 + 2.1)

4. Gemeinkosten

4.1 Verwaltung,   `0 6 0`   0,0 % + Techn.   `0 6 0`   ,0 %   `0 6 0`
Vertrieb   Risiko

5. Selbstkosten   (3 + 4)

6. Sondereinzelkosten   Σ 4.1 + 10.

6.1 Ausgangsfracht   `0 4 1`

6.2 Ausgangsverpackung   `0 4 2`

6.3 Lizenzen   `0 4 3`

6.4 Versicherungen   `0 4 4`

6.5 __________   `0 4 6`

6.6 __________   `0 4 6`

7. Zwischensumme   (5 + 6)

8. Finanzierungskosten

8.1 Kreditversicherung __________ % von __________   `0 4 5`

8.2 Aval __________ % von __________   `0 4 5`

8.3 Zinsunterdeckung __________ % von __________   `0 4 5`

9. Provisionen   __________ % von __________   `0 4 7`

10. Kalk. Gewinn __________ % auf Position 11

11. Netto-Verkaufspreis   `0 6 9`

12. Wvr. __________ %   Verh. __________ %

13. Angebotspreis

Bild 26: Beispiel für ein Formular „Kalkulation mit DV-Schlüsseln"

134

ger der Auftragskalkulation. Deren Werte werden so weit wie möglich aufgeschlüsselt und unter Berücksichtigung der verbindlichen Vertragsbedingungen, der Risiko-Analyse und des erzielten Vertragspreises in die Vertragskalkulation übernommen (auch Anzahlungsbürgschaften, deren Laufzeiten und das automatische Auslaufen).

An einem Beispiel der Engineering-Stunden-Kalkulation ist eine horizontale und vertikale Aufschlüsselung erkennbar. So ist aus Gründen der Kosten- und Budgetkontrolle in der Horizontalen eine Aufgliederung orientiert an der Aufbauorganisation zweckmäßig:

- Mechanik, Bau, Elektrik, usw.
- Abteilung I, II, III, usw.
- Gruppe A, B, C, usw.
- Position 1, 2, 3, usw.

In der Vertikalen gliedert sich die Kalkulation mengen- und wertmäßig in die Kostenarten, wobei speziell im Beispiel der Engineering-Stunden-Kalkulation nicht alle der nachfolgend aufgeführten Kostenartengruppen angesprochen werden:

- Eigen- und Fremdfertigung (Mengengerüst und Einstandswerte)
- Montage-/Montageüberwachungs- und Inbetriebnahmekosten
- Projektspezifische Kosten (Personaltraining, Inspektionen, Abnahmen, Steuern, Versicherungen usw.)
- Kosten der benötigten Abwicklungsstunden
- Gemeinkosten
- Transport- und Verpackungskosten
- Sondereinzelkosten des Vertriebes
- Finanzierungskosten
- dem kalkulatorischen Gewinn
- den Garantie-Kosten (back charges).

Zur Vielfalt der praktizierten Definitionen im Rahmen der Kostenrechnung und Kalkulation (Unterscheidung in variable, fixe Kosten, direkte Kosten, Einzel- oder Gemeinkosten usw.) und Verfahren der Ermittlung von Kostensätzen (z. B. Zuschlagsprozentsätze oder Stundensätze) oder die Anwendung von Plankosten- oder Istkostensätzen wird auf die einschlägige Literatur verwiesen [30].

4.2 Erstellung der Auftragsaufteilung

Unmittelbar nach Inkrafttreten des Auftrages wird vom Abwicklungsteam eine Auftragsaufteilung erstellt. Sie soll alle einzelnen Positionen enthalten, die während der Abwicklung einzeln bestellt, gefertigt oder geliefert werden müssen und soweit wie möglich unterteilt sein.

FIRMA ... NN — Liste — Auftragsaufteilung

— Kalkulations-Positionen —

FS   Auftrags-Nr. KST

Datum: _______________

Seite _____ von Seiten _____

Anz. Engineering Std.: _______ Bearbeiter (VT): _______ KST: _______ Tel.: _______

Posit.	Baugruppe	Bezeichnung	Warenwert
Übertrag			

Bild 27: Beispiel für ein Formular „Liste Auftragsaufteilung"

1.	Übersicht
1.1	Verteiler
1.2	Revisionsblatt
2.	Vertragsdaten
2.1	Vertragsgegenstand
2.2	Leistung der Anlage
2.3	Vertragspartner
2.4	Inkrafttreten des Vertrages
2.5	Vertragssprache
2.6	Vertragstermine
2.7	Verzugsstrafen
2.8	Garantien
2.9	Grundlagendatenblatt (Auslegungsdaten, Spezifikationen)
3.	Auftragsorganisation
3.1	Auftragsorganisationsplan
3.2	Schriftverkehr
3.2.1	Briefanschriften
3.2.2	Kurierdienst (Beispiel)
3.2.3	Betreff (Kunden-Projekt-Nr., Auftrags-Nr., etc.)
3.2.4	Besprechungsberichte (Ergebnisprotokoll)
3.2.5	Telefonnummern
3.2.6	Telex- und Telefaxnummern
3.3	Verteiler von Schriftstücken
3.4	Auftrags-Handmappen (auftragsbezogene Vordrucke)
3.5	Arbeitsanleitung für Einkauf (Beschaffungs-Richtlinie)
3.6	Ausführungsnorm für Verpackung und Versand
3.7	Startkalkulation der Ingenieur-Stunden und kaufmännischen Stunden
3.8	Terminplanung
3.9	Personalbedarfsdiagramm (Kapazitätsplanung)
3.10	Startkalkulation der Kosten (Lieferungen und Montageleistungen)
3.11	Kontierungsliste
3.12	Dokumentation
3.13	Änderungen (Change Order Procedure)
3.14	Prüfung von Ausrüstungen
4.	Projektsteuerung
4.1	Terminkontrolle (Planning and Progress Control) (Fortschrittskontrolle: Basis Terminplan 3.8)
4.2	Terminkontrolle der Lieferantenfertigung
4.3	Kostenerfassung/-Kontrolle (Steuerung)
5.0	Berichtswesen
5.1	Projektbesprechungen
5.2	Mitteilungen
5.3	Statusbericht
5.4	Projekt-Abschlußbericht
6.0	Kunde
6.1	Kundenorganisation (Who ist who)
6.2	Managementbesprechungen beim Kunden
6.3	Kundenbetreuung
7.0	Behörden
7.1	Genehmigungsbehörde
7.2	Abnahmeorganisation (TÜV, Lloyds Reg....)
8.0	Baustelle
8.1	Baustellenorganisation
8.2	Unfallverhütungsmaßnahmen – Baustellensicherheitsorganisation (Safety and Security)
8.3	Qualitätssicherungsmaßnahmen
8.4	Kontakte zu lokalen Behörden

Bild 28: Beispiel der Gliederung einer Auftragsrichtlinie

Ebene 1   Gesamtanlage

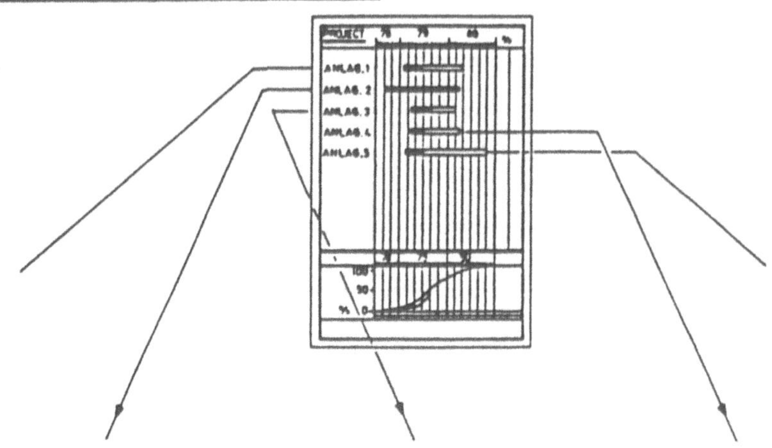

Ebene 2   Einzelanlagen nach Fachbereichen geordnet

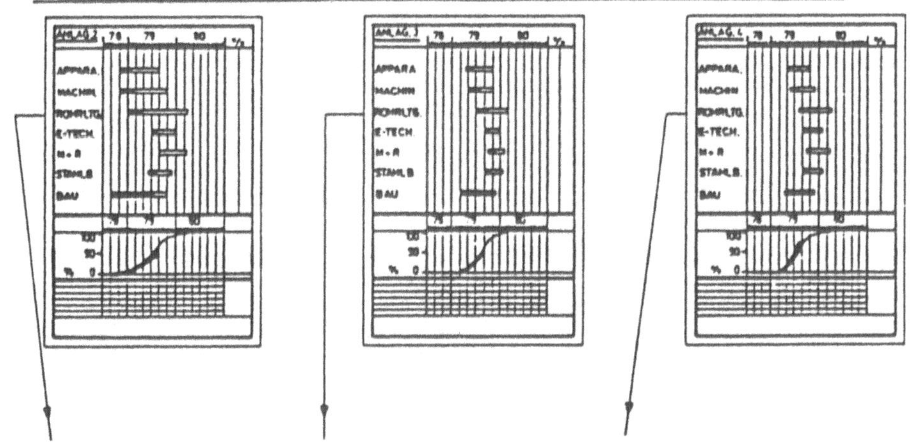

Ebene 3   Fachfirmen nach Einzelanlagen geordnet

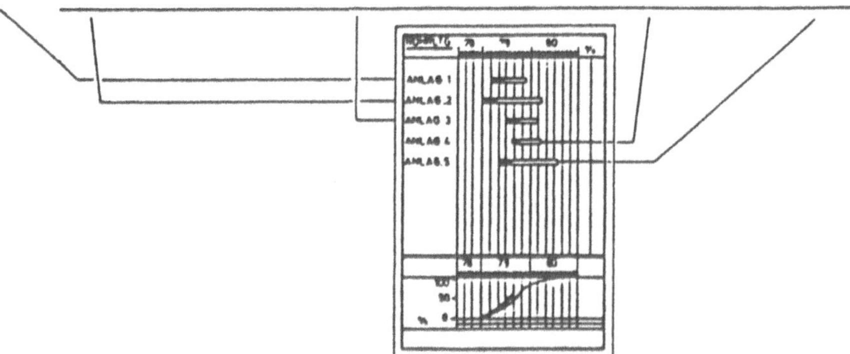

Bild 29: Bau- und Montage-Terminplanung mit der Balkenplan-Methode (Quelle: Lurgi)

138

Bild 27 zeigt ein Beispiel eines Formulars „Liste Auftragsaufteilung". In der Spalte Warenwert sind die in der letzten Projektkalkulation berücksichtigten Einkaufspreise einzutragen. Komplette zu beschaffende Anlagenkomponenten müssen vorab aus dem Auftrag herausgelöst werden, damit die Beschaffung ohne Zeitverlust erfolgen kann.

4.2.1 Erstellung einer Auftragsrichtlinie

Innerhalb von 4 bis 8 Tagen nach dem „Kick-off-Meeting" erstellt der Projekt-Manager die Auftragsrichtlinie und leitet sie allen davon betroffenen Stellen im Unternehmen jeweils auszugsweise zu (siehe Bild 28). Diese Unterlage enthält alle abwicklungsrelevanten Informationen aus

- dem Vertrag
- sonstigen auftragsbezogenen Unterlagen
- Absprachen zwischen den Vertragspartnern
- dem Umfeld und Vorgaben bzw. Interpretationen des Projekt-Managers bei Vertragsunklarheiten oder bei im Vertrag nicht geregelten, jedoch regelungsbedürftigen Vorgängen.

4.2.2 Erstellung des detaillierten Terminplanes

Zur Sicherstellung einer vollständigen und kontinuierlichen Terminkontrolle bietet sich hier – parallel zur Verteilung der Terminpläne und manuellen Abgleichung der Soll- mit den Ist-Terminen – als Unterstützung die Datenverarbeitung an, z. B. können anhand der Terminpläne die Soll-Termine in der EDV erfaßt und gespeichert werden und im Verlauf der Abwicklung, nach Erfassung der Termin-Bewegungen, mit den Ist-Terminen maschinell abgeglichen werden.

Um einen schnellen Einblick über die Terminsituation zu bekommen, kann zusätzlich zu den Terminplänen eine Grafik erstellt werden. Bild 29 zeigt als Beispiel die Terminplanung mit Balkendiagrammen.

Alternativ zu den Terminplänen wird in der Praxis die Netzplantechnik angewandt, ihre Vorteile werden insbesondere bei komplexen Planungen mit Kontrolle der Realisierungsschritte wirksam (vgl. Abschnitt 4.3.5).

4.3 Termine und Kosten – Kontrolle und Steuerung

Ein Schlüssel zum Erfolg eines Projektes liegt in einer sorgfältigen, flexiblen und durchsetzbaren Kontrolle und Steuerung von Terminen und Kosten im Verlauf der Auftragsabwicklung.

Bei der Auslegung einer Anlagenkomponente, der Beurteilung von Lieferanten-Angeboten, der Vergabe von Aufträgen für Lieferungen und Leistungen, der Kontrolle aller Nebenleistungen und Einrichtungen, ist dafür zu sorgen, daß die Kosten- und

Terminentwicklung ständig überschaubar sind, die durch die Kalkulation vergebenen Kostenwerte möglichst nicht überschritten werden, eventuell zu erwartende Kostenüberschreitungen und Terminverschiebungen rechtzeitig erkannt und Maßnahmen zur Vermeidung bzw. Korrektur eingeleitet werden können. Wesentliche Voraussetzungen für die effektive Kontrolle und Steuerung werden in der Phase des Inkrafttretens der Verträge (vgl. Abschnitt 3.2) und der Auftragsübergabe an alle Projektbeteiligten geschaffen (vgl. Abschnitt 4.1).

Instrumente zur Kontrolle und Steuerung von Terminen und Kosten sind

- die Terminpläne und Termin-Ist-Aufzeichnungen
- die mitlaufende Kalkulation mengen- und wertmäßig.

Es ist anzustreben, daß alle Ablauf- und Terminplanungsschritte methodisch einheitlich erfolgen. Dadurch arbeiten alle mit dem Projekt beauftragten Fachabteilungen und Mitarbeiter auf einer gleichnamigen formalen Grundlage. Durch diese formale Einheitlichkeit wird unterstützt und zum Teil gewährleistet, daß keine inhaltlich unterschiedlichen Planungsverfahren angewandt werden. Die Bedeutung der einheitlichen formalen Grundlage wird für alle Beteiligten insbesondere dann erkannt und akzeptiert, wenn spezifische Probleme auftreten, die zwischen der Projektleitung und den Fachabteilungen in nicht planbaren Zeitabständen Abstimmungsgespräche erfordern [47].

Für eine ständige Kontrolle der Termine und Kosten ist der Einsatz von Datenverarbeitung nicht unbedingte Voraussetzung. In einer gut organisierten manuellen Ablauf- und Formularorganisation läßt sich eine effektive Kontrolle/Steuerung durchführen. Es muß allerdings hierbei gesehen werden, daß mit zunehmender Komplexität der Abwicklungsarbeit, schnellerem Handlungsbedarf und wegen hoher Gemeinkosten, eine manuelle Organisation nicht mehr ausreicht.

Eine Verknüpfung von unterschiedlichen Regelkreisen, wie

- die Verfolgung und Steuerung
  von Terminen,
  von Sachkosten und
  von Bearbeitungsstunden,

in Beziehung gesetzt zu kostenwirksamen Änderungen im Verlauf der Auftragsabwicklung, ist, insbesondere bei komplexen Projekten, nur mit systematischem, einheitlich angewandten Vorgehen mit Erfolg möglich. Hier bietet sich der Einsatz der Netzplantechnik an (vgl. Abschnitt 4.3.5 „Projektplanung und Kontrolle mit Netzplantechnik“).

Eine mitlaufende Kalkulation ist für die erfolgreiche Abwicklung eines Auftrages unerläßlich. Sie verfolgt den Zweck, zeitig genug Schwachstellen zu erkennen, Kriterien, die das Auftragsergebnis negativ beeinflussen könnten, herauszufinden und Ansatzpunkte zur Einleitung verbessernder Maßnahmen zu geben.

Üblich ist, hierfür die Datenverarbeitung einzusetzen; z. B. werden die EDV-gespeicherten Daten, Kosten, Stunden der Ingenieure und Techniker und Termine periodisch, z. B. monatlich einmal abgerufen. Aufgetretene sowie auch absehbare Änderungen mit ihren Folgen werden in die EDV-Anlage eingegeben und abruffähig gespeichert; dadurch ergibt sich die wiederholbare Möglichkeit, bei Bedarf eine neue, überarbeitete Prognose des Endergebnisses zu stellen.

4.3.1 Verfolgung und Steuerung von Terminen

Nach Erstellung des Gesamtterminplanes werden alle Einzeltermine – so z. B. Anlagenplanung, Zukäufe, Fertigung, Versand, Montage und Inbetriebnahme – als Soll-Termine aus den Gesamtterminen abgeleitet und in Einzelterminpläne eingetragen, gegebenenfalls für die spätere Datenverarbeitung und -auswertung in einem DV-System erfaßt und gespeichert.

Anhand der eingehenden Ist-Meldungen werden die Termine im Abgleich zu den Soll-Terminen kontrolliert. Bei Terminüberschreitungen stellt der Projekt-Manager, in Zusammenarbeit mit den zuständigen Fachabteilungen, Ursache, Ausmaß und Folgen fest, prüft, ob die Terminüberschreitung kritisch ist und veranlaßt Gegenmaßnahmen.

Bei kritischen Terminen, bei denen es auf deren taggenaue und sichere Einhaltung wegen der Abhängigkeit zu anderen wichtigen Ereignissen – z. B. Liefertermin eines zu Montagebeginn benötigten Teiles – ankommt, ist es ratsam, Zwischenterminkontrollen beim Lieferanten bzw. Hersteller oder der Werkstatt fest einzuplanen und vorzunehmen.

4.3.2 Verfolgung und Steuerung von Sachkosten

Die Auftragskalkulation ist eine Form der Kostenplanung, d. h., die der Kalkulation zugrunde liegenden Kostenangaben sind Soll-Werte, die bei der Realisierung – der Ist-Auftragsabwicklung – nicht überschritten werden dürfen, wenn der wirtschaftliche Erfolg des Auftrages nicht gefährdet werden soll.

Sachkosten, wie Kosten für Fremdmaterial- und Fremdleistung, sind auf Basis der festgelegten Einkaufspreise, gegebenenfalls unter Berücksichtigung eines Festpreiszuschlages oder eines Sonder-Nachlasses, als Soll-Vorgabe in die Auftragskalkulation eingearbeitet.

Die Ist-Werte entstehen mit der Vergabe von Aufträgen an Fremde zur Lieferung oder Leistung. Das Einkaufsbudget ist für den Einzelfall mit dem Soll-Wert in der Auftragskalkulation festgelegt.

Es ist darauf zu achten, daß die Kostendefinition des Soll-Wertes mit der Definition des Ist-Wertes übereinstimmt (z. B. muß klar sein, ob die Kostendefinitionen Fremdmontagen, Frachten oder Sondereinzelkosten enthalten oder nicht). Hierzu gehört auch die Eindeutigkeit in bezug auf Mengendefinitionen (z. B. Preis pro 1 Stück).

Um abzusichern, daß die Planwerte von den Beschaffungsstellen (z. B. dem Einkauf) als Budgets angesehen werden, sind die Beschaffungsstellen in den Unternehmen in der Regel angewiesen, nur nach Einholung einer separaten Zustimmung über das Budget hinaus einzukaufen.

Der Einkauf darf bei erkennbarer Abweichung des vorkalkulierten Einkaufspreises eine Bestellung ohne vorherige Zustimmung des Projekt-Managers nicht herausgeben. Dem Projekt-Manager muß die Gelegenheit gegeben werden, in Zusammenarbeit mit der zuständigen Fachabteilung eine kostengünstigere Lösung zu finden oder möglicherweise mit dem Kunden über einen Mehrpreis zu verhandeln.

4.3.3 Verfolgung und Steuerung von Bearbeitungsstunden

So wie die Auftragskalkulation eine Form der Planung für Sachkosten ist, so ist die Auftragsaufteilung eine Budgetierung der Entwicklungs- und Konstruktionsstunden. Hierbei ist eine möglichst weitgehende Aufsplittung hilfreich (vgl. Abschnitt 4.1.3 „Kalkulation").

Sowohl zur Erfassung, Verwaltung und Auswertung der Vorgabestunden als auch der Ist-Stunden-Erfassung und Gegenüberstellung des Ist zum Soll ist die Datenverarbeitung als Mittel zur Arbeitserleichterung und Verbesserung der Auswertungsmöglichkeiten geeignet, jedoch nicht unbedingte Voraussetzung zur Verfolgung und Steuerung von Bearbeitungsstunden.

Soweit praktikabel, sollten verschiedene Tätigkeitsarten des Engineering getrennt erfaßt und bezüglich Zeitaufwand beobachtet werden, z. B.:

– Entwicklungs- oder Konstruktionsarbeiten
– Anlagenplanung
– Bauteilentwicklung
– Planung der Elektrotechnik
– Pneumatik
– Elektronik
– allgemeine technische Abwicklung wie Terminverfolgung und Qualitätskontrolle.

In den einzelnen Fachbereichen kann wiederum nach Arbeitsgruppen oder -paketen unterteilt werden.

Bei erkennbaren Überschreitungen der Soll-Vorgaben von Bearbeitungsstunden, einschließlich der unternehmensintern festgelegten Toleranzen, sind Ursache, Ausmaß und Folgen sowie geeignete Maßnahmen zur Gegensteuerung mit dem Projekt-Manager abzustimmen.

Wird eine sich abzeichnende Überschreitung als nicht nachträglich änderbar akzeptiert, hat der betroffene Bearbeiter sofort, jedoch keinesfalls erst wenn die Überschreitung eingetroffen ist, die Information über zu erwartende Mehrkosten an den Projekt-Manager weiterzugeben.

In der Praxis wird hierfür ein „Antrag auf Kalkulationsänderung" ausgefüllt und an den Projekt-Manager geleitet. Soweit die Verwaltung der Kalkulationsdaten durch die Datenverarbeitung durchgeführt wird, veranlaßt der Projekt-Manager – evtl. nach Rücksprache mit dem Antragsteller, um Überschneidungen zu vermeiden – die Erfassung und Speicherung der geänderten Werte in die EDV-Anlage. Bei der nächsten Ausgabe der mitlaufenden Kalkulation (Zwischenkalkulation) sind die geänderten Werte in den Gesamtkosten enthalten.

Es kann in der Praxis beobachtet werden, daß Kalkulationsänderungen an der bestehenden Auftragskalkulation – der Soll-Vorgabe – vorgenommen werden. Dies ist problematisch, da der geplante wirtschaftliche Erfolg des Auftrags herabgesetzt wird. Die Auftragskalkulation als Form der Planung soll aktiv unterstützen, daß nicht geplante Mehrkosten an einer Position möglichst durch betragsgleiche Minderkosten an anderer Stelle wieder ausgeglichen werden, d.h., der geplante wirtschaftliche Erfolg bleibt als Zielsetzung unverändert.

Ein weiterer Aspekt ist in den kostenmäßigen Auswirkungen bzw. dem Kostenzurechnungsverfahren der Bearbeitungsstunden zu berücksichtigen:

Im allgemeinen wird ein Fixkostenblock – der Bereich Engineering im Unternehmen – anteilig auf der Grundlage von Bearbeitungsstunden auf Aufträge verrechnet und nicht direkt zuordnenbare Restfixkosten über Gemeinkostenschlüssel den Aufträgen belastet. Für direkte Kosten, die mit Geldausgaben an Fremde verbunden sind, werden in der Regel bezüglich Einhaltung von Plankosten strengere Maßstäbe angesetzt als für Kosten, die durch rechnerische Zumessung aus Fixkostenblöcken kalkulatorischen Charakter haben.

Durch die Verfolgung, Steuerung und Anpassung der Bearbeitungsstunden, verbunden mit der regelmäßig durchgeführten Arbeitsfortschrittsschätzung, wird neben der konkreten Feststellung der Ursachen für eventuellen Mehrverbrauch auch eine hilfreiche Arbeitsfortschrittermittlung möglich.

4.3.4 Kostenmäßige Änderungen im Verlauf der Auftragsabwicklung

Selbst bei einer sorgfältigen und abgesicherten Planung ist nicht auszuschließen, daß ungeplante Ereignisse auftreten, die sich insbesondere auf die Kosten und damit den geplanten wirtschaftlichen Erfolg des Auftrags ungünstig auswirken.

Soweit die Kostenveränderungen noch im Rahmen der Auftragsabwicklung beeinflußbar und eingrenzbar sind und nicht generell außerhalb der Kompetenzen und Einflußmöglichkeiten des Projekt-Managers liegen oder in ihrem Ausmaß und Einwirkungsmöglichkeiten den Erfolg des Auftrags grundsätzlich in Frage stellen, liegen die Ursachen für die Kostenveränderungen u. a. in:

- wertmäßigen Erhöhungen (Preise, Devisenkurse, Inflation, Gleitklauseln, Nebenkosten), die nicht durch vertragliche Absicherung abgedeckt sind
- zusätzlichen Aufwandsarten (Abgaben, Schäden, Schadenersatz, Wagnisse, Auseinandersetzungen, Selbstbeteiligung), die nicht durch Versicherungen oder Verträge mit dem Auftraggeber abgesichert sind
- mengenmäßiger Erhöhung (Fehlbedarf, Mehrfachlieferung, Falschlieferung: Material oder Empfangsort, Fehlplanung, Verbrauch)
- Planungsfehlern der technischen Lösung, Qualitätsminderung, Improvisiertes statt systematisches Vorgehen, aus Termingründen oder als Folge von Fehllieferungen usw.

Als Verursacher der kostenmäßigen Änderungen im Verlauf der Auftragsabwicklung und damit als Träger der Kosten kann in drei Arten unterschieden werden:

- Vom Auftraggeber (Kunden) gewünschte Änderungen
- vom Auftragnehmer (Lieferant) gewollte Änderungen
- Änderungen mit unklarer bzw. strittiger Kostenverantwortlichkeit.

Vom Kunden gewünschte Auftragsänderungen (Change Orders) sind Änderungen und Nachträge, deren Kosten vom Kunden übernommen werden. Vom Auftragsabwicklungsteam und vom Kunden werden sie als Nachtragsaufträge angesehen, die den ursprünglichen Auftragswert verändern, in der Regel erhöhen. Für die Ermittlung der Kosten, bzw. des Verkaufspreises, werden das gleiche Berechnungsverfahren und die Kostenfaktoren, wie sie zur Kostenberechnung einschließlich Gemeinkosten und Gewinnzuschlag für die Auftragskalkulation gültig sind, herangezogen. Die ermittelten Werte gehen als Änderung bzw. Ergänzung in die Auftragskalkulation ein, gleichzeitig wird die Änderung zur Bearbeitung und Realisierung freigegeben.

Die vom Kunden gewünschten Auftragsänderungen (Change Orders) sind im Regelfall problemlos, da der Kunde die Mehrkosten und eventuelle Terminverschiebungen, sowie Auswirkungen auf den Betrieb der geplanten Anlage akzeptiert. In Bild 30 sind Beispiele für Auftragsänderungen/-ergänzungen aufgeführt.

Vom Auftragnehmer gewollte Änderungen und die zugesagten Änderungen, bei denen die Kostenübernahme nicht geklärt ist, sind nicht problemfrei. Einerseits, weil die im Vertrag enthaltenen Verpflichtungen einzuhalten sind; andererseits birgt ein Unterbleiben der Änderungen das Risiko, die Zusage nicht einhalten zu können, weil keine kostenmäßige Klärung vorliegt. Deshalb sollte gelten: Keine Zusagen ohne Angebot und Auftrag. In der Regel können die Mehrkosten aufgrund der vom Auftragnehmer gewollten Änderungen an den Kunden nicht weiterberechnet werden, alle Mehrkosten gehen zu Lasten des Auftragnehmers und schmälern den wirtschaftlichen Erfolg des Auftrags. Im Falle der unklaren bzw. strittigen Kostenverantwortlichkeit kann zumindest die Chance bestehen, daß der Kunde einen Teil

Beispiel für eine **Auftragsänderung**:

> Auf Wunsch des Kunden ist nachträglich die Kapazität eines in Auftrag gegebenen Aggregates, z. B. einer Mahlanlage, zu ändern, weil der Kunde für eine bestehende Produktlinie zusätzliche Mengen eines Zwischenproduktes verwenden will.

Vorgehensweise zur Abwicklung der Auftragsänderung:

> Abwicklung wie eine vom Unternehmen selbst gewollte technische Änderung unter Beachtung aller Auswirkungen einer solchen Änderung auf die im Hauptvertrag vereinbarten Bedingungen. Hierzu gehören u. a.

> - Verschiebung von Entwicklungs- und Konstruktionsterminen
> - Verschiebungen von Beschaffungs- und Fertigungsterminen
> - Überarbeitung der Montage- und Inbetriebnahmeplanung
> - Prüfung auf Einhaltung der Qualitätsvorgaben
> - Verlängerung von Material-Garantien – auch bei Zulieferern.

Beispiel für eine **Auftragsergänzung**:

> Der Kunde wünscht die zusätzliche Lieferung z. B. einer Laborausrüstung, weil es sich für den Kunden als durchführbar ergeben hat, Laborversuche in eigener Regie zu machen.

Vorgehensweise zur Abwicklung der Auftragsergänzung:

> Abwicklung wie ein vom Hauptauftrag unabhängiges neues Projekt unter Beachtung aller Auswirkungen einer solchen Änderung auf die im Hauptvertrag vereinbarten Bedingungen. Hierzu gehören u. a.:

> - Verschiebungen von Eckterminen,
> - längere Montagezeit,
> - Verschiebung von Zahlungsterminen,
> - Verlängerung von Material-Garantien – auch bei Zulieferern.

Bild 30: Beispiele für eine vom Auftraggeber gewünschte Auftragsänderung und Auftragsergänzung

der Kosten übernimmt oder daß Lieferanten sich an den Gesamtkosten beteiligen, wenn dadurch für die Beteiligten wirkliche Vorteile entstehen. In beiden Fällen muß die Entwicklung der durch Änderung entstehenden Mehrkosten besonders aufmerksam gesteuert und verfolgt werden. Als zusätzliches Ziel sollte versucht werden, durch strenge Maßstäbe in anderen Bereichen zu einem Ausgleich von entstandenen Mehrkosten zu kommen. Zugleich ist von Bedeutung, die Kosten in Höhe, Art, Periode und Zumeßbarkeit zu erfassen, um gegebenenfalls eine teilweise Weiterbelastung begründen zu können.

Es ist ratsam, durch interne Anweisung, bzw. Regelung des Ablaufs, die Beeinflußbarkeit der Mehrkosten zu unterstützen. Es sollte intern festgelegt sein, daß alle während der Auftragsabwicklung notwendigen Änderungen am jeweils gültigen Mengengerüst (Auftragsaufteilung) und der gültigen Kalkulation, die zur Änderung von Stunden, Gewichten, Mengen oder Einkaufspreisen führen, von der ändernden Stelle – in der Regel vor Arbeitsaufnahme an der Änderung – und möglichst vorausschauend in einem Antrag auf Kalkulationsänderung dem Projekt-Manager gemeldet werden.

Beispiel für eine **Aufragsveränderung:**

Die im Projekt-Stadium in eigener Verantwortung untersuchten Eigenschaften eines Rohmaterials wurden bei der Auslegung eines Aggregates nicht richtig berücksichtigt. Höhere Feuchtigkeit (dadurch höhere Feuerungskapazität), größerer Quarzanteil (dadurch höherer Verschleiß).

Vorgehensweise zur Abwicklung der Auftragsveränderung:

Abwicklung unter Beachtung aller Auswirkungen einer solchen Änderung auf die im Hauptvertrag vereinbarten Bedingungen. Die Auftragsaufteilung ist entsprechend zu ändern und wie bei jeder anderen Auftragsposition zu verfahren. Auswirkungen sind u. a.:

– Verschiebungen von Entwicklungs- und Konstruktionsterminen
– Verschiebungen von Beschaffungs- und Fertigungsterminen
– Überarbeitung der Montage- und Inbetriebnahmeplanung
– Prüfung auf Einhaltung der Qualitätsvorgaben
– Verlängerung von Material-Garantien – auch bei Zulieferern.

Beispiel für eine **Auftragsergänzung:**

Die Anzahl der projektierten Transporteinheiten (z. B. LKW) reichen zum Transport von Rohmaterial oder Fertiggut für die garantierte Menge nicht aus.

Vorgehensweise zur Abwicklung der Auftragsergänzung:

Abwicklung unter Beachtung aller Auswirkungen einer solchen Änderung auf die im Hauptvertrag vereinbarten Bedingungen. Die Auftragsaufteilung ist entsprechend zu ergänzen und wie bei jeder anderen Auftragsposition zu verfahren. Zusätzlich zu beachten sind u. a.:

– Verschiebungen von Eckterminen,
– Bereitstellung von Transportkapazität
– Erweiterungen von Genehmigungen.

Bild 31: Beispiele für vom Auftragnehmer gewollte Auftragsveränderungen und Auftragsergänzungen

Der Projekt-Manager stellt sicher, daß nach Genehmigung der Änderung und des Mehrkostenbudgets (z. B. durch die Geschäftsleitung) alle an der Abwicklung beteiligten Fachabteilungen des Unternehmens über die Änderung informiert werden und prüft – bevor die Übernahme der Änderung in die Kalkulation erfolgt – in Abstimmung mit den Fachabteilungen, ob, wo und in welchem Umfang Folgeänderungen entstehen können.

In Bild 31 sind Beispiele für vom Auftragnehmer gewollte Auftragsveränderungen und Auftragsergänzungen aufgeführt.

Darüber hinaus obliegt es dem Projekt-Manager, die Kostenverantwortlichkeit, d. h. die Möglichkeit einer vollständigen oder anteiligen Weiterberechnung an Konsorten, Lieferanten oder auch an Kunden, zu prüfen und gegebenenfalls zu veranlassen.

Insbesondere bei unklarer oder strittiger Kostenübernahme durch den Kunden ist es ratsam, parallel zur Klärung der vollen oder anteiligen Kostenübernahme, frühzeitig kostenwirksame Entscheidungen über die Realisierung der Änderung zu treffen, weil ein günstiger Zeitpunkt der Durchführung der Änderung bestimmend für die Kostenhöhe sein kann.

146

Die im Projektstadium vom Kunden genannten und bei der Projektbearbeitung zugrunde gelegten Eigenschaften eines Rohmaterials stellen sich während der Auftragsabwicklung als falsch heraus. Die verkaufte Feuerungsanlage ist zu klein, weil der Feuchtigkeitsgehalt des Rohmaterials höher ist als vorgesehen.

Vorgehensweise:

Es sind unverzüglich beim Erkennen eines solchen Mangels zu untersuchen und Maßnahmen einzuleiten:

- Auswirkungen auf andere Positionen des Lieferumfanges, z. B. kann ein größerer Ventilator erforderlich werden,
- Gebäudeabmessungen können sich ändern,
- Änderungen in der E-Technik müssen vorgenommen werden,
- Auswirkungen auf Ecktermine,
- Auswirkungen auf Montagekosten,
- Auswirkungen auf Zahlungstermine.

Neben der Kalkulation des Zusatz- oder vergrößerten Aggregates sind alle Kosten zu ermitteln, die das Gesamtergebnis des Auftrages beeinflussen. Insbesondere ist zu untersuchen, welche zusätzlichen Kosten und Risiken eine Verschiebung der Inangriffnahme aller Änderungen nach sich ziehen.

Parallel zur Realisierung der Änderungen ist die Schuldfrage zu klären bzw. eine Beweissicherung als Vorbereitung zu Verhandlungen über die Kostenübernahme vorzunehmen.

Bild 32: Beispiel für unklare bzw. strittige Kostenverantwortung

Unklare Verhältnisse können auch zwischen Kooperationspartnern auftreten. Eine frühzeitige Beweissicherung ermöglicht Rückgriff zur Klärung der Schuldfrage.

Unabhängig von der Realisierung der Änderung sind die Gründe und Ursachen für Änderungen zu ermitteln und im Sinne einer Beweissicherung zu dokumentieren. Die praktische Durchführung von Änderungen ist nicht gleichbedeutend mit Anerkennung und Übernahme der Zusatzkosten.

Bild 32 zeigt ein Beispiel für unklare bzw. strittige Kostenverantwortung.

Falls die Möglichkeit besteht, kostenmäßige Änderungen im Verlauf der Auftragsabwicklung mit Unterstützung der Datenverarbeitung [46] zu überwachen, ist es zweckmäßig, solche Änderungen neben allen üblicherweise gespeicherten Abwicklungsdaten, z. B. mit einem zusätzlichen „Ursachenschlüssel", einzugeben; dadurch ist eine Voraussetzung gegeben, um nach der Schlußabrechnung über den Gesamtauftrag eine Zusammenfassung und Analyse aller bei dem Auftrag aufgetretenen Kostenüberschreitungen durchzuführen.

4.3.5 Projektplanung und -kontrolle mit Netzplantechnik

Systematisches und zielgerichtetes Vorgehen bei der Auftragsabwicklung setzt eine fundierte und durchdachte Planung voraus. Hierzu besonders geeignet für die Abwicklung komplexer Projekte ist die Netzplantechnik (auch Netzwerktechnik oder

Netzwerkanalyse genannt), eine grafische und rechnerische Verfahrenstechnik zur Analyse, Planung, Kontrolle und Kostenoptimierung.

Mit Hilfe der Netzplantechnik

- wird das komplexe Projekt in seine Einzelschritte zerlegt
- besteht Zwang zum Durchdenken der einzelnen Planungsschritte
- wird der kritische Weg offengelegt
- ist ein gezielter Einsatz der Finanz- und Sachmittel und der Projektmitarbeiter möglich
- können Termine gesteuert und kontrolliert werden
- ist eine Verkürzung der Projektdauer möglich
- entsteht im Stadium des Auftragsabschlusses eine Grundlage für die Zusage von realistischen Terminen
- entsteht eine Belastungsübersicht für alle an der Auftragsabwicklung mitwirkenden Abteilungen.

Bei der Netzplanentwicklung zu einem komplexen Projekt werden dem Projektteam durch die Zerlegung des Projektablaufs in seine zeitbeanspruchenden Vorgänge, Tätigkeiten und Ereignisse die Projektstruktur und die kritischen Vorgänge transparent. Als Voraussetzung zur Nutzung der Vorteile der Netzplantechnik empfiehlt sich frühzeitige und sorgfältige Planungsarbeit im Team der maßgeblichen Projektbeteiligten.

Es ist weder praktikabel noch notwendig, in das Planungsmodell unbedingt alle Einflußfaktoren mit einzubeziehen. Vereinfachende Annahmen können oft die Prägnanz der Aussagen verbessern. Bei umfangreichen Aufträgen ist es nützlich, mehrere Teilpläne aufzustellen und diese miteinander zu koppeln.

In der industriellen Planung werden vorwiegend die Methoden CPM (Critical path method) und MPM (Metra potential method) eingesetzt. Neben diesen beiden Grundvarianten der Zeitplantechnik gibt es noch weitere modifizierte Methoden.

Bei einer vorgangsorientierten Strukturplanung nach der Methode CPM wird das Ende eines Vorgangs mit dem Start des folgenden Vorgangs verknüpft. Bei der Methode MPM wird der Start eines Vorgangs mit dem Start des nachfolgenden Vorgangs verknüpft.

Als Vorgehensweise bei der Konstruktion von Netzplänen ist, ausgehend vom Gesamtziel/Endereignis, zurückschreitend jede Tätigkeit daraufhin zu untersuchen, welche unmittelbar vorausgehenden Tätigkeiten vor ihrem Beginn abgeschlossen sein müssen. Es ist einfacher, alle Tätigkeiten zu erfassen, die einer bestimmten Tätigkeit vorausgehen, als alle Folgen nach dem Abschluß der Einzeltätigkeit zu bestimmen. Zweckmäßig ist die Beachtung einiger Regeln:

- Die Pfeilrichtung entspricht dem zeitlichen Projektfortschritt

- Tätigkeiten dürfen nicht rückwärts verlaufen, z. B. ist eine Wiederholung eines fehlgeschlagenen Versuchs eine neue Aktion
- Jeder Tätigkeit sind Anfangsereignis und Endereignis zuzuordnen
- Erst nach Abschluß einer Tätigkeit beginnt die Folgetätigkeit
- Zwei Ereignisse dürfen nur durch eine Tätigkeit miteinander verbunden sein.

Im Anschluß an die Strukturplanung erfolgt die Zeit- und Terminplanung. Bei Anwendung der CPM-Methode werden mittels einer Vorwärtsrechnung und Schätzung der Zeitdauern der zeitlich längste oder kritische Weg und die frühesten Vorgangsstartzeit- und Endzeitpunkte ermittelt. Mit Rückwärtsrechnung ergeben sich die spätesten Zeitpunkte.

Rein rechnerisch können danach die Zeitreserven (Puffer) von Vorgängen bestimmt werden. Alle Vorgänge im kritischen Weg haben die Zeitreserve Null. Verzögerung von kritischen Vorgängen bewirkt Verschiebung des Projektendetermins und Verlängerung der Projektdauer.

Beim praktischen Vorgehen zur Umwandlung des Ablaufplans in einen Zeitplan ist zunächst die Dauer der einzelnen Tätigkeiten zu ermitteln. Hierbei werden einbezogen:

- Die Abhängigkeit der Gesamtdauer des Projekts von den Einzeltätigkeiten
- Die Verschiebbarkeit von Tätigkeiten, die ohne Einfluß auf die Gesamtdauer sind
- Auswirkungen von Verzögerungen von Einzeltätigkeiten auf den Gesamtablauf.

Da die genaue Angabe der Tätigkeitsdauern von ausschlaggebender Bedeutung für die Genauigkeit des Gesamtergebnisses sein kann, aber in der Praxis insbesondere bei komplexen Projekten oft keine genauen Zeitangaben möglich sind, wird gegebenenfalls mit mehrerern Schätzwerten mit jeweils unterschiedlichen Wahrscheinlichkeiten gearbeitet.

In heutiger Zeit stehen leistungsfähige Softwareprodukte zur Verfügung, die es erlauben, mit Schätzwerten zu arbeiten und dann, wenn genauere Werte vorliegen, ein einfaches Neurechnen auf Basis der genauen Werte ermöglichen.

Die Netzplanerstellung selbst und deren ständige Aktualisierung ist eine Teilaufgabe des Projekts. Ein Netzplan ist nur glaubhaft, wenn er auf aktuellem Stand gehalten wird. Zur Projektkontrolle können die Vorgangsdauern und -termine als Plan-Ist-Vergleich sowohl mit Plan- als auch mit Ist-Werten durchgerechnet werden.

Die in etlichen Projektablauf-, Termin-, Dauer- und Kostenaussagen liegenden Unsicherheiten erfordern das Durchrechnen von alternativen Situationen. Die Interpretation der Ergebnisse erfordert große Sorgfalt und Sachkenntnis.

Bei Nutzung der Netzplantechnik zur Kapazitäts- und Beschäftigungsplanung (Bereitstellung und Einsatzplanung von Arbeitskräften, Betriebsanlagen, Maschinen, Zukaufteile) sind Voraussetzungen gegebene zur Optimierung, insbesondere zur optimalen Auslastung.

Zeit- und Kapazitätsplanung können um geldliche Bewertung bzw. Kostenfaktoren ergänzt werden. Nach Erstellung des Gesamtterminplanes werden alle Einzeltermine z. B. Anlagenplanung, Zukäufe, Fertigung, Versand, Montage und Inbetriebnahme, als Soll-Termine in das EDV-Programm eingegeben. Anhand der eingehenden Ist-Meldungen werden die Termine kontrolliert. Bei Terminüberschreitungen stellt der Projekt-Manager in Zusammenarbeit mit den zuständigen Abteilungen Ursache und Größe fest, prüft, ob die Überschreitung auf dem „kritischen Pfad" liegt und veranlaßt Gegenmaßnahmen [47, 48, 49].

4.4 Engineering

Das Engineering bestimmt wesentlich die Höhe der Beschaffungs- sowie möglicher Nachlaufkosten bei Montage und Inbetriebnahme. Viele Randbedingungen lassen sich in der Projektphase erfassen und bewerten, dennoch verbleiben meist noch eine Reihe von Risiken für die Engineerings-Abwicklung von Industrieanlagen.

4.4.1 Basic- und Detail-Engineering

4.4.1.1 Engineering-Leistungen

Engineering-Leistungen können in vielfältiger Form erfolgen. Im Rahmen eines reinen Engineering-Vertrages übernimmt ein Ingenieurbüro eine bestimmte Planungsleistung gegen eine zuvor vereinbarte Gebühr.

Viele, vornehmlich kleinere Ingenieurbüros, haben sich auf eine solche Engineering-Leistung eingestellt. Mit Spezialisten, z. B. in der Bau-, Rohrleitungsplanung, in der Detailkonstruktion oder in der Planung der Elektro-, Meß- und Regelungstechnik, bieten sie sich und ihre Mitarbeiter auf dem Markt an.

Der Vorteil der Flexibilität durch Einsatz von Ingenieurbüros ist für den Anlagenbauer auch mit Nachteilen verbunden, etwa durch Häufung von Planungsfehlern bei fehlender Überwachung, für die der Ersteller nur beschränkt haftet, sowie dem Abfluß von Know-how.

Erstreckt sich der Engineering-Vertrag auf die gesamte Palette der Planungsarbeiten, nimmt die Vielfalt der Engineering-Leistungen zu. Die sicherlich anspruchsvollste Aufgabe ergibt sich schließlich, wenn das Ingenieurbüro auch als Verfahrensgeber agieren kann. Es kann dann die prozeßtechnische Aufgabenstellung selber formulieren, d. h. das „Basic-" oder Processdesign" erstellen.

4.4.1.2 Engineering-Formen

Engineering-Leistungen lassen sich in die folgenden Teilschritte unterteilen:

– Basic (Process)-design

– Basicengineering
– Detailengineering

Basicdesign:
Im Basicdesign werden die wesentlichen Verfahrensstufen mit ihren optimalen Betriebsbedingungen festgelegt. Allgemein ist dieses Basicdesign schon zu Beginn einer Angebotsphase als Voraussetzung zur Erstellung eines Angebotskonzeptes notwendig. Es ist daher für die Engineering-Abwicklung eines Auftrages üblicherweise als gegebene Voraussetzung zu betrachten.

Basicengineering:
Festliegende Definitionen für den Leistungsumfang des Basicengineering sind nicht bekannt. Im Chemieanlagenbau versteht man oft unter dieser Engineeringform die Erarbeitung fachspezifischer Aufgabenstellungen, wie z. B.

– Prozeßauslegungsdaten, -bilanzen, -schemata
– Verfahrensbeschreibungen
– Rohrleitungs- und Instrumentierungsschemata
– Datenblätter für Ausrüstungen
– Aufstellungskonzept
– Auflistung der Meß-, Steuer- und Regeleinrichtungen
– Auflistung der el. Verbraucher

Die erarbeiteten Unterlagen sind aus dem Basicdesign abgeleitet und tragen den projektbezogenen Dingen, wie Anlagengröße, Ausbeutevorgaben, Zusammensetzung und Reinheiten der Eintritts- und Endprodukte, Spezifikationen der Hilfsmedien oder Umwelteinflüsse und Klima Rechnung. Diese Unterlagen bilden die Voraussetzung für die detailliertere Bearbeitung in einzelnen Fachgebieten.

Im Rahmen internationaler Zusammenarbeiten geschieht es häufig, daß mit der Erstellung von Basicengineering die Engineeringarbeit eines Anlagenbauers beendet ist und ein anderer Partner das detaillierte Engineering ausführt. Im Basicengineering werden die wesentlichen Planungsvoraussetzungen geschaffen. Die Verantwortung des Planungsingenieurs ist hier sehr groß, denn damit verbunden ist auch die Möglichkeit fundamentaler, sich bis zur Inbetriebnahme fortpflanzender Fehlervorgaben, so daß vor Ausführung der Anlage die wesentlichen Angaben überprüft werden müssen (s. a. 4.6.2).

Detailengineering:
Unter Beachtung der Vorgaben aus dem Basicengineering wird im Detailengineering für die Gesamtanlage die detaillierte Aufgabenstellung für die Ausführung der Ausrüstung, nach Fachgebieten getrennt, erarbeitet. Dem Detailengineering kommt damit entscheidende Bedeutung für die Wirtschaftlichkeit einer Auftragsabwicklung zu. In dieser Engineeringphase ist der größte Aufwand an Ingenieur- und Konstruktionsstunden erforderlich.

Die Erfahrung hat gezeigt, daß eine möglicherweise kostengünstigere Hardware-Beschaffung häufig mit eigener aufwendiger Software-Erstellung verbunden ist. Ingenieuranlagenbauer müssen ständig zwischen diesen Aspekten abwägen. Hat es sich in der Vergangenheit bewährt, die Werkstattzeichnungen, nach denen Ausrüstungsteile gefertigt werden, im eigenen Hause zu erstellen, geht man nun, angesichts knapper Erlöse, vermehrt dazu über, nur noch durch Spezialisten sozusagen ein Basicengineering des Fachgebietes zu erstellen und die weitere Detaillierung nach außen zu vergeben. Der Spezialist nimmt die geleistete Arbeit entgegen, prüft diese und leitet sie zur Durchführung von Anfragen an die Materialwirtschaft weiter. Er assistiert bei Vergabegesprächen, steht bei der Auftragsabwicklung des Lieferanten für technische Rückfragen zur Verfügung und kann auch Abnahmeaufgaben übernehmen, insbesondere wenn damit Funktionsprüfungen verbunden sind. Es war vor einigen Jahren ausreichend, alle anliegenden Erledigungen der Elektro-, Steuer-, Meß- und Regeltechnik (EMR-Technik) z. B. durch nur einen Ingenieur zu betreuen.

Dies hat sich in den letzten Jahren verändert. Die zunehmende Bedeutung der prozeßtechnischen Steuerung und Automatisierung hat dazu geführt, daß mittlerweile eine Gruppe von Ingenieuren das Fachgebiet EMR-Technik bearbeitet; dagegen ist der Umfang an im eigenen Haus erstellten Konstruktionen und damit auch der Stab an dafür erforderlichen Mitarbeitern vielfach zurückgegangen.

4.4.1.3 Engineering-Umfänge

Die im Rahmen des Basicengineering durchgeführte Analyse der erforderlichen Liefer- und Leistungsumfänge zur Einhaltung der abgestimmten Garantiewerte fördert nicht selten manche Diskrepanz zwischen Vereinbartem und Realisierbarem zu Tage, die dem Auftragnehmer Zusatzlieferungen abverlangen können und in der mitlaufenden Kalkulation zu berücksichtigen sind.

Das Detailengineering hat vielen Ansprüchen zu genügen.

Es muß

– normengerecht
– fertigungsgerecht
– transportgerecht
– montagegerecht
– funktionsgerecht
– wartungsgerecht

ausgeführt werden. Es ist ein großes Erfahrungswissen aller Beteiligten notwendig, um diese Ansprüche im Detail zu realisieren. Um das aufzubauen müssen mehr positive und negative Inbetriebnahmeerfahrungen ins Unternehmen zurückgelangen.

Die Phase des Detailingeneerings ist erst mit der Anlagenübergabe beendet, mit der Überreichung der Dokumentation „As built" an den Betreiber. Darin sind alle Abweichungen (fertigungsbedingte, montage- und inbetriebnahmebedingte) enthalten. Eine solche Dokumentation bringt den Vorteil, für ähnliche Anlagenausführungen erprobte Referenzen zur Hand zu haben und zur Angebotserstellung realistischere Modullisten erzeugen zu können. Wird während einer Abwicklung zu individuell, zu wenig standardisiert gearbeitet, liegt hier oft der Grund für überhöhte Stundenaufwendungen oder Nachlaufkosten.

4.4.2 Lokales Engineering im internationalen Anlagengeschäft

4.4.2.1 Lokale Beschaffung

Die Beschaffung von Anlagenkomponenten auf dem internationalen Markt hat in den letzten Jahren an Bedeutung gewonnen.

Die Gründe dafür sind verschiedener Art:

– Gegengeschäftsverpflichtungen
– Kundenvorschriften
– Staatliche Auflagen
– Internationaler Wettbewerb.

4.4.2.2 Lokales Engineering

Der Software-Export beschränkt sich zunehmend auf das Weitergeben von Basicengineering an ausländische Kunden oder Partner, die damit selbständig das weitere Engineering und die Anlagenabwicklung bis zur Inbetriebnahme durchführen.

4.4.3 Probleme des Engineering-Exportes

Das Erarbeiten von Spezifikationen, Dokumentationen und Zeichnungen zur Weitergabe an ausländische Kunden, Partner oder Unterlieferanten zu deren weiterer Veranlassung bedeutet für die zuständigen Techniker, Konstrukteure und Ingenieure ein Umdenken in vielfacher Hinsicht.

Neue Anforderungen werden an die Abwicklung gestellt, die sachliche Erledigung einer Engineeringaufgabe ist nur noch ein Teil der Problemlösung. Andere Bedingungen treten in den Vordergrund, die ausschlaggebend für den Erfolg werden können.

Hierzu gehören:

– Kommunikationsproblematik:
  Von unbedingtem Vorteil ist es, vor Ort über fachkundige Vertretungen oder sogar lokale Niederlassungen zu verfügen, die Hilfestellungen geben können.

- Internationale Normen und Richtlinien
- Qualität des lokalen Engineering und der Fertigung
- Kosteneinfluß.

Der Software-Export ist oft mit hohen Begleitkosten verbunden. Die Kosten der Entsendung von Fachleuten in Länder Südamerikas oder Südostasiens lassen sich nur rechtfertigen, wenn die Beschaffungssituationen im Zielland wesentlich günstiger sind. Weitere Entsendungen, bis hin zur Abnahme, können notwendig werden und anfängliche Preisvorteile in Nachteile umwandeln.

4.5 Beschaffung von Ausrüstungsteilen und Leistungen im Anlagengeschäft; Auswahl von Lieferanten

4.5.1 Die Bedeutung der Beschaffung

Neben der Planung, Konstruktion und Montage ist das Beschaffen von Ausrüstungsteilen und Dienstleistungen ein wesentlicher Teil in der Auftragsabwicklung eines Projektes. Sehr häufig wird dieser wichtige Teil im Arbeitsumfang unterschätzt, da man unterstellt, es handele sich größtenteils um Routinearbeiten zu Bestellvorgängen.

Die richtige und rechtzeitige Auswahl von geeigneten Zulieferern bestimmt z. T. den Erfolg eines Projektes. Die Unternehmen haben wesentliche Vorteile, wenn sie auf diesem Gebiet Mitarbeiter mit großem Fachwissen und Erfahrungen besitzen, und jeder Projektleiter ist gut beraten, wenn er dem Bereich der Beschaffung hohe Aufmerksamkeit schenkt.

Mit der zunehmenden Größenordnung der heute gebauten Anlagen ist auch der Umfang der Beschaffung gewachsen und komplizierter geworden, da Anlagen in fernen Ländern gebaut werden und dabei oft lokale Fertigungswerkstätten und ungewohnte Bedingungen im Lande berücksichtigt werden müssen. Dies stellt an das Personal, welches mit der Beschaffung betraut ist, erhebliche Anforderungen, zumindest bezüglich Flexibilität und Mentalitätsverständnis im Umgang mit Menschen aus anderen Ländern. Nur dafür qualifiziertes Personal kann dieser Herausforderung gerecht werden.

Wie ist Beschaffung in die Auftragsabwicklung einzuordnen? Die großen Ingenieurunternehmen, die im Anlagengeschäft tätig sind, haben festgestellt, daß der Aufwand für die Beschaffung etwa 4 bis 5% des Wertes aller Ausrüstungsteile ausmacht. Demgegenüber kann dieser Wert bis zu 6 oder 7% anwachsen, wenn Anlagen in technisch weniger entwickelten Ländern zugekauft werden, weil dort der Verwaltungsaufwand erheblich höher wird und es viel Energie, Geduld und persönlichen Einsatz erfordert, um gesetzte Ziele zu erreichen. Man denke hierbei nur an Zollformalitäten und immer wieder geänderte Einfuhrbestimmungen.

Hoher Aufwand ist u.a. dadurch zu erklären, daß Beschaffungsvorgänge in ganz verschiedenen Bereichen, wie Einkauf, Fertigungsüberwachung, Terminverfolgung, Prüfungen, Abnahme, Verpackung, Transport, Verschiffung und Zollformalitäten stattfinden.

Die Verantwortung für die Beschaffung beginnt mit der Auswahl von Lieferanten und endet mit der rechtzeitigen und fachgerechten Anlieferung auf der Baustelle oder Beendigung der geforderten Leistung.

4.5.2 Umfang und Ablauf der Beschaffung

Es ist verständlich, daß man im allgemeinen mit dem Wort Beschaffung sofort an Einkauf oder Bestellung denkt. In der Tat ist die Bestellung ein zentrales Ereignis im Ablauf des gesamten Beschaffungsvorganges.

Der Aufwand, der für all die Aktivitäten, die letztendlich in eine Bestellung münden, vorausgeht, ist fast gleichgroß wie der, der nach der Ausfertigung des Bestellschreibens zu erledigen ist.

Mit der Erteilung eines Auftrages an einen Lieferanten und der Akzeptanz des Bestellschreibens durch den Lieferanten ist ein vertragliches Verhältnis entstanden, das beide Partner über einen längeren Zeitraum miteinander verbindet. Beide haben Rechte, aber auch Pflichten, und nur wenn diese erfüllt werden, kann ein gutes Ergebnis erwartet werden.

Die gesamte Korrespondenz der Partner während der Vertragslaufzeit bis hin zum Lieferzeitpunkt und darüber hinaus bis zum Ablauf des Zeitraumes der Gewährleistungsverpflichtung muß sorgfältig verwahrt werden. Die Registraturen der Unternehmen sind hierauf einzurichten.

Demgegenüber ist verständlich, daß z.B. Angebote von Mitbewerbern nur so lange verwahrt werden, bis eine Entscheidung zur Auftragserteilung gefallen ist. Der Umfang von Akten wird damit überschaubar gehalten.

Interessanterweise läßt sich auch hier wieder der zentrale Punkt „Bestellung" im Ablauf der Beschaffung finden.

Bild 33 zeigt eine Übersicht zu den Arbeitsvorgängen im Beschaffungswesen.

Im folgenden werden die Vorgänge, die zu einer Bestellung führen, beschrieben und im Anschluß daran die Schritte, die während des Ablaufes eines Bestell- oder Liefervorganges anfallen. Der erste Zeitraum wird mit „Einkauf" der zweite mit „Fertigung und Lieferung" bezeichnet.

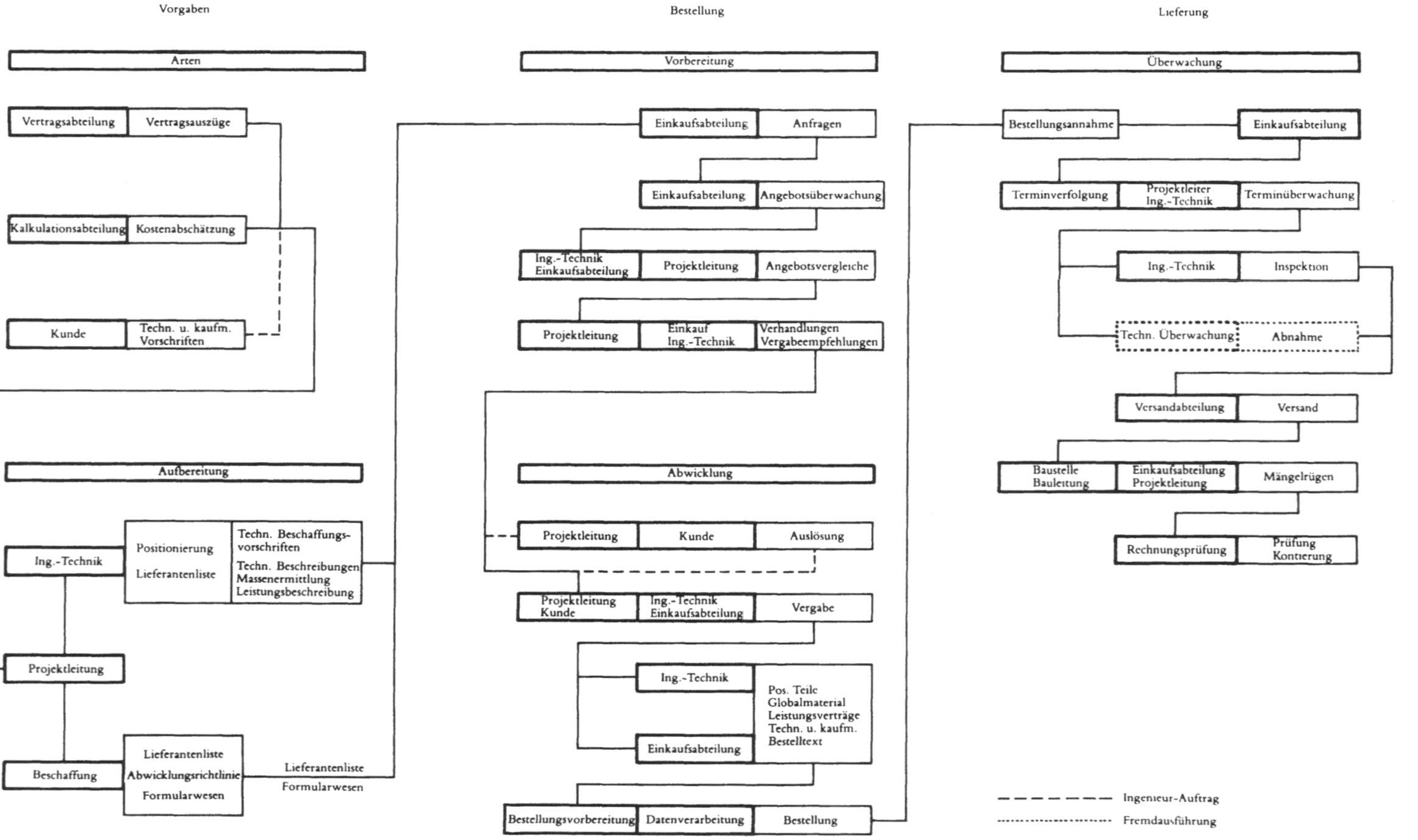

Bild 33: Übersicht der Arbeitsvorgänge im Beschaffungswesen

4.5.2.1 Der Einkauf

4.5.2.1.1 Allgemeine Einkaufsbedingungen

Bevor jede Aktivität des Einkaufes beginnen kann, sind allgemeine Einkaufs- und
Lieferbedingungen festzulegen. Hier werden die Grundregeln bestimmt, die einer-
seits mit dem Außenvertrag und zum anderen mit besonderen Wünschen und
Forderungen des Kunden im Einklang stehen müssen.

Diese Grundlagen sehen z. B. weltweiten Einkauf oder prinzipielle Beschaffungsmo-
dalitäten vor. Auch das Formularwesen ist gemeinsam festzulegen. Die Einkaufs-
und Abwicklungsprozeduren, bis hin zum Zahlungsdienst, werden entsprechend
den Vertragsbedingungen fixiert.

Bei Großprojekten ist es oft üblich, daß die Beschaffung auch durch Firmenniederner-
lassungen in anderen Ländern oder auch gemeinsam mit der Einkaufsgruppe des
Kunden durchzuführen ist. Besonders in solchen komplexen Fällen ist es wichtig, die
allgemeinen Einkaufs- und Lieferbedingungen oder Abwicklungsbedingungen frühzeitig festzulegen, abzustimmen und zu verabschieden, damit die verschiedenen
Aktionskreise von einheitlichen Basisinformationen ausgehen. Besonders hervorzuheben ist in diesem Zusammenhang die eindeutige Festlegung des Informationsflus-
ses, so daß alle Beteiligten immer und zu aktuellem Stand die erforderlichen Informationen erhalten. Es hat sich bewährt, in solchen allgemeinen Einkaufsvorschriften
einen Verteilerschlüssel einzuarbeiten, nach dem während der gesamten Laufzeit
eines Projektes Kopien zu verteilen sind.

Bei Festlegungen mit den Kunden darf die eigene Unternehmensorganisation nicht
vergessen werden, denn die Mitarbeiter in den technischen und kaufmännischen
Abteilungen sind mit bestimmten Arbeitsabläufen vertraut. Gewohnte, reibungs-
freie Abläufe in einem Unternehmen können gestört werden, wenn bekannte und
sinnvolle Vorgänge plötzlich keine Gültigkeit mehr haben.

Entscheidungen, die im Zusammenhang mit anfallenden Kosten stehen, dürfen nur
dort getroffen werden, wo auch die Verantwortung für die Gesamtkosten liegt. An
einer solchen Basis darf nicht gerüttelt werden, auch wenn ein Kunde stark drängt
und seine eigenen Vorstellungen durchsetzen möchte.

4.5.2.1.2 Lieferantenliste

Hat ein Kunde gewisse Vorstellungen bezüglich Auswahl von Zulieferanten für
Ausrüstungsteile einer Anlage oder für Betriebsmittel und Verbrauchsmaterialien, so
nehmen Unternehmen, die aus der Produktionspalette des Kunden Produkte kaufen,
eine bevorzugte Stellung ein. Lokale Unternehmen genießen ebenso Präferenz, weil
sie später zu Wartungsarbeiten für das Werk herangezogen werden können. Wird ein
Gesamtprojekt finanziert, so sind Ausrüstungsteile bevorzugt aus dem Lande des
kreditgebenden Institutes zu beschaffen.

Besondere Schwierigkeiten entstehen dann, wenn aus Einflußkriterien der Finanzierung die Ausrüstungsteile aus Ländern mit nicht transferierbarer Währung zu beschaffen sind.

Solche und andere Überlegungen grenzen den Kreis der in Frage kommenden Zulieferanten erheblich ein. Bei größeren Projekten hat sich daher die Erstellung einer Lieferantenliste bewährt. Diese Liste enthält die Firmen und Adressen der Unternehmen, die für die Lieferung bestimmter Ausrüstungsteile in Frage kommen. Sie ist geordnet nach Zulieferanten für

- den Maschinenbau
- den Apparatebau
- Geräte für Meß- und Regeltechnik
- Rohrleitungstechnik und ähnliches,

aber auch nach Unternehmen, die für den Bau und die Montage dieser Ausrüstungsteile in Frage kommen. Bei Teilen aus hochlegierten Materialien kommen naturgemäß nur qualifizierte Zulieferer in Frage. Bei Pumpen, auch bei Meßgeräten, muß unbedingt berücksichtigt werden, von welchem Fabrikat Teile in der Anlage bereits existieren, um damit die Ersatzteilhaltung abzusichern.

Bei weltweitem Einkauf ist es ratsam darauf zu achten, in welchem politischen Verhältnis das Land des Lieferanten eines Ausrüstungsteiles zum Land, in dem die Anlage errichtet wird, steht.

Wird nun durch vorgenannte Gegebenheiten der Kreis der Anbieter eingeschränkt, so muß trotz allem die Anzahl der Unternehmen, die für bestimmte Teile anbieten, so groß sein, daß der Wettbewerb erhalten bleibt. Eine brauchbare Lieferantenliste zu erstellen setzt demnach große Erfahrung voraus.

Unternehmen, die hierfür EDV einsetzen und insbesondere mit Datenbanken im Bereich der Beschaffung arbeiten, haben die Zulieferanten mit Firma und Anschriften registriert, evtl. sind auch Fertigungsmöglichkeiten und Kapazitäten gespeichert, sowie Erfahrungen aus bereits praktizierter Zusammenarbeit.

Schwierig wird die Situation, wenn man in Ländern, mit denen man noch keine Erfahrungen sammeln konnte, arbeiten muß. Hier sind eigene Niederlassungen oder Vertretungen von großem Vorteil. Auch die Industrie- und Handelskammern können zu Auskünften herangezogen werden.

Informationsreisen „vor Ort" führen zu guten Erkenntnissen, weil die lokalen Hersteller die landeseigenen Vorschriften besser kennen, und man diese u. U. noch rechtzeitig berücksichtigen kann. Auch wenn die Erkenntnisse aus Informationsreisen negativer Art sein sollten, werden auf diese Art und Weise Risiken erkannt und unnötige Kosten und Zeitaufwand vermieden. Der Kontakt im Fremdmarkt hilft auch bei den Formalitäten mit Prüf- und Abnahmebehörden oder auch bei der Firmenregistrierung.

Richtige Untersuchungen im frühen Stadium eines Auftrages – bei der Erstellung der Lieferantenliste – können zu Erkenntnissen führen, die weitreichende Auswirkungen auf Gesamtkosten, Terminsicherheit und Risikobeurteilung beinhalten.

Lieferantenlisten haben vertraulichen Charakter und sind in der Regel deshalb auch unternehmensintern nur einem kleinen Kreis von beteiligten Mitarbeitern zugänglich.

4.5.2.1.3 Anfragen

Die Auswahl der Zulieferer, die zur Angebotsabgabe aufgefordert werden, muß gemeinsam zwischen technischem und kaufmännischem Sachbearbeiter erfolgen. Die Anzahl der möglichen Zulieferer darf nicht zu groß gewählt werden. Im allgemeinen genügen für den Wettbewerb (als Erfahrungswert) 5 Lieferanten. Es muß hier bedacht werden, daß die Erstellung von Angeboten auf der Grundlage einer gewissenhaften Kalkulation die Unternehmen sehr belastet. Dies ist ein Kostenfaktor, der mit den Preisen für Ausrüstungsteile wieder ausgeglichen werden muß.

Grundsätzlich gilt, daß ein Angebot nur so gut sein kann wie der Informationsgehalt der Anfrage. Einerseits muß in den Anfrageunterlagen des technischen und kaufmännischen Teiles alles das enthalten sein, was Kosten und Termine beeinflußt, andererseits dürfen die Anfrageunterlagen nicht zu umfangreich sein, da sie sonst vom Bearbeiter nicht mehr bewältigt werden können.

Prüf- und Abnahmeinstitutionen, die in den Fertigungsablauf eingreifen, müssen genannt werden. Angaben zur Erstellung der Dokumentation in mehrfacher Ausfertigung gehören ebenfalls dazu. Insbesondere sind Angaben zu machen, die für behördliche Genehmigungen oder für Finanzierungsinstitutionen benötigt werden. Deutlich herauszustellen ist, daß für die Einfuhr in technisch weniger entwickelte Länder außergewöhnliche Formalitäten zu erledigen sind, die großen Papieraufwand erfordern. Das kann eine erhebliche Kostenbelastung für den Lieferanten bedeuten, gerade dann, wenn der Verkaufswert verhältnismäßig niedrig liegt, weil der Aufwand an Papier gleich hoch ist, wenn es sich um wertmäßig große Lieferungen oder nur um Teilelieferungen handelt.

Es genügt nicht, in der Anfrage anzugeben „Verpackung für Export". Die Anfrage muß klar fixieren, für welchen Zweck die Verpackung geeignet sein muß. Unzureichende Verpackung führt zu Schädigungen während des Transportes oder des Umladens im Hafen. Auch die Lagerung auf der Baustelle im Freien bei außergewöhnlichen Witterungsverhältnissen muß bekannt sein. Sollen Maschinen längere Zeit vor der Inbetriebsetzung gelagert werden, so sind diese zu konservieren. Konservierungsmittel sind deshalb auch kostenmäßig zu erfassen. Falls der Kunde erwartet, daß für die Montage Reserve an Schrauben, Muttern, Unterlegscheiben oder anderen Kleinmaterialien benötigt werden oder auch für Druckproben ausreichende zusätzliche Dichtungen zur Verfügung stehen, so muß auch dies in der Anfrage angegeben werden.

4.5.2.1.4 Angebotsvergleich

Jeder Angebotsvergleich soll sinnvollerweise mit einem technischen Vergleich beginnen. Scheidet ein Anbieter bereits bei der technischen Prüfung aus, kann dies auch durch einen äußerst günstigen Preis nicht verhindert werden, da ansonsten u. U. die Abnahme einer Gesamtanlage gefährdet werden würde.

Bei weltweitem Einkauf ist zu berücksichtigen, daß bei Anbietern aus fernen Ländern Kosten für Terminverfolgung und Inspektionsreisen anfallen. Selbstverständlich erhöhen auch längere Transportwege den Endpreis.

Bei Maschinen wird heute auch der Verbrauch an elektrischer Leistung beim Vergleich berücksichtigt. Die Kosten für den Energieverbrauch über einen Zeitraum von zwei Jahren sind dem Verkaufspreis hinzuzurechnen. Hat der Kunde jedoch bereits Maschinen eines anderen Fabrikates in größerem Umfange im Werk eingesetzt, so kann die Lagerhaltung an Ersatzteilen auch hier Bedeutung gewinnen, wenn nicht Qualitäts- und Zuverlässigkeitsvorteile eines anderen Produktes überwiegen.

Bei Maschinen ist außerdem zu berücksichtigen, daß die Entsendung von Experten für den Endmontagezeitraum und für die Inbetriebnahme sehr unterschiedliche Kosten verursachen und auch dabei die Entfernung zum Aufstellungsort ausschlaggebend sein kann.

Der technische Vergleich enthält auch den Vergleich der Lieferzeiten und setzt diese in bezug zur Gesamtterminsituation für den Bau einer Anlage.

Der kaufmännische Vergleich schließt keinesfalls mit dem Preis ab Werk ab, sondern berücksichtigt besonders die Kosten für Verpackung, Konservierung, Kennzeichnung, Zahlungsbedingungen, Gewährleistungsfristen u. a. Die Frachtkosten weichen sehr oft erheblich voneinander ab und sind deshalb separat zu vergleichen, ebenso die Transportversicherung.

Bei weltweitem Einkauf sind die verschiedenen Währungen zu berücksichtigen und gleichzeitig die Preissteigerungen in den verschiedenen Ländern. Grundsätzlich ist ein Festpreis auf DM- (oder Dollar-) Basis vorzuziehen.

Können Lieferanten darauf hinweisen, daß im Erstellungsland der Anlage Niederlassungen existieren, die auch während der Montage Überwachungsfunktionen und nach Übergabe der Anlage Wartungsdienste übernehmen können, so ist dies ein weiterer Pluspunkt, der unbedingt im Vergleich zu berücksichtigen ist.

Ein sorgfältig durchgeführter Angebotsvergleich fordert erhebliche Recherchen, Rückfragen bei den Anbietern, womit zwangsläufig großer Zeitaufwand verbunden ist.

Bei Angebotsvergleichen von Leistungsaufträgen für Bau- und Montagearbeiten werden die Bedingungen noch komplexer, da besondere örtliche Bedingungen eine große Rolle spielen und großes Einfühlungsvermögen in die gegebene Situation auf beiden Seiten voraussetzt. Im allgemeinen sind für diese Vergleiche zusätzliche Gespräche mit den Anbietern erforderlich, bevor ein Vergleich endgültig abgeschlossen werden kann. Die Erfahrung zeigt, daß bei Eingang eines Angebotes für die Montage einer großtechnischen Anlage ein Zeitraum von drei bis vier Wochen benötigt wird, bevor eine endgültige Entscheidung getroffen und damit die Auftragsdurchführung erfolgen kann. Auch hier ist es selbstverständlich, daß der Kreis der Anbieter mit Sicherheit nicht über 5 hinausgehen sollte.

Jeder Angebotsvergleich schließt mit einer Vergabeempfehlung ab. Je nach den Bedingungen des Außenvertrages entscheidet der Kunde selbst oder die Abteilung, die für die Kosten verantwortlich ist; in vielen Fällen ist dies die Projektleitung.

Liegt bei der vorgegebenen Empfehlung der Preis noch wesentlich über dem kalkulierten Wert und ist bei einer Auftragsverhandlung keine entsprechende Preisreduzierung zu erwarten, so kann der Projektleiter den Angebotsvergleich zurückweisen. Es gilt, dann zu prüfen, ob durch Alternativen, Konstruktionsänderungen, Werkstoffänderungen oder Änderungen der Betriebsbedingungen Kosten reduziert werden können. In solchen Situationen setzt das Instrument der Kostenkontrolle, bzw. der -steuerung ein.

Es besteht auch die Möglichkeit, den Anbieter zu informieren und um Alternativvorschläge zu bitten, die sich auf den Preis auswirken. U.U. erlaubt die Verlängerung der Lieferzeit dem Fertigungsbetrieb ein wirtschaftlicheres Arbeiten oder eine günstigere Vormaterialbeschaffung.

4.5.2.1.5 Bestellungen

Der eigentlichen Auftragserteilung geht üblicherweise eine Vergabeverhandlung mit einem oder mehreren Anbietern voraus. An dieser Vergabeverhandlung nehmen sowohl die technischen als auch die kaufmännischen Abteilungen teil. Erzielen beide Parteien bei Vergabeverhandlung eine Einigung, so wird danach der Auftrag mündlich erteilt. Alle vereinbarten technischen und kaufmännischen Bestellbedingungen werden in einem Verhandlungsprotokoll fixiert, welches nach Beendigung der Verhandlung von den Vertretern beider Parteien unterschrieben wird.

Die Vergabeverhandlungen sind sehr zeitraubend, da viele Details zu besprechen sind. Deshalb ist Sorgfalt zu empfehlen, da alle Änderungen oder Ergänzungen, die nach der Vergabeverhandlung auftreten, zu Nachforderungen des Lieferanten führen.

Häufig wird in Verhandlungen übersehen, eine Regelung für Nachlieferungen zu treffen, weil zu diesem Zeitpunkt kaum an die Festlegung zur Regulierung von Schäden gedacht wird. Schäden können jedoch bereits bei der Verpackung im Werk, während des Transportes, beim Verladen im Hafen, beim Abladen auf der Baustelle oder auch während der Montage auftreten.

Mit Schadensmeldungen werden auch oft von den Baustellen solche Teile, die falsch geliefert wurden, gemeldet; auch Teile, die in der Lieferung nicht enthalten waren und als Fehlmengen erfaßt werden, werden mit Schadensmeldungen erfaßt und an das Stammhaus gemeldet.

Neue Teile müssen dann schnellstens zur Baustelle transportiert werden, wobei bei nicht zu sperrigen Gütern Luftfracht ausgewählt wird. Dann beginnt die Debatte, wer welche Kosten trägt. Selbst, wenn es sich um einen Versicherungsfall handelt, kann oft nicht abgewartet werden, bis diese für den Versicherungsfall eintritt, sondern es gilt, sofort zu handeln. Das heißt in Vorlage treten für Kosten.

In jedem Fall ist eine Klärung wesentlich schneller herbeizuführen, wenn Regulierungen während der Auftragsvergabeverhandlung diskutiert und in der Bestellung festgelegt wurden. Da es sich hier um immer wiederkehrende Fälle handelt, sollte dieser Punkt im Verhandlungsprotokoll erscheinen.

In den angelsächsischen Ländern wird unmittelbar nach der mündlichen Auftragserteilung ein „letter of intent" ausgestellt. In der Bundesrepublik hat diese schriftliche Absichtserklärung nur soweit rechtsverbindlichen Charakter, wenn der Lieferant gebeten wird bis zur offiziellen Bestellung in Vorleistung zu treten und seinerseits Beschaffungen einzuleiten.

Zweckmäßiger ist es, sofort ein ausführliches Bestellschreiben auszustellen. Es erhält Rechtsverbindlichkeit, sobald es durch eine Auftragsannahmebestätigung (Auftragsbestätigung) gegengezeichnet wurde. Im allgemeinen erfolgt die erste Abschlagszahlung nach Vorliegen dieser Auftragsbestätigung.

4.5.2.1.6 Bestellschreibung im Bildschirmdialog

Vor einigen Jahren wurde bei einer Reihe von größeren Unternehmen das kaufmännische Beschaffungswesen durch das Anfrage- und Bestellschreibsystem im Bildschirmdialog mit dem Computer auf einen modernen Entwicklungsstand gebracht. Dieses System arbeitet dabei mit hoher Effizienz.

Die dazu entwickelten Rechenprogramme haben ein einheitliches Grundkonzept, können jedoch für einzelne Firmen in bezug auf Eingabe und Ausgabe der Daten, auf unterschiedliche Arbeitsmethoden oder organisatorische Gegebenheiten zugeschnitten werden. Das Auftragsgeschehen innerhalb eines Unternehmens kann zeitlich und kostenmäßig wesentlich verbessert werden, da die Daten der Anfrage- und Bestellschreibung mit anderen Datenbeständen oder Rechensystemen in vielfältige Verbindung gebracht werden können.

Viele große Firmen haben für ihr Anfrage- und Bestellschreibsystem ein automatisiertes Text-Bausteinsystem entwickelt und aufgebaut. Damit werden immer wiederkehrende Bedingungen gespeichert und bei Bedarf abgerufen. Ebenso werden die in den oben erwähnten allgemeinen Einkaufs- und Lieferbedingungen festgelegten Daten auftragsgebunden im Rechner gespeichert. Hierdurch wird erreicht, daß bestimmte Forderungen, die für einen Auftrag gelten, in jedem Bestellschreiben mit gleicher Formulierung erscheinen.

Die Programme für Anfragen oder Bestellschreiben sind so gespeichert, daß sie die Eingaben selbst überprüfen. Der Computer prüft die Dateneingabe auf Vollständigkeit, auf Gültigkeit, auf gegenseitige Kombinationen, auf richtige Schlüsselbegriffe und auf Plausibilität. Bis zu 200 Abfragen enthält das Prüfteil eines solchen Programmes, um die Richtigkeit der zu erstellenden Anfragen oder Bestellschreiben abzusichern.

Sind alle Bildinhalte fehlerfrei, so ist die Anfrage oder Bestellung zum Drucken freigegeben. Das Druckprogramm verknüpft die gespeicherten Daten mit den Stammdaten, erledigt bei Bestellungen die erforderlichen Rechenoperationen und bereitet das Ergebnis in übersichtlicher Form auf.

Anfragen oder Bestellungen können selbstverständlich in verschiedenen Sprachen ausgedruckt werden. Dabei werden die Textbausteine und Konstanten des Programmes in die entsprechende Fremdsprache umgesetzt.

Das Schema einer Bestellschreibung kann z. B. entsprechend Bild 34 gestaltet werden.

4.5.2.1.7 Nutzung gespeicherter kaufmännischer Daten

In vielen Firmen werden die Verknüpfungen zwischen Rechenprogrammen vielschichtig genutzt. Meistens werden Stammdaten auf Magnetplatten in einem zentral verwalteten Stammdatenbanksystem gespeichert. Solche Daten werden täglich aktualisiert und stehen allen Benutzern, die für einen Zugriff berechtigt sind, zur Verfügung. Aus den besprochenen Anfrage- und Bestellschreibsystemen werden die Stammdaten wie folgt weiterbenutzt.

Lieferantenverzeichnis:
Die gespeicherten Stammdaten der Lieferanten werden durch neue Daten aus gerade ausgestellten Bestellschreiben ergänzt, nach Beendigung eines Vorganges kommen weitere Erfahrungsdaten hinzu.

Auftragskostenkontrolle:
Mit dem Ausdrucken jeder Bestellung gehen alle kaufmännischen Bestellwerte direkt in die Kostenerfassung ein. Die Bestellwerte erscheinen direkt im Kostenbericht. Für jede Nachtragsbestellung gilt genau das gleiche. Der Bestellwert, der im Kostenbericht erscheint, weist dann die neue Endsumme aus. Auf diese Weise wird die Kostenentwicklung transparent gemacht, und sie ermöglicht jederzeit eine präzise Kostenanalyse und eine aktuelle Berichterstattung.

Lieferantenobligo:
Im Anlagengeschäft ist es zwingend erforderlich, sehr detaillierte Kenntnisse über Liefer- und Leistungsmöglichkeiten von Auftragnehmern zu haben. Daraus ergibt sich die Verpflichtung zu gründlicher Marktanalyse und sorgfältiger Auswahl. Anhand der Daten aus der EDV-Bestellschreibung und dem Rechnungswesen wird das

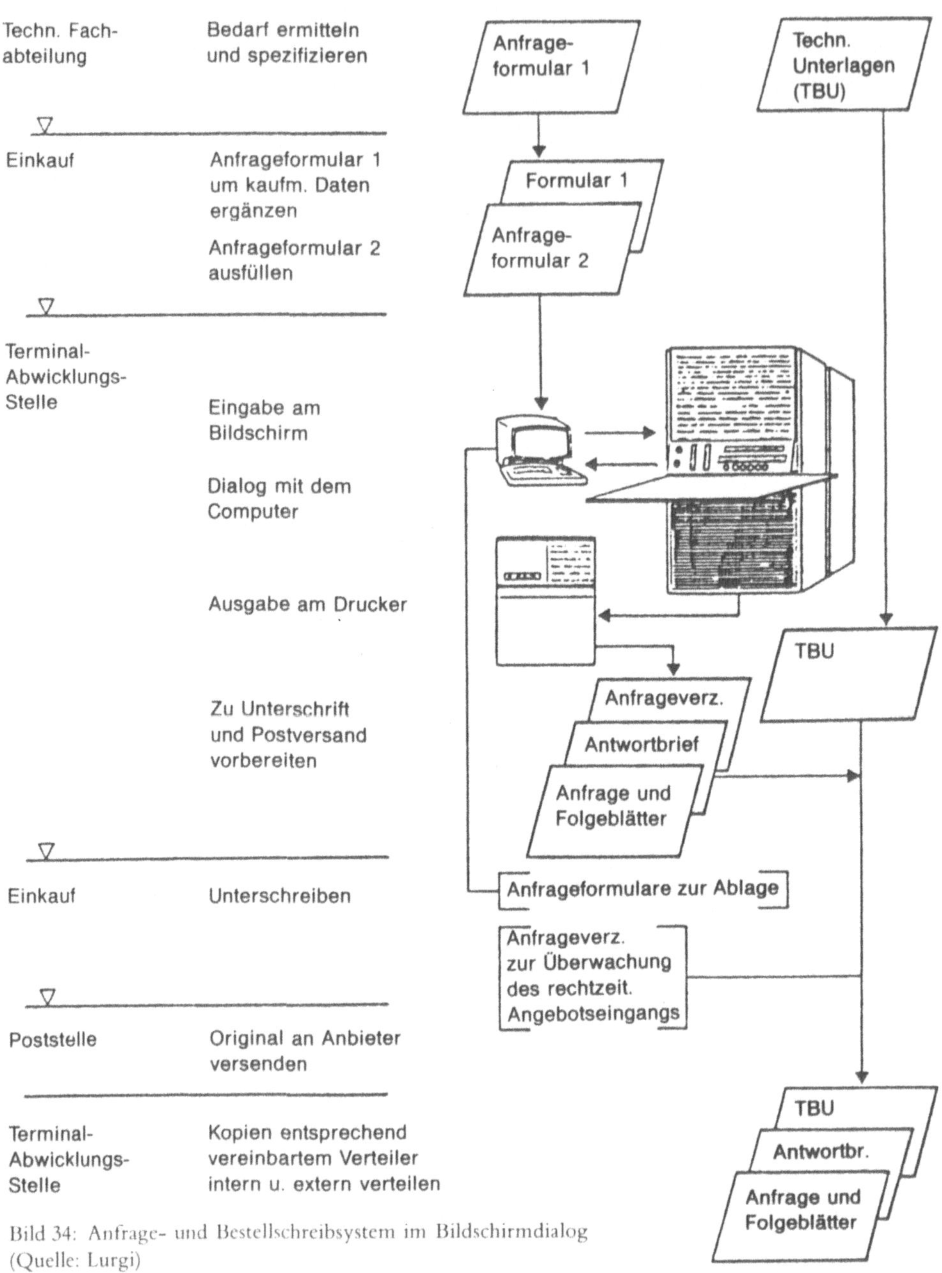

Bild 34: Anfrage- und Bestellschreibsystem im Bildschirmdialog
(Quelle: Lurgi)

Obligo aller Auftragnehmer maschinell überwacht. Der Datenbestand kann nach unterschiedlichen Kriterien sortiert werden.

Rechnungsprüfung – Zahlungsdienst:

Das Rechnungswesen eines Großbetriebes kann für die Prüfung von Rechnungen oder den Zahlungsdienst die aus der Bestellschreibung resultierenden Daten verwen-

164

den, wobei das EDV-System Anzahlungen, Abschlagszahlungen, Skonti und gegebenenfalls Vertragsstrafen berücksichtigt.

Umsatzstatistik:

Die gespeicherten Bestellwerte im Rechner erlauben es, die Daten vieler Bestellungen einzelnen Bereichen eines Betriebes zuzuordnen. Ebenso kann die Anzahl oder der Wert von Haupt- und Nachtragsbestellungen während der Laufzeit eines Auftrages ständig ermittelt werden.

Die gleiche Möglichkeit besteht, um unterschiedliche Auftragsarten über die Bestellwerte statistisch zu vergleichen.

4.5.2.1.8 Ersatzteile, Verschleißteile und Spezialwerkzeuge

Oft wird die Formulierung verwendet: „Lieferung von Ersatzteilen für zweijährigen Dauerbetrieb der Anlage". Dies ist verwirrend, da eigentlich niemand genau voraussagen kann, wann welche Teile tatsächlich gebraucht werden. Es ist in den Verträgen darauf zu achten, daß diese Formulierung nicht zu einer Verpflichtung ausgelegt werden kann. Der Abschnitt „Ersatzteile" in Angeboten und Verträgen sollte grundsätzlich mit einer Definition und den Auswahlkriterien für Ersatzteile beginnen. In Anlehnung an DIN 199, Teil 2, ist ein Ersatzteil der Sammelbegriff für alle Teile, die in Zusammenhang mit Instandhaltungsmaßnahmen die Funktion oder Vollständigkeit der Ausrüstung bewahren, bzw. wiederherstellen.

Der Ersatzteil-Erstbedarf ist der zu empfehlende Umfang an Ersatzteilen, der für einen längeren Dauerbetrieb, nach Inbetriebnehmen der Anlage, für erforderlich gehalten wird.

Für die Auswahl der Ersatzteile gelten folgende Kriterien:

- Verschleiß, Korrosion und Erosion während des Betriebes bei Auslegungsbedingungen und bestimmungsgemäßer Verwendung
- Störungen, die zum Aussetzen, bzw. der Beeinträchtigung der Funktionen einer Ausrüstung führen (d. h. Verfügbarkeit der Ausrüstung)
- Beschädigungen oder Zerstörungen eines Teiles während der Instandsetzung (Qualifikation des Personals)
- Standort der Anlage in bezug zu der Entfernung des Herstellerwerkes, bzw. Lieferanten des Ersatzteiles.

Bei der Festlegung von Vertragsterminen ist zu beachten, daß die Hersteller von Ausrüstungsteilen oft erst dann Angebote für einen Ersatzteil-Erstbedarf nennen können, wenn die Planung der Ausrüstungsteile abgeschlossen ist. Es ist deshalb außergewöhnlich schwierig, bei einem größeren Auftrag über ein schlüsselfertig zu erstellendes Werk auch noch die Ersatzteile zu definieren und in den Festpreis einzubeziehen. Andererseits gehören Ersatzteile zur Erstausrüstung eines Werkes und können deshalb nicht ohne weiteres vom Lieferumfang ausgeschlossen werden.

Zur Lieferung gehört in einem solchen Falle grundsätzlich ein Ersatzteilkatalog, der für jedes einzelne Teil alle Angaben ausweist, die ein Teil identifizieren und darüber hinaus die genaue Anschrift und ursprüngliche Bestellnummer nennt, damit der Kunde nach der Übernahme des Werkes jedes einzelne Teil direkt und selbst nachbestellen kann.

Für die Lieferzeit von Ersatzteilen gilt grundsätzlich, daß die Ersatzteil-Erstausrüstung spätestens zwei bis drei Monate vor Inbetriebnahme eines Werkes vorhanden sein soll. Es versteht sich von selbst, daß Anlagen in technisch weniger entwickelten Ländern für ihr Ersatzteillager einen höheren Aufwand betreiben müssen als Werke in hochtechnisierten Ländern. Für Anlagen aus dem petrochemischen Anlagenbau oder bei Raffinerien rechnet man heute in Europa mit etwa 4% des Gesamtmaterialwertes, während man in Ländern, in denen der Stand der Technik weniger hoch ist, etwa 8% der Gesamtmaterialkosten für die Erstausstattung mit Ersatzteilen ansetzen muß.

Von Staatshandelsländern werden, wegen langer Beschaffungswege, üblicherweise mehr Ersatzteile geordert.

4.5.3 Fertigung und Lieferung

4.5.3.1 Terminverfolgung

Die Einhaltung eines vertraglich festgelegten Endtermines zur Inbetriebnahme einer Anlage hat heute mehr denn je an Bedeutung gewonnen. In den Verträgen ist dieser Termin im allgemeinen auch mit Garantien verbunden, und die Überschreitungen werden mit Pönalen belegt.

Die Einhaltung dieses Termins ist von mehreren Faktoren abhängig; einer der wichtigsten ist die rechtzeitige Anlieferung der Ausrüstungsteile. Dies hat dazu geführt, daß das Fertigen von Apparaten und Maschinen in den Werkstätten vom Personal des Kunden oder auch der Ingenieurunternehmen intensiv verfolgt wird. Die Tätigkeit beginnt mit der Auftragserteilung an einen Hersteller und endet mit der Anlieferung der Teile auf der Baustelle. Sie bezieht sich keinesfalls nur auf die Fertigungswerkstätten, sondern umfaßt auch bereits die Anlieferung von Vormaterialien durch Unterlieferanten der Auftragnehmer für die Ausrüstungsteile.

Es wäre falsch anzunehmen, daß diese intensive Terminverfolgung in dieser Art und Weise nur dort durchgeführt wird, wo man weniger Zutrauen hat oder weniger Termintreue erwartet. Im Gegenteil, gerade in unserer hochtechnisierten Welt in Europa und Amerika hat sich die Notwendigkeit dieser Tätigkeit längst bewiesen. In den weitaus meisten Fällen beginnt ein Terminengpaß gar nicht beim Hersteller selbst sondern lediglich bei der nicht rechtzeitigen Anlieferung von Vormaterial. Ursachen sind z.B. Fertigen eines Einzelteiles ohne Berücksichtigung besonderer Prüfvorschriften. In einem solchen Fall ist das Teil zwar vorhanden, kann jedoch nicht verwendet werden. In dieser Situation ist ein Terminverfolger eines Großunternehmens aufgrund seiner übergeordneten Sicht viel eher in der Lage, Alternativen zu finden als der Einkäufer eines kleineren oder mittleren Fertigungsbetriebes.

Für den gesamten Bereich der Berichterstattung in der Terminverfolgung hat die EDV längst Eingang gefunden. Die ermittelten Daten werden ständig auf dem neuesten Stand gehalten, und alle Beteiligten können die Informationen, die sie benötigen, kurzfristig erhalten.

Treten außergewöhnliche Engpässe in der Fertigung oder Werkstoffprobleme auf, so informiert der Terminverfolger unverzüglich die zuständige technische Abteilung. Ein erfahrener Terminverfolger überwacht auch die termingerechte Zurverfügungstellung von Zeichnungen, Fertigungsablaufplänen oder Transportskizzen.

Sind Verzögerungen in der Fertigung aufgetreten, so kann der Terminverfolger entsprechende Maßnahmen fordern, um den Verzug wieder wettzumachen. Ist es notwendig, Verhandlungen mit Behörden zu führen, um eventuell Sondergenehmigungen für Feiertagsarbeit oder Genehmigung für Transporte von Schwerlasten zu erreichen, so setzt sich der Terminverfolger, gemeinsam mit den Vertretern des Herstellerwerkes, mit den zuständigen Behörden in Verbindung. Treten größere Schwierigkeiten oder Engpässe auf, so informiert der Terminverfolger direkt und unverzüglich den Verantwortlichen, in den meisten Fällen den Projektleiter. Die Information der Baustelle über die gesamte Terminsituation zur Anlieferung von Teilen, die für die Montage benötigt werden, obliegt ebenfalls den Terminverfolgern. Bei Verzögerungen in der Fertigung wird grundsätzlich die Baustelle angesprochen, um die Auswirkungen zu prüfen. Erst wenn die Baustelle keine Verzögerungen aufnehmen kann, wird der Hersteller gebeten durch Sondermaßnahmen den Zeitverzug wieder auszugleichen.

Auf einem wichtigen Sektor muß die Terminverfolgung ganz besonders herausgestellt werden, nämlich bei der Behebung von Schadensfällen. Werden Einzelteile bei Montageende oder während des Inbetriebnehmens einer Anlage benötigt, ist das Einschalten der Terminverfolger äußerst sinnvoll, da die Terminverfolger durch ihre außergewöhnlichen Kontakte mit vielen Firmen Möglichkeiten zur schnellen Regulierung viel eher erkennen können als jeder Sachbearbeiter in einer kaufmännischen oder technischen Abteilung.

4.5.3.2 Versandpapiere

Zu jeder Lieferung eines Teiles gehören vollständige Versandpapiere und nicht nur vollständige, sondern auch vollständig ausgefüllte Papiere. Dies ist eine Binsenweisheit und trotzdem kommt es vor, daß Teile bei der Einfuhr in fremde Länder vom Zoll festgehalten werden, weil die Frachtpapiere oder Versanddokumente nicht korrekt sind. Es ist nicht außergewöhnlich, daß solche Teile über Wochen oder gar Monate festgehalten werden, und dadurch die Montage auf der Baustelle erheblich behindert wird, zusätzlicher Lagerkostenanfall entsteht und unter Umständen ein Montageendtermin gefährdet wird.

Es kann deshalb nur geraten werden, so früh wie möglich bei den zuständigen Behörden vor Ort zu klären, welche Papiere wirklich benötigt werden. Dann ist dafür zu sorgen, daß mit einer gewissen Pedanterie die Papiere zusammengetragen werden (Ursprungszeugnisse, Abnahmezeugnisse etc.), um zu einer zügigen Abfertigung zu gelangen. Wird in dieser Sache nicht äußerst korrekt gearbeitet, kann hier leicht das zunichte gemacht werden, was vorher durch gute technische und kaufmännische Vorarbeit aufgebaut wurde.

4.5.3.3 Transport und Verschiffung

Nicht nur Techniker sondern auch Kaufleute behandeln oft Transport- oder Verschiffungsfragen sehr nebensächlich. Es ruft bei vielen große Überraschung hervor, wenn sie erfahren, daß die Lieferung von Ausrüstungsteilen vom Herstellerwerk bis zur Baustelle etwa 18% des Wertes dieser Teile betragen kann und in solchen Fällen, in denen die Lieferung in unzugängliche Entwicklungsländer führt, die Frachtkosten bis 25% ansteigen können. Während der Kalkulationsphase überprüft man meistens die kritischen und großen Teile, unterläßt jedoch eine Untersuchung für den Gesamtumfang der zu verbringenden Teile. Der Transport kompletter Fabrikanlagen ins Ausland ist für viele Spediteure ein Spezialgebiet. Es sollten frühzeitig mehrere Transportkonzeptionen durchgespielt werden, wobei im Empfängerland zu prüfen ist, wie die Beschaffenheit von Straßen, die Tragfähigkeit von Brücken, die Abmessungen von Tunneln oder das Gerät für die Beförderung von Einzelstücken beschaffen sind.

Die Höhe der Kosten wird etwas verständlicher, wenn man die vielfältigen Kostenarten, die für mehrstufige Auslandtransporte anfallen können bedenkt. Die nachstehende Aufzählung vermittelt einen Eindruck:

- Verladekosten im Betrieb
- Frachtkosten für den Versand zum Seehafen
- An-Bord-Bringungskosten, zu denen Umschlagsgebühren, fob-Provision, Kranbenutzungsgebühren, Kosten für Transport-Begleitpapiere, Ausfuhrzoll, Abfertigungsgebühren, Waggonstandgelder, Verschiffungsprovision, Versicherungsprämien und Nebenkosten gehören
- Seefrachtkosten
- Konsulatsgebühren
- Weiterleitungskosten im Empfängerland
- Transport- und Versicherungskosten
- Kosten für Transportschäden
- Kosten für zusätzliche Transportleistungen wegen Nichteinhaltung von Lieferterminen.

Zu den hohen Kosten, die demnach in diesem Bereich anfallen, kommt noch hinzu, daß bei unglücklicher Disposition eines Transportvorganges zusätzliche Zeit benötigt wird, die den Montageablauf auf der Baustelle immens beeinflussen kann.

168

Die Tätigkeit der Versandkaufleute beschränkt sich deshalb nicht alleine auf die Abwicklung der Transportaufträge oder den Abschluß von Frachtverträgen, sondern auch auf die Ausarbeitung eines optimalen Transportkonzeptes durch richtige Auswahl der Verkehrswege und der entsprechenden Verkehrsmittel. Die Arbeit des Versandkaufmannes beginnt schon lange bevor die Transporte selbst durchgeführt werden. Die Tätigkeit schließt die Kalkulation der Beförderungskosten und das Studium einschlägiger Zollbestimmungen ein, ebenso muß man mehr mit der Planung und der Organisation des technischen Transportablaufes vertraut sein.

Der Versandkaufmann muß die Wettbewerbsverhältnisse auf dem Frachtenmarkt kennen und durch geschickte Kombination verschiedener Möglichkeiten die günstigste Lösung für den Transport finden. Er soll umfangreiches Wissen auf den Gebieten des Zollwesens, des Konsularwesens, des Bankwesens, des Versicherungswesens besitzen. Er muß Spezialist für Verkehrswirtschaft sein und alle Vorgänge, die während der Beförderung der Güter bis zum Montageort anfallen, überschauen. Die Gesamttätigkeit ist also nicht nur mit kaufmännischen, sondern auch mit vielerlei technischen Handlungen verbunden.

4.5.4 Die Beschaffung von Dienstleistungen

4.5.4.1 Montageüberwachung

Der Hersteller von Maschinen und Ausrüstungen einer Industrie-Anlage macht i. a. die Gewährung einer Funktions- und Leistungsgarantie davon abhängig, daß deren Installation und deren Anschlüsse an das Strom-, Wasser-, Öl- bzw. Luftdrucknetz von eigenem Personal durchgeführt oder zumindest überwacht wird. Auch wenn diese Forderung nicht gestellt wird, sollte der Anlagenlieferant die Montageüberwachung von Ausrüstungen beim jeweiligen Hersteller in Auftrag geben. Das gilt natürlich nicht für jedes kleine Gerät, das man z. B. nur an eine Steckdose anzuschließen braucht. Das Personal des Herstellers sollte aber darüber hinaus auch während der Probeläufe (Kaltläufe), bei wesentlichen Teilen auch bei der Inbetriebnahme der Gesamtanlage zugegen sein, damit bei unerwarteten Störungen in kürzester Zeit Abhilfe geschaffen werden kann. Im Falle einer Montageüberwachung soll der Hersteller rechtzeitig der Projektleitung bekanntgeben, welche Hilfskräfte, z. B. Schlosser, Schweißer, Helfer usw., er auf der Baustelle benötigt und wie lange die voraussichtliche Einsatzdauer beträgt. Außerdem muß er die auf der Baustelle benötigten Montagewerkzeuge melden, damit die Projektleitung diese rechtzeitig zur Verfügung stellen kann. Spezialwerkzeuge, die der Hersteller für die Montage benötigt, müssen der Projektleitung ebenfalls so früh wie möglich bekanntgegeben werden, damit ggf. eine Importlizenz eingeholt werden kann (siehe auch Abschn. 4.9 „Montage"). Die Bestellung von Montagearbeiten muß so erfolgen, wie die ingenieurmäßige Bearbeitung fortschreitet, aber immer so, daß der jeweilige Montagebeginn auch eingehalten werden kann (siehe Bild 35).

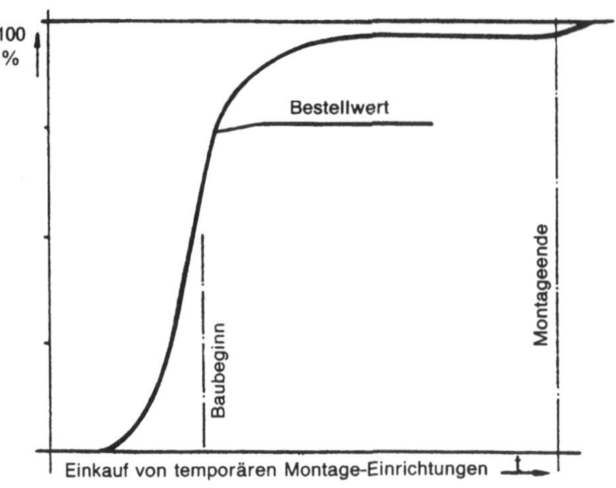

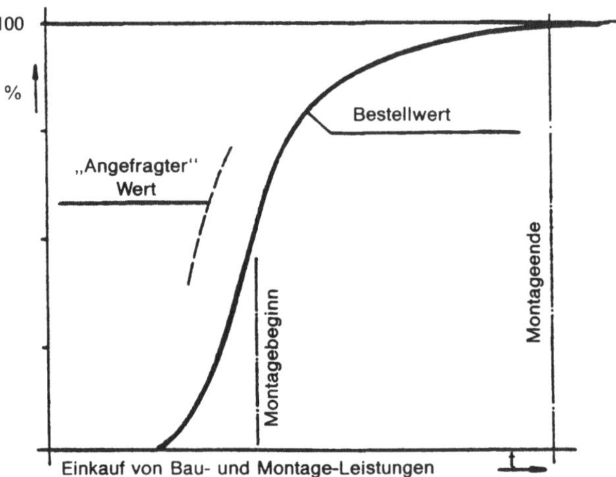

Bild 35: Einkauf von Bau- und Montageleistungen (Quelle: Lurgi)

4.5.4.2 Schulung von Kundenpersonal

In vielen Ländern, besonders aber in Entwicklungsländern, ist die Schulung von Personal des Kunden für einen Betrieb der Anlage unerläßlich. Die manchmal geäußerte Ansicht, alle Maschinen liefen heutzutage automatisch und alles sei programmiert, darf nicht dazu verleiten, eine gute Schulung als überflüssig anzusehen.

Jede Anlage verlangt auch im Zeitalter der Automation fachgerechte Bedienung und Wartung. Das gilt auch für jede Teilanlage. Es sollte daher rechtzeitig vor der Inbetriebnahme Kundenpersonal mit der Bedienung und Wartung der wichtigen

170

Anlagenteile entweder im Herstellerwerk oder in einem in Betrieb befindlichen Werk vertraut gemacht werden (siehe Kap. 5 „Schulung des Kundenpersonals"). Eine solche Maßnahme schützt den Hersteller, aber auch den Lieferanten der Gesamtanlage, besser als alle schriftlichen Betriebs- und Wartungsanweisungen, vor oft ungerechtfertigten Reklamationen. Unter Umständen genügt es jedoch auch, Kundenpersonal, das bei der Installation der Maschinen oder Ausrüstungen mitwirkt, während der Montage und Inbetriebnahme einzuweisen und diese später als Betriebspersonal einzusetzen. Die Hersteller der Anlagenkomponenten kennen am besten die kritischen Funktionen ihres Lieferanteils. Der Anlagenlieferant muß sichergehen, daß gerade in diesen Bereichen intensiv geschult wird.

4.5.4.3 Dokumentation

Zu jeder Maschine oder Ausrüstung gehört eine Dokumentation. Sie gibt Auskunft über die Bedienung und Wartung der Teilanlage und enthält Einzelheiten für die Durchführung von Reparaturen und Bestellungen von Ersatz- und Verschleißteilen. Diese Dokumentation kann nur vom Hersteller des betreffenden Anlagenteils erstellt werden und gehört daher zu seinem Lieferumfang. Diese Leistung sollte in die Bestellung spezifiziert mitaufgenommen werden. Die Dokumente werden zweckmäßigerweise nach erfolgter Inbetriebnahme geliefert, damit evtl. Änderungen, die während der Montage, ja sogar während der Probeläufe und der Inbetriebnahme an den Maschinen und Ausrüstungen vorgenommen wurden, berücksichtigt werden können. Die detaillierten Vorschriften zum Bedienen, Warten und Instandhalten der Anlagenteile müssen nach einheitlichem Schema aufgebaut sein (siehe Abschn. 4.8 „Dokumentation").

4.5.4.4 Versand

Der Versand von Maschinen und Ausrüstungen wird i. A. vom Anlagenlieferanten, der ja der Exporteur ist, zentral und zeitlich im Einklang mit dem Baufortschritt durchgeführt. In Ausnahmefällen, z. B. bei Nachlieferungen, kann es vorkommen, daß der Hersteller den Versand direkt durchführen soll. In der Bestellung muß dann genau angegeben werden, wie versandt werden soll: z. B. frei Baustelle oder frei Landesgrenze usw. Die Verpackung der Maschinen und Ausrüstungen sollte grundsätzlich beim und vom Hersteller erfolgen. Die Verpackungsart, z. B. seemäßige Verpackung ist vorzuschreiben (siehe Abschn. 4.7 „Transport, Verpackung, Transportversicherung").

4.6 Qualitätssicherung und Qualitätskontrolle

Im Rahmen der Auftragsabwicklung sind Arbeiten zur Sicherung und Kontrolle der Qualität für den wirtschaftlichen Erfolg des Auftrags – auch im Sinne einer Präqualifikation für Anschlußaufträge – von hoher Bedeutung.

Durchgängiges Einhalten der Qualitätsanforderungen ist vorbeugendes Handeln gegen Funktionsstörungen, Leistungseinbußen, Terminverzögerungen, Reibungsverluste, Kostenüberschreitungen und Imageverlust.

Qualitätsbewußtes Handeln gehört zu den Aufgaben aller an der Auftragsabwicklung mittelbar und unmittelbar Beteiligten. Wegen vielfältiger, abteilungsübergreifender Funktionen und wegen des nötigen Spezialwissens auf den Gebieten Qualitätssicherung, Qualitätskontrolle, Abnahmen und Abnahmeformen wird in der Praxis in den Unternehmen zusätzlich eine Stelle für diese Aufgaben eingerichtet [50].

Der mit dieser Aufgabe betraute Qualitätsingenieur muß sowohl die einschlägigen Normen, Richtlinien und Regeln der qualitätssichernden Maßnahmen als auch die Produktion und die Verfahren der Fertigung kennen. Weiterhin sind gute Kenntnisse über Meß- und Prüfverfahren vorauszusetzen, die bei den Ausrüstungsteilen die Qualität der Ausführung sicherstellen.

Hochwertige Anlagen, mit hohen wirtschaftlichen Verlusten bei Betriebsausfall, erlauben neben den erhöhten Ansprüchen der Ausgangsspezifikationen zusätzlich einen angemessenen Anteil an Investitionen für qualitätssichernde Maßnahmen zur Erhöhung der Betriebssicherheit. Es ist nur im Einzelfall möglich – und in der Regel ungenau – diesen Anteil für qualitätssichernde Maßnahmen zu bestimmen. Eine Kostenzuordnung in Relation zum Anlagenwert ist mit großen Unsicherheiten behaftet. Weiterhin ist es schwierig, die Kosten für qualitätsbewußtes Handeln der an der Auftragsabwicklung beteiligten Stellen direkt einem Auftrag zuzumessen.

Die sachlichen und personalbezogenen Prüf- und Abnahmekosten sind ein wesentlicher Bestandteil der Auftragskalkulation (vgl. Abschnitt 4.1.2.1 Kalkulation). Die Abdeckung der Prüf- und Abnahmekosten über den Gemeinkostenzuschlag hat sich im Anlagengeschäft als ungeeignet erwiesen. Es empfiehlt sich daher, auf der Grundlage einer Prüfübersicht und eines Prüf- und Abnahmeplanes (vgl. Abschnitt 4.6.2 Qualitätskontrolle) die zu erwartenden direkten Kosten je Position zu ermitteln, einschließlich der Kosten für das Übersetzen der Bestellspezifikationen und der Qualitätssicherungs-Dokumentation in die Sprache des Bestellerlandes.

Es ist ratsam, diese Kostenarten zur Kostenkontrolle in die mitlaufende Kalkulation aufzunehmen [55].

4.6.1 Qualitätssicherung

Die Aufgabe der Qualitätssicherung besteht darin, die dem Kunden vertraglich zugesagten Eigenschaften des Liefergegenstandes sicherzustellen und zugleich anteilig an der Erfüllung der unternehmensinternen Zielsetzungen zur Kostenlimitierung und Termineinhaltung mitzuwirken.

Ansatzpunkte zur Aufgabendurchführung ergeben sich z. B. aus:

- den vertraglich festgelegten Prüf- und Abnahmevereinbarungen
- den gesetzlich, behördlich oder vertraglich anzuwendenden Normen
- unternehmensindividuell definierten Qualitäts- und Normvorgaben
- Abnahme-, Prüf-, Qualitäts- und Normforderungen von in- und ausländischen Lieferanten.

Grenzen und Erfolg der Qualitätssicherung sind u. a. abhängig von:

- der Berechtigung des Fachpersonals der Qualitätssicherung, Zeiten und Orte der qualitätssichernden Maßnahmen zu bestimmen
- dem verfügbaren Instrumentarium zu Durchführung der Kontrollen und Prüfungen
- den Möglichkeiten des Einsatzes von fachlich qualifiziertem Personal
- der Einflußnahme bzw. von Kompetenzen der Leitung der Qualitätssicherung gegenüber Vertrieb, Konstruktion, Materialbeschaffung, Fertigung, Transport und Montage.

Im Norm- und Regelwesen der Bundesrepublik Deutschland waren bis vor wenigen Jahren die Arbeiten für ein einheitlich geregeltes und beschriebenes Qualitätssicherungssystem noch nicht abgeschlossen. Um unabhängig vom Stand dieser Arbeiten ein Qualitätssicherungs- und -Kontrollsystem aufzubauen, orientierten sich die deutschen Unternehmen an vorhandenen Regelwerken, z. B. den Empfehlungen „Code of Federal Regulations (CFR)" der USA, mit denen bereits gute Erfahrungen gemacht wurden.

Mit den 1987 verabschiedeten Normen DIN ISO 9000 bis 9004 liegt inzwischen für jeden eine brauchbare Grundlage für ein einheitlich zu strukturierendes QS-Handbuch vor.

Mit zunehmender Größe, Komplexität und höherem Wert von Anlagen und Anlagenteilen, verbunden mit wachsender Gefährdung von Personen und Gegenständen durch den Betrieb dieser Anlagen, steigen auch die Anforderungen – vorwiegend Arbeitsmengen und Schwierigkeitsgrad – an die Qualitätssicherung. Die Regeln, Vereinbarungen, Bestimmungen und Prüfverfahren zur Erstellung, Durchführung und Überwachung von qualitätssichernden Maßnahmen werden ständig verschärft und verfeinert.

Einerseits steigt der Aufwand für qualitätssichernde Maßnahmen, andererseits sind
Termin- und Kostenlimits einzuhalten, dabei ist die Verfügbarkeit von geeignetem
Fachpersonal für Qualitätssicherung im allgemeinen begrenzt. In der Theorie wird
der Stellenwert der Qualitätssicherung erkannt, aber in der Praxis nicht grundsätzlich organisiert und nicht, entsprechend dem Stellenwert, in die Unternehmensorganisation eingeordnet; statt dessen werden fallweise andere Wege gesucht, z.B.

- Reduzierung des Umfangs an Prüfungsüberwachungen
- Übertragung von Verantwortung auf die Kontrollorgane der Lieferfirmen.

Im Zuge der Kostenminimierung für die Überwachung des geforderten auftragsbezogenen Prüfprogramms überprüfen die mit der Qualitätssicherung beauftragten
unternehmensinternen Stellen oder externe Unternehmen, welche sich auf Qualitätssicherung spezialisiert haben, zweckmäßigerweise vor Auftragsvergabe Organisation und Arbeitsweise der in Frage kommenden Lieferfirmen in sog. „Audit-Un-
tersuchungen" [49].

Die Unternehmen sind gut beraten, wenn sie in einem Handbuch die Arbeitsweise
der Qualitätssicherung darstellen. Das Handbuch kann sich z.B. an den DIN ISO-
Normen 9000 bis 9004 orientieren. Als Leitfaden für die Erstellung dieses Handbu-
ches, aufbauend auf dieser DIN ISO-Norm, sei auf eine VDMA-Veröffentlichung
von Rolf G. R. Schwenke „Qualitätssicherungs-Handbuch" erschienen im Maschi-
nenbau-Verlag, 6000 Frankfurt 71 hingewiesen. Dieses Handbuch, zweckmäßigerweise in Loseblattform zusammengestellt, sollte ständig aktualisiert werden und im
wesentlichen Aussagen zu folgenden Punkten machen:

- Zweck
- Anwendungsform
- Managementaufgaben
- Qualitätssicherungssystem
- Vertragsprüfung
- Entwicklung und Konstruktion
- Dokumentation
- Materialbeschaffung
- Prüfung beigestellter Produkte von Auftraggebern
- Kennzeichnung der Dokumente zur Rückverfolgbarkeit
- Produktion
- Qualitätsprüfung
- Prüfmittelüberwachung
- Prüfzustand
- Behandlung fehlerhafter Einheiten
- Korrekturmaßnahmen
- Umgang mit Produkten, Lagerung, Verpackung, Versand

- Qualitätsaufzeichnungen
- Qualitätsaudits
- Schulung
- Kundendienst
- Statistische Verfahren.

Beim Aufbau eines Qualitätssicherungs-Handbuchs sollte beachtet werden, daß es in Gliederung, Form und Inhalt auch auszugsweise Ansprüchen genügt, die in der Angebots-/Ausschreibungsphase für Neuaufträge gestellt werden. Ein gutes Qualitätssicherungs-Handbuch ist nicht nur ein unverzichtbares Dokument, um durch sorgfältige Beachtung der auferlegten Maßnahmen ein Produkt spezifikationsgetreu und weitgehend fehlerfrei herzustellen, sondern es kann auch zur Präsentation und Selbstdarstellung bei Präqualifikationsverfahren verwendet werden.

4.6.2 Qualitätskontrolle

Bereits im Angebotsstadium sind zur Klärung der technischen Realisierbarkeit und zu Kalkulationszwecken die der Anfrage bzw. Ausschreibung zugrundeliegenden Richtlinien über Prüfungen und Abnahmen mit den unternehmensinternen Vorgaben zur Qualitätskontrolle zu vergleichen.

Die Anforderungen an Eigenschaften von Produkten, Anlagen und Dienstleistungen werden bestimmt durch die Einflußfaktoren:

- vertragliche Vereinbarungen mit dem Kunden
- definierter Verwendungszweck
- Stand der Technik
- gesetzliche Vorschriften
- Sicherheitsauflagen
- Normen und Regelwerke

Im Auftragsfall wird als erster Arbeitsschritt eine auftragsgebundene Prüfübersicht (PÜ) erstellt. Bei dieser Aufgabe sind obige Einflußfaktoren zu berücksichtigen. Es ist zweckmäßig, hierbei systematisch nach folgenden Kriterien vorzugehen:

- Bestimmung des Objekts der Qualitätsprüfung (Benennung, Stückzahl, Identifikation, Zeichnung, Werkstoff)
- Bestimmung des Orts der Prüfdurchführung (Unterlieferant, unternehmenseigenes Werk, Baustelle)
- Heranziehung der objektbezogenen Richtlinien, Normen, Standards
- Festlegung des Umfangs der Prüfung (Gesamtzahl oder Stichprobe)
- Art der Prüfung (z. B. Biegeversuch, Belastung, Dichtheit, Erstmuster, Funktion, Stückanalyse, Härteprüfung, Isolationsmessung, Kurzschlußmessung, Leerlaufmessung, Laufruhe, Maßprüfung, Reinheitsgrad, Probelauf, Schweißdaten,

Schwingungsmessung, Verwechselungsprüfung, Typenprüfung, Ultraschall, visuelle Prüfung, Verpackungskontrolle usw.).

Um trotz der Vielzahl von Prüfungen die Übersicht über die anstehenden Prüfvorgänge zu behalten, empfiehlt sich die Anwendung von Schlüsseln. In Bild 36 (Blatt 1) wird ein Beispiel einer auftragsgebundenen Prüfübersicht dargestellt, in dem die Art der Prüfungen und Bescheinigungen durch die Angabe von Schlüsseln für den Auftragsfall bestimmt wird.

Aufbau und Inhalte der Schlüssel gehen aus Blatt 2 und 3 von Bild 36 Prüfschlüssel-Ordnungsbegriff hervor. In die auftragsgebundene Prüfübersicht werden die Schlüssel als Aufgabenplan zur Durchführung der Qualitätskontrolle eingetragen.

Besonders zu beachten sind die im Bestellerland gültigen gesetzlichen Vorschriften im Vergleich zu den relevanten nationalen Vorschriften, z. B. der Vergleich „The ASME Boiler and Pressure Vessel Code" der USA [50] mit der Dampfkesselverordnung sowie der Druckbehälterverordnung der Bundesrepublik Deutschland. Hier treten hinsichtlich Definition, Bauprüfung, Bauüberwachung und Abnahme von Anlagenteilen erhebliche Unterschiede auf.

Der zweite Schritt der Qualitätskontrolle beginnt im allgemeinen mit der Vorprüfung. Dabei werden Pläne und Zeichnungen auf die Einhaltung gültiger Gesetze, Richtlinien und Normen überprüft. Entsprechend der Klassifizierung des jeweiligen Anlagenteils kann die Vorprüfung von einer hierfür eingerichteten Stelle

– des Herstellers oder
– einer vom Kunden beauftragten Körperschaft (z. B. dem Vd-TÜV)

vorgenommen werden. Diese Stellen geben die Fertigung dieser Ausrüstungsteile frei.

Als Vorbereitung zur Durchführung der Qualitätskontrolle während der Abfolge der Fertigungsschritte von Ausrüstungsteilen wird aus der auftragsgebundenen Prüfübersicht (PÜ) ein detaillierter Prüf- und Abnahmeplan (PAP) abgeleitet. Bei unternehmensinternen Prüfungen können auch die Inhalte der Prüfübersicht direkt in die Arbeitspläne übernommen werden. Umfang, Prüfungstermin, Haltepunkt der Fertigung, Art der Prüfung und Anwesenheit der Prüfer/Zeugen werden im PAP bestimmt und dokumentiert. Während der Prüfvorgänge wird der PAP von allen Beteiligten (Kunde, Auftragnehmer, beauftragte Überwachungsorganisation, Lieferant) als Arbeitsprogramm angesehen und das separate Ausstellen von Abnahmezertifikaten, aufgrund von Prüfungsergebnissen, im Prüf- und Abnahmeplan dokumentiert.

Bild 37 zeigt ein Beispiel eines Prüf- und Abnahmeplans.

Der Ablauf der Qualitätskontrolle während der Fertigung von Anlagenteilen kann in folgende Arbeitsschritte gegliedert werden:

- Materialprüfung:
mechanisch technologische Prüfungen (z. B. Zugfestigkeit, Biegefestigkeit, Kerb-
schlagzähigkeit, metallographische Untersuchungen, chemische Analysen.)
zerstörungsfreie Prüfungen (z. B. Dichtheitsprüfung, Abdruckprüfung, Durch-
strahlungsprüfung, Oberflächenrißprüfung, Ultraschallprüfung)
- Maßprüfungen:
Prüfungen von Abmessungen und Toleranzen während der Fertigung,
Prüfungen von Abmessungen und Toleranzen nach der Fertigung,
- Funktions- und Sicherheitsprüfungen:
Prüfungen von Anlagenkomponenten/Ausrüstungsteilen (z. B. Aufzeichnung von
Pumpen-Charakteristiken,
Leistungs- und Erwärmungsläufe elektrischer Maschinen,
Verhalten von Meß- und Regeleinrichtungen,
Schwingungsverhalten großer Rotoren,
Prüfung der Funktion der Gesamtanlage).

Die Bescheinigungen für **Material**prüfungen werden in der Bundesrepublik
Deutschland klassifiziert entsprechend DIN 50049.

Zur Durchführung von **Maß**prüfungen (Abmessungen und Toleranzen) werden
gegebenenfalls Untergruppen von Anlagenteilen im Werk des Herstellers vormon-
tiert.

Um sicherzustellen, daß die Gesamtanlage das erwartete Betriebsverhalten aufweist,
müssen zunächst Anlagenkomponenten/Ausrüstungsteile auf ihre **Funktions**-
tüchtigkeit und **Sicherheit** überprüft werden.

Nach abgeschlossener Montage und Inbetriebsetzung der Gesamtanlage erfolgen die
Funktions- und Sicherheitsprüfungen sowie der Nachweis der vertraglich zugesi-
cherten Eigenschaften der Gesamtanlage.

Nach Ablauf der Prüfprogramme mit Feststellung der gewünschten Ergebnisse
sowie Inbetriebsetzung der Anlage erfolgt in der Regel durch den Besteller die im
Sinne des Vertrags definierte vorläufige Übernahme der Anlage zum geplanten
Einsatzzweck. Endgültig übernommen wird die Gesamtanlage nach Ablauf des
zwischen Besteller und Lieferer vereinbarten Gewährleistungszeitraums. Beide
Übernahmevorgänge werden in Übernahmeprotokollen festgehalten, von den Vertragsparteien unterzeichnet, gegebenenfalls in Übernahmeabschnitten für Anlagenteile oder als komplette Übernahme für die Gesamtanlage.

4.6.3 Abnahme, Abnahmeformen

Ein vertragstypisches Merkmal ist die Festlegung, den Ablauf eines fest umrissenen
Prüfprogramms zu überwachen, indem der Besteller sich das Recht vorbehält, an
gewissen Material- und Funktionsprüfungen selbst teilzunehmen oder eine Klassifi-

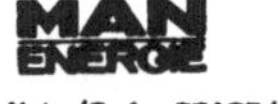

<table>
<tr><td></td><td style="text-align:center">Prüfübersicht
Test Summary</td><td>Sach-Nr./Ref.No.
F42.01405-0128</td><td>Blatt/Sheet: 1
30.10.89</td></tr>
</table>

Abt./Tel.:TTAT5/4341   Kennwort: MD-B UNIT 1 + 2   Werk-Nr.:920161 / 920181
Dept./Tel.:   Code Word: Job No.:

Ersterstellung/First Issue:31.03.89

Objekt/Job: 550 MW KONDENS.-TURB.,1-FACHE ZUE,4-GEHAEUSIG   3000 1/MIN,175BAR,535CEL

              550 MW SINGLE-REHEAT-COND. TURBINE,4-CASING   42,5/38,2BAR,535CEL

STUECKZAHL: 2

Abnahme durch/Inspection by: V G B (TECH. VEREIN. D. GROSSKRAFTWERKSBETREIBER E.V.)

LIEFERUNG F.O.B. / DELIVERY F.O.B.

        MD-B UNIT 1 : JUN.-OKT. 91   MD-B UNIT 2 : JUN.-OKT. 92

Erstellt:DEIM   Geprüft: DEIM   Endkunde:.............   Techn. Überwachungsorg.:...........
Issued: Checked: Final Customer: Inspection Authority:

Die Prüfübersicht ist vorläufig; MAN GHH behält sich Änderungen entsprechend Bestell- und Werkaufgaben vor.
This Test Summary is tentative and subject to change by MAN GHH according to orders and work orders.

     ******* Zeichenerklärung siehe Blatt 2 und 3 / For symbol legend see sheet 2 and 3 *******

Lfd. Nr. / Ser. No.	Gr. Pos. / Gr. Pos.	Benennung / Designation	Stck. / Qnty.	Zeichnungs-Nr. Werkstoff / Drawing No. Material	Art der Prüfung und Bescheinigung / Method of Inspection and Certificate	Spez. Norm / Spec. Standard	Bestell-Nr. Lieferant / Order No. Supplier
10A	1700 001	ND-LAEUFER LP-ROTOR	2	C42.17000-	W 400 WU/SV	QM 45-014	
10B	1700	PASSSCHRAUBE FITTED BOLT		F42.19395- 34 CRNIMO 6V	A 400 G/SP/H/Z/K/U A 400 MP/WD W 400 SP	QM 42-200 QM 42-200	VORRAT/STOCK
10C	1700	NUTMUTTER LOCKNUT		F42.99896- 34 CRNIMO 6V	A 400 G/SP/H/Z/K/U A 400 MP/WD W 400 SP	QM 42-200 QM 42-200	VORRAT/STOCK
10D	1700	NUTMUTTER LOCKNUT		F42.99896- 34 CRNIMO 6V	A 400 G/SP/H/Z/K/U A 400 MP/WD W 400 SP	QM 42-200 QM 42-200	VORRAT/STOCK
10E	1700	KUPPL.-SCHEIBE ND1-ND2 COUPLING DISC LP1-LP2	1	VORDREHMASSE/ ROUGH MACH. 15 MO 3N F42.19337-	A 400 G/H/Z/K/U/R/SP W 400 R(1)	QM 42-020/A QM 05-005/B	TT
		Bem./Remarks:(1)R:KANTEN *** R:EDGES					
10F	1700	KUPPL.-SCHEIBE ND2-GEN COUPLING DISC LP2-GEN	1	VORDREHMASSE/ ROUGH MACH. 15 MO 3N F42.19337-	A 400 G/H/Z/K/U/R/SP W 400 R(1)	QM 42-020/A QM 05-005/B	TT
		Bem./Remarks:(1)R:KANTEN *** R:EDGES					
* 51	2350	HD-DUESENGEHAEUSE HP-NOZZLE CHEST					
* 51A	2350 001	HD-DUESENGEHAEUSE, R.U. HP-NOZZLE CHEST, RIGHT BOTTOM	1	B42.23550-0075 G-X22CRMOV121V	A IN GR. NR. 2359 W 000 SP W 000 MP	 QM 45-005	
* 51B	2350 002	HD-DUESENGEHAEUSE, L.O. HP-NOZZLE CHEST, LEFT TOP	1	B42.23550-0076 G-X22CRMOV121V	A IN GR. NR. 2359 W 000 SP W 000 MP	 QM 45-005	
* 51C	2350 003	HD-DUESENGEHAEUSE, L.U. HP-NOZZLE CHEST, LEFT BOTTOM	1	B42.23550-0077 G-X22CRMOV121V	A IN GR. NR. 2359 W 000 SP W 000 MP	 QM 45-005	
* 51D	2350 004	HD-DUESENGEHAEUSE, R.O. HP-NOZZLE CHEST, RIGHT TOP	1	B42.23550-0078 G-X22CRMOV121V	A IN GR. NR. 2359 W 000 SP W 000 MP	 QM 45-005	

Bild 36 (Blatt 1–3): Beispiel einer auftragsgebundenen Prüfübersicht zur Planung der Qualitätskontrolle (Quelle: MAN Energie GmbH)

	Prüf- und Abnahmeplan (PAP)	Datum/Date: 23.03.90 Blatt/Sheet: 1

MAN ENERGIE

Prüf- und Abnahmeplan (PAP)
Test and Inspection Plan

Abt./Tel.: TTAT5/4341   Teil: HD-EINSTUECKWELLE
Dept./Tel.:

Part:

Datum/Date: 23.03.90 Blatt/Sheet: 1
Werk-Nr. Gruppen-Nr. Pos.-Nr. Ausg.
Job No. Group No.   Pos. No. Rev.
PAP Nr./No.: 920143 - 1339 - 001 -
Kennwort/Code Word: HEW,HKW TIEFSTACK-ERSA.

ME-Bestellnr./ME Order No.: TTA32-578642
Lieferant/Supplier: BUDERUS

Zeichn.-Nr./Drawing No.: B42.13309-0081   Werkstoff/Material: 28 CRMONIV 47V   Stück/Quantity: 1

Lfd Nr. / Ser No.	Qualitätsanforderungen Prüfungen / Quality Requirements Tests	Spezifikation Anweisung / Specification Instruction	Prüfteilnahme / Presence at Inspection				Bescheinigung an Nr. der Besch. / Certificate to Certificate No.			Bestätigung / Confirmation			
			M	T	K	X	M	T	K	M	T	K	X
	PRUEF- UND ABNAHMEPLAN ZUR TECHN. SPEZ. QM42-054/A												
1	NACHWEISE DURCH DEN LIEFERANTEN												
1A	QUALIFIKATION DER ZFP-PRUEFER	C					1X						
1B	QUALIFIKATION DER ZFP-AUFSICHT	C					1X						
1C	UEBERPRUEFUNG DER ZFP-ANWEISUNGEN	-					-			-			

M=MAN Energie   T=Techn.Überwachungsorg./Inspection Authority   K=Endkunde/Final Customer   X=

Erstellt/Issued: DEIM	MAN Energie GmbH (ME)	Techn. Überwachungs-Org./Insp. Authority	Endkunde Final Customer
Geprüft/Checked: DEIM			

Lfd Nr. / Ser No.	Qualitätsanforderungen Prüfungen / Quality Requirements Tests	Spezifikation Anweisung / Specification Instruction	Prüfteilnahme / Presence at Inspection				Bescheinigung an Nr. der Besch. / Certificate to Certificate No.			Bestätigung / Confirmation			
			M	T	K	X	M	T	K	M	T	K	X
2	PRUEFUNGEN DURCH DEN LIEFERANTEN												
3	BEARBEITUNGSZUSTAND: OHNE EINSTICHE ZWISCHEN DEN SCHEIBEN												
3A	ULTRASCHALLPRUEFUNG (PRUEFZEITPUNKT I)	H2					1X						
4	BEARBEITUNGSZUSTAND: NACH DEM VERGUETEN												
4A	ULTRASCHALLPRUEFUNG (PRUEFZEITPUNKT II)	H2					1X						

Haltepunkte / Hold Points

Prüfungstermin mitteilen. Teilnahme bzw. schriftliche Mitteilung, daß auf Teilnahme verzichtet wird, abwarten

Notify date of inspection. Wait until test witnessed or visit cancelled in writing

H1 = Prüfteilnahme, 100 %
H2 = Prüfung der Bescheinigung und stichprobenweise Prüfung des Bauteils
H3 = Prüfung der Bescheinigung vor Auslieferung des Bauteils
H4 = Prüfung der Bescheinigung über Qualifikation, Verfahren usw. vor Beginn der Fertigung bzw. Prüfung

H1 = Presence at inspection, 100 %
H2 = Examination of certificates and random tests of parts
H3 = Examination of certificates prior to delivery of parts
H4 = Examination of certificate on qualifications, methods applied, etc., before start of manufacture or test

Meldepunkte / Witness Points

Prüfungstermin mitteilen. Teilnahme bzw. schriftliche Mitteilung, daß auf Teilnahme verzichtet wird, nicht abwarten

Notify date of inspection. Do not wait until test witnessed or visit cancelled in writing

W1 = Prüfteilnahme, 100 %
W2 = Prüfteilnahme, stichprobenartig   50 %
W3 = Prüfteilnahme, stichprobenartig   %
W4 = Prüfteilnahme, stichprobenartig   %

W1 = Presence at inspection, 100 %
W2 = Presence at inspection, random insp.   50 %
W3 = Presence at inspection, random insp.   %
W4 = Presence at inspection, random insp.   %

Zusätzliche Forderungen / Additional requirements

U = Stichprobenweise Überwachung von Prüfungen, Verfahren und Fertigungsfortschritt
IP = Interne Prüfung (unterliegt keiner Abnahme)
C = Prüfung der Bescheinigung bei Besuch (keine besondere Einladung erforderlich)

U = Monitor inspections, processes and manufacturing progress
IP = Internal test only (not for external insp.)
C = Check of certificate during visit (no extra invitation required)

Bild 37: Beispiel eines Prüf- und Abnahmeplans (Quelle: MAN Energie GmbH)

179

Werk-Nr., Job No./Kennwort, Code word		

	Prüfschlüssel-Ordnungsbegriff Test Code X X X X XXX	3	Abnahmeprüfzeugnis A nach DIN 50049-3.1 A Inspection certificate A acc. to DIN 50049-3.1 A
I	Prüfdurchführung Performance	4	Abnahmeprüfzeugnis B nach DIN 50049-3.1 B Inspection certificate B acc. to DIN 50049-3.1 B
II	Bescheinigung Certificate	5	Abnahmeprüfzeugnis C nach DIN 50049-3.1 C Inspection certificate C acc. to DIN 50049-3.1 C
III	Prüfung in Anwesenheit Inspection witnessed by	6	Abnahme durch Deutsche Bundesbahn Inspection by German Federal Railway
IV	Vorlage der Bescheinigung Submission of certificate to	7	Werksprüfzeugnis nach DIN 50049-2.3 Works certificate acc. to DIN 50049-2.3
V	Prüfkurzzeichen Test/inspection symbols	8	Abnahmeprüfprotokoll A nach DIN 50049-3.2 A Inspection report A acc. to DIN 50049-3.2 A
I	Prüfdurchführung Performance of test/inspection	9	Abnahmeprüfprotokoll C nach DIN 50049-3.2 C Inspection report C acc. to DIN 50049-3.2 C
A	beim Lieferanten at supplier's	0	Nachweis Verification document
W	bei M.A.N. at M.A.N.	III	Prüfung in Anwesenheit Inspection witnessed by:
X	auf der Baustelle on site	0	Prüfung ohne zusätzliche Anwesenheit Inspection not witnessed
S	Stichprobenprüfung bei M.A.N. Random test at M.A.N.	1	der Abnahmegesellschaft Inspection authority
T	Stichprobenprüfung beim Lieferanten Random test at supplier's siehe Blatt 3 / see sheet 3	2	des Kunden Customer
Y	Stichprobenprüfung auf der Baustelle Random test on site	3	der M.A.N. M.A.N.
H	Haltepunkt Hold point	4	der Abnahmegesellschaft und des Kunden Inspection authority & customer
II	Bescheinigung Certificate	5	der Abnahmegesellschaft und der M.A.N. Inspection authority and M.A.N.
1	Werksbescheinigung nach DIN 50049-2.1 Statement of compliance acc. to DIN 50049-2.1	6	des Kunden und der M.A.N. Customer and M.A.N.
2	Werkszeugnis nach DIN 50049-2.2 Works report acc. to DIN 50049-2.2	7	d. Abnahmegesellschaft, d. Kunden u. d. M.A.N. Inspection authority, customer and M.A.N.

	Ausg. Issue						

IV	Vorlage der Bescheinigung an Submission of certificates to	BL	Belastungsprüfung Load test
0	M.A.N.	BM	Besichtigung vor der Montage Inspection prior to installation
1	Abnahmegesellschaft Inspection authority	BP	Bauprüfung n. AD-Merkblatt HP 20 In-progress inspection acc. to AD-Merkbl. HP 20
2	Kunden Customer	BS	Biegeversuch, Schweißverb. DIN 50121 Bending test on weld specimen, DIN 50121
9	M.A.N., Abteilung TTS M.A.N., Department TTS	BT	Biegetemperatur Bending temperature
V	Prüfkurzzeichen Test/Inspection symbols	BU	Bauüberwachung Erection inspection
AP	Aufpreßdruck Press-fit pressure	BV	Bördelversuch an Rohren DIN 50139 Flanging test on pipes DIN 50139
AR	Aufweitversuch an Rohren DIN 50135 Drift expanding test for tubes DIN 50135	BZ	Beizscheibenprüfung DIN 29995 Disc pickling test DIN 29995
AV	Aufweitversuch an Muttern DIN 267, Teil 21 Drift expanding test on nuts DIN 267, part 21	C	Kohlenstoff-Analyse Carbon analysis
B	Biegeversuch, Gußeisen, DIN 50110 Bending test on iron castings, DIN 50110	CP	Prüfung auf Kohlenstofffilm Inspection for carbon film
BE	Beschichtungssystem Endabnahme (Vordruck N 2301) Coating system final inspection (Form N 2301)	DA	Druckbehälter –Abnahmeprüfbescheinigung Pressure vessel – inspection certificate
BF	Besichtigung während der Fertigung Inspection during manufacture	DB	Dokumentationsbescheinigung Dokumentation certificate
BG	Beschichtungssystem Gewährleistungsflächen (Vordruck N 2298) Coating system warranty surfaces (Form N 2298)	DH	Druckbehälter-Herstellerbescheinigung Maker's certificate for pressure vessel
BK	Beurteilung u. Konstruktionsprüfung n. TRD 110 Appraisal and examination of design acc. to TRD 110	DI	Dichtheitsprüfung Leakage test
		DO	Prüfung auf Doppelung an Blechen Examination for laminations in plates

Zeichenerklärung zur Prüfübersicht
Legend to Test Summary

Werk-Nr., Job No./Kennwort, Code word

DR	Abdrückversuch DIN 50104 Hydraulic test DIN 50104	GN	Glühnachweis Heat treatment certificate
DU	Durchstrahlungsprüfung DIN 54111, Teil 1 Radiographic examination DIN 54111, part 1	GS	Stückanalyse Product analysis
		GT	Gitterschnittprüfung DIN 53151 Cross-cut test DIN 53151
ED	Elektrische Durchschlagsprüfung VDI 2539 Electric piercing test VDI 2539		
EL	Erwärmungslauf Temperature rise test	H	Härteprüfung (Verfahren offen) Hardness test (no specified method)
EM	Endmontage-Überprüfung Inspection of final assembly	HB	Härteprüfung Brinell DIN 50351 Brinell hardness test DIN 50351
EP	Erstmusterprüfung Prototype test	HP	Härtebruchprobe Case depth test specimen
ES	Überprüfung der Eigenspannung Test for residual stresses	HR	Härteprüfung Rockwell DIN 50103 Rockwell hardness test DIN 50103
EV	Eindruck nach Buchholz DIN 53153 Identation test acc. to Buchholz DIN 53153	HS	Härteprüfung an Schweißnähten Hardness test of welds
		HT	Hochspannungstest VDE 0530 High-voltage test VDE 0530
F	Faltversuch (Biegeversuch) DIN 50111 Folding (bending) test DIN 50111	HV	Härteprüfung Vickers DIN 50133 Vickers hardness test DIN 50133
FB	Fertigungsüberwachung von Beschichtungen (Vordruck N 2511) Production monitoring of coatings (Form N 2511)		
FP	Funktionsprüfung Functional test	IK	Spannungsrißkorrosionsversuch an nichtrostenden Stählen DIN 50914 Stress corrosion test of stainless steels DIN 50914
FU	Fertigungsüberwachung des Beschichtungs-untergrundes (Vordruck N 2510) Production monitoring of metal surface to be coated (Form N 2510)	IM	Isolationsmessung Insulation measurement
G	Gesamt-Analyse (Schmelzenanalyse) Full analysis (melt analysis)	K	Kerbschlagbiegeversuch DIN 50115 Notched bar impact bending test DIN 50115

<table>
<tr><td colspan="2" rowspan="2"></td><td align="center">Sach-Nr./Ref. No.</td><td></td><td></td><td></td><td></td><td></td><td colspan="2"></td></tr>
<tr><td align="center">Ausg.
Issue</td><td></td><td></td><td></td><td></td><td></td><td colspan="2"></td></tr>

<tr><td>KD</td><td>Korndurchmesser
Grain diameter</td><td colspan="2" rowspan="2">OF</td><td colspan="5">Reinheitsgrad gestrahlter Stahloberflächen
DIN 55928 Teil 4 bzw. SIS 05 59 00
Cleanliness of blast-cleaned steel surfaces
DIN 55928 T4 or SIS 05 59 00</td></tr>
<tr><td>KG</td><td>Korngröße nach ASTM E 112
Grain size acc. to ASTM E 112</td></tr>

<tr><td>KP</td><td>Kurzschlußprüfung
Short circuit test</td><td colspan="2">OV</td><td colspan="5">Oberflächenverdichtung (durch Kugelstrahlen)
Shot peening</td></tr>

<tr><td>KS</td><td>Kontrolle des Stempelbildes
Stamp inspection</td><td colspan="2" rowspan="2"></td><td colspan="5" rowspan="2"></td></tr>
<tr><td rowspan="2">KV</td><td rowspan="2">Kugeldurchlaufversuch
Ball test</td></tr>
<tr><td colspan="2">P</td><td colspan="5">Probelauf
Trial operation</td></tr>

<tr><td></td><td></td><td colspan="2">PE</td><td colspan="5">Pellini-Test ASTM E 208 bzw. SEP 1325
Pellini-test ASTM E 208 or SEP 1325</td></tr>

<tr><td>LA</td><td>Lackabdruck
Replica impression</td><td colspan="2">PP</td><td colspan="5">Probelauf mit Prüfkennlinie
Trial operation with characteristic curve</td></tr>

<tr><td>LD</td><td>Last-Drehzahl-Messung
Load speed measurement</td><td colspan="2">PT</td><td colspan="5">Magnetische Permeabilität
Magnetic permeability</td></tr>

<tr><td>LM</td><td>Leerlaufmessung
No-load test</td><td colspan="2"></td><td colspan="5"></td></tr>

<tr><td>LR</td><td>Überprüfung der Laufruhe
Vibration test</td><td colspan="2">R</td><td colspan="5">Oberflächenrißprüfung
Surface crack detection test</td></tr>

<tr><td></td><td></td><td colspan="2">RA</td><td colspan="5">Ringaufdornversuch, Rohr, DIN 50137
Ring expanding test on tubes DIN 50137</td></tr>

<tr><td>MA</td><td>Makroschliff
Macrograph</td><td colspan="2">RB</td><td colspan="5">Rückbiegeversuch
Reverse bending test</td></tr>

<tr><td>MI</td><td>Mikroschliff
Micrograph</td><td colspan="2">RF</td><td colspan="5">Ringfaltversuch, Rohr, DIN 50136
Ring flattening test, pipe DIN 50136</td></tr>

<tr><td>MK</td><td>Montagekontrolle
Inspection during assembly</td><td colspan="2">RG</td><td colspan="5">Mikroskopischer Reinheitsgrad
Microscopic examination</td></tr>

<tr><td>MP</td><td>Meßprüfung
Dimensional test</td><td colspan="2">RH</td><td colspan="5">Oberflächenrauheit
Roughness of surface</td></tr>

<tr><td>MS</td><td>Messung der Schichtdicke DIN 50982
Measurement of film thickness DIN 50982</td><td colspan="2">RK</td><td colspan="5">Reinheitskontrolle (Späne, Formsand, usw.)
Inspection for cleanliness (chips, mould sand)</td></tr>

<tr><td></td><td></td><td colspan="2">RL</td><td colspan="5">Rundlaufkontrolle
Runout test</td></tr>
</table>

Zeichenerklärung zur Prüfübersicht
Legend to Test Summary

Werk-Nr., Job No./Kennwort, Code word

RV	Ringversuch, Rohr, entspr. Abmessung Ring test on pipe (acc. to dimension)	SP	Verwechslungsprüfung Identification test
RX	Ermittlung der Relaxationseigenschaften Relaxation test	SQ	Schweißerqualifikation DIN 8560 u. DIN 8561 Welder's qualification DIN 8560 & DIN 8561
RZ	Ringzugversuch, Rohr, DIN 50138 Ring tensile, pipe, DIN 50138	ST	Setzprüfung für Federn Spring test
		SV	Schleuderversuch Overspeed test
SA	Stirnabschreckversuch, DIN 50191 Hardenability test by end quenching, DIN 50191	TP	Typenprüfung Type test
SD	Schweißdaten Welding date		
SF	Schweißverfahren Welding procedure	TV	Tiefungsversuch DIN 50101 u. DIN 50102 Cupping test DIN 50101 and DIN 50102
SK	Spannungsrißkorrosionsversuch DIN 50911 an Kupferlegierungen DIN 1785 Stress corrosion test DIN 50911 of copper alloys DIN 1785	U	Ultraschallprüfung Ultrasonic inspection
		UW	Wanddickenmessung mit Ultraschall Ultrasonic inspection of wall thickness
SL	Spannungsrißkorrosionsversuch DIN 50908 an Leichtmetallen Stress corrosion test DIN 50908 of light metals	V	Visuelle Prüfung Visual inspection
SM	Schwingungsmessung Vibration measurement	VK	Verpackungskontrolle Inspection of packing

		Sach-Nr./Ref. No.					
		Ausg. Issue					
VP	Ovalitätsprüfung Ovality test	WU	Dynamisch Wuchten Dynamic balancing
VQ	Schweißverfahren u. Schweißerqualifikation Welding procedure and welder's qualification	WZ	Warmzugprobe Hot tensile test
VZ	Verzahnungsprüfung Gear examination		
		Z	Zugversuch DIN 50 145 Tensile test DIN 50 145
WA	Warmrundlaufprobe Heat stability test	ZF	Zfp-Prüferqualifikation u. -verfahrensnachweis NDT operator qualification and procedure
WB	Werkstoffbestätigung Material certificate	ZH	Zugversuch an Hohlbohrprobe Tensile test on trepanned specimen
WD	Wärmebehandlungsdaten Heat treatment data	ZP	Zerstörungsfreie Prüfung allgemein General NDT
WI	Wirbelstromprüfung Eddy-current test	ZQ	Zfp-Prüferqualifikation NDT operator qualification
WM	Widerstandsmessung Resistance measurement	ZS	Zeitstandversuch DIN 50 118 Creep test DIN 50 118
WN	Werkstoffnachweis Verification document for material	ZV	ZfP-Verfahren NDT procedure
WP	Prüfung auf Wellenbildung (Rohrbogen) Crease test (pipe bends)		Stichprobenweise Prüfungen werden wie folgt gekennzeichnet: z. B. „R 20" bedeutet 20% Rißprüfung.
WS	Statisch Wuchten Static balancing		Random tests are marked as follows: e.g. "R 20" means 20% crack detection test.

kationsgesellschaft (z. B. den Germanischen Lloyd, Lloyds Register, Bureau Veritas, Controllco oder die Inspection Division diverser britischer oder amerikanischer Consultants) mit der Überwachung des Prüfprogramms zu beauftragen. In solchen Fällen werden die Kosten der Inspektoren in der Regel vom Kunden getragen.

Im Inland wird die Einhaltung gesetzlicher Verordnungen der Bundesrepublik Deutschland vom Vd-TÜV wahrgenommen (Druckbehälter-Abnahme, Überwachung von Hebezeugen, Kraftfahrzeugen usw.) Darüber hinaus verfügen Landesgewerbeanstalten, die Vereinigung der Großkraftwerksbetreiber (VGB) und auch die regionalen Büros der Technischen Überwachungsvereine (TÜV) über Fachpersonal, um im Auftrag von Anlagenbestellern bei Lieferfirmen die Überwachung vertraglich bestimmter Prüfprogramme vorzunehmen.

Oft überträgt der Kunde aus praktischen und wirtschaftlichen Erwägungen die Aufgabe an die Abnahmegesellschaft, in vereinbarten Zeitintervallen „Status Reports" über den Fortschritt der Arbeiten zu erstellen, die Terminverfolgung wahrzunehmen und hierüber dem Kunden zu berichten. In diesem Zusammenhang kann vertraglich vereinbart sein, daß durch die Abnahmegesellschaft auch die Versandfreigabe erfolgt, falls die Überprüfung der Qualitätssicherungsdokumente vollständig sind und bei der Verpackung die einschlägigen Richtlinien beachtet wurden.

Trotz all dieser von unabhängigen Stellen durchgeführten Prüfmaßnahmen bleibt das Risiko für die ordnungsgemäße Herstellung der Ausrüstungsteile und für die Funktion und Sicherheit der Anlagenkomponenten und der Gesamtanlage voll beim Generalunternehmer bzw. in den Unteraufträgen über die rückversichernd wirkenden Garantieklauseln voll bei den Herstellerfirmen.

4.7 Transport, Verpackung, Transportversicherung

Alle Versandmaßnahmen müssen das Ziel haben, die Ausrüstungsteile zu einem definierten Termin vor Ort vollständig verfügbar zu haben. Daher ist eine erfolgreiche Versandabwicklung (Vermeidung von Folgekosten bei nicht termingerechter Verfügbarkeit) bereits bei Vertragsschluß entsprechend vorzubereiten.

Für umfangreiche Aufträge mit einer Vielzahl von Unterlieferanten, die direkt versenden sollen, wird die sicherste Abwicklung über einen verantwortlichen Versandbeauftragten durchzuführen sein. Es kann in besonders gelagerten Fällen zweckmäßig sein, mit der Versandplanung, Verpackungs- und Versanddurchführung eine externe Firma zu beauftragen, die ggf. für den Kunden als Neutraler die Funktion eines Generalinspekteurs zusätzlich wahrnimmt, einschließlich der Kontrolle der Lieferung bei der Ankunft auf der Baustelle.

4.7.1 Transportwege

In aller Regel ist davon auszugehen, daß die Verhältnisse der Infrastruktur eines fremden Landes geklärt sein müssen. Dazu genügt es in vielen Ländern nicht, über Anfragen allgemeine Auskünfte einzuholen. Insbesondere ist auf folgendes zu achten:

- Transportwege bei Straßentransport:
  Fahrbahnen, Belastbarkeit der Straßen, Breite und Höhe von Unterführungen und Brücken, Belastbarkeit von Brücken, Verfügbarkeit geeigneter Fahrzeuge.
- Transportwege bei Zugtransport:
  Verfügbarkeit geeigneter Waggons, Breite und Gefälle der Streckenführung, Belastbarkeit von Brücken, Breite und Höhe von Unterführungen und Tunnels. Wichtig: Geeignete Vorrichtungen zum Be- und Entladen auf den Bahnhöfen sowie Zu- und Abfahrten.
- Transportwege bei Schiffstransport:
  Verfügbarkeit geeigneten Schiffraumes sowie geeigneter Be- und Entladevorrichtungen, Breite und Tiefe von Schleusen, bei Flüssen und Kanälen jahreszeitlich bedingte Wasserstände.

4.7.2 Verpackung

Grundsätzlich muß die Verpackung den Erfordernissen des Versandes entsprechen. Darüber hinaus ergeben sich Anforderungen an die Verpackung durch

- mehrfaches Umladen:
  Die Verpackung muß stabil genug sein und in ihrem Volumen dem kleinsten Umschlagsort entsprechen.
- Zwischenlagerung und Lagerung:
  Die Verpackung muß so gestaltet sein, daß sie den jeweils extremsten Bedingungen entspricht. Dazu kann Konservierung und Tropenfestigkeit erforderlich sein. Die maximale Haltbarkeit sollte vertraglich festgelegt sein, da sich sonst erhebliche Risiken ergeben können. Es ist zu berücksichtigen, daß der Lagerort, die Jahreszeit und die klimatischen Extremwerte erkannt und definiert werden müssen.

Es kann daher die kostengünstigste Abwicklung sein, den eigenen Versandverantwortlichen zur Klärung dieser Fragen in das Empfängerland zu entsenden.

Nach Abklärung der Versandbereitschaftstermine ist die Versandart und die Verpackung, entsprechend der Eigenart der Ausrüstung und ggf. unter Berücksichtigung der zu erwartenden Lagerzeiten, festzulegen.

4.7.3 Transportversicherung

Viele Länder schließen Verträge nur mit Klauseln ab, die eine angemessene Beteiligung inländischer Unternehmen absichern sollen. Die dabei entstehenden Risiken und Probleme sind als Eventualrisiko in der Regel nur durch eine entsprechende Vertragsgestaltung mit dem Kunden möglich und am günstigsten, wenn es gelingt, den Kunden als Ortskundigen vertraglich zur Mitwirkung zu verpflichten.

Die Versicherung des Transportgutes sollte durchgehend über alle Stationen und Risiken des Transportes und der Lagerung durchgeführt werden. Es ist zweckmäßig, bei Einschaltung ausländischer Versicherer im Inland – unabhängig von der allgemeinen vertraglichen Absicherung – eine Konditionendifferenzversicherung abzuschließen. Diese tritt ein, sofern die Versicherungsansprüche entsprechend dem Versicherungsvertrag im Ausland nicht durchgesetzt werden können.

4.7.4 Incoterms

Das sind Internationale Regeln für die Auslegung der handelsüblichen Vertragsformeln, veröffentlicht durch die Internationale Handelskammer, Paris (ICC).

In den definierten Klauseln sind die Punkte für Kosten- und Gefahrtragung als ein Punkt festgelegt und schaffen somit durch internationale einheitliche Anwendung Rechtssicherheit.

Die Neufassung der Incoterms 1990 soll dem steigenden Einsatz des elektronischen Datenaustausches Rechnung tragen. Dies ist von besonderer Bedeutung, wenn die Vertragsparteien im internationalen Geschäftsverkehr Dokumente, wie Handelsrechnungen, Papiere zur Zollabfertigung, zum Nachweis der Lieferung der Ware sowie Transportdokumente beschaffen müssen. Außerdem müssen elektronischer Datenaustausch und die Verwendung begebbarer Transportdokumente rechtlich durch die Incoterms erfaßt werden. Auch die veränderten Transporttechniken, insbesondere die Bildung von Ladungseinheiten in Containern, der multimodale Transport und Ro-Ro Transporte mit Lkw oder Eisenbahnwaggons über See haben eine Neufassung der Incoterms erforderlich gemacht. Die FCA-Klausel „Frei Frachtführer" (. . . benannter Ort) soll durch die Neufassung einfacher anzuwenden sein. Sie soll für jede Art von Transport oder Kombination von verschiedenen Transportarten verwendbar sein. Hierdurch kann man in der Neufassung der Incoterms 1990 auf diejenigen Klauseln verzichten, die in den früheren Texten auf den Luft- und Eisenbahntransport zugeschnitten waren (FOR/FOT und FOB Flughafen).

Die Klauseln sind in vier unterschiedliche Gruppen eingeteilt worden:

1. „E"-Klausel ab Werk (Ex works); sie erfaßt den Fall, in dem der Verkäufer dem Käufer die Ware auf seinem Gelände zur Verfügung stellt.
2. Die „F"-Klauseln (FCA, FAS und FOB); sie betreffen die Fälle in denen der Verkäufer verpflichtet ist, die Ware einem vom Käufer benannten Frachtführer zu übergeben.
3. Die „C"-Klauseln (CFR, CEF, CBT und CIP); sie regeln die Fälle, in denen der Verkäufer den Beförderungsvertrag abzuschließen hat, ohne das Risiko des Verlu-

stes oder der Beschädigung der Ware oder zusätzliche Kosten zu tragen, die auf Ereignisse nach dem Abtransport zurückzuführen sind.

4. Die „D"-Klauseln (DAF, DES, DEQ, DDU und DDP); sie gelten für Fälle, in denen der Verkäufer alle Kosten und Risiken übernimmt, bis die Ware im benannten Bestimmungsland eintrifft.

Rein äußerlich sind die Klauseln so gefaßt, daß die jeweiligen Verpflichtungen der Vertragsparteien gegenübergestellt sind. Dies soll eine schnellere Übersicht sicherstellen. Bei allen Klauseln sind die jeweiligen Verpflichtungen in derselben Reihenfolge aufgeführt. Hierbei hat man sich auf die wesentlichen Verpflichtungen beschränkt und auf Detailregelungen verzichtet.

Damit in der Praxis keine Mißverständnisse darüber entstehen, welche Fassung der Incoterms gelten soll, sollte bei der Bezugnahme in den Verträgen ausdrücklich angegeben werden, daß die Incoterms 1990 verwendet werden.

4.7.5 Ausfuhrgenehmigung/Embargobestimmungen

Für eine Vielzahl von Geräten und Bauteilen bestehen strenge Ausfuhrbestimmungen, insbesondere unter Berücksichtigung des jeweiligen Empfängerlandes. Eine eindeutige Abklärung und ggf. Einholung von Genehmigungen ist für einen ungehinderten Transport erforderlich. Es ist empfehlenswert, beim Bundesamt für gewerbliche Wirtschaft, Eschborn, rechtzeitig Klärungen herbeizuführen und erforderliche Genehmigungen zu beantragen.

4.7.6 Brüsseler Zollnomenklatur

Durch die Festlegung der Warengütergruppen und deren Benennung durch Zollnummern wird eine Zuordnung für die Tarifierung durchgeführt. Für Fehler in diesen Angaben haftet der Versendende.

Es ist zu beachten, daß für einzelne Waren unterschiedliche Zollnummern gewählt werden können; dies hat oft Bedeutung für den Zolltarif, sofern Inlandsproduktionen geschützt werden sollen.

4.7.7 Versand-/Zolldokumente

Es muß zwingend darauf geachtet werden, daß Versand- und Zolldokumente vollständig und einander entsprechend sind. Verschiedene Länder haben Ergänzungsvorschriften erlassen oder abweichende Handhabungen eingeführt. Eine Sammlung der geltenden Bestimmungen (die ständig aktualisiert wird) hat die Handelskammer Hamburg, Abteilung Außenwirtschaft, veröffentlicht: „K und M" = Konsulats- und Mustervorschriften.

4.7.8 Temporäre Entzollung (Carnet)

Bei Meßgeräten und Werkzeugen, die nur vorübergehend eingeführt werden, müssen die entsprechenden Zolldokumente bei der Ausfuhr entsprechend den Landesvorschriften wieder vorgelegt werden. Es kann für die Identifizierung durch den Zoll bei der Ausfuhr erforderlich sein, zusammengefügte Einheiten wieder zu demontieren (Einfuhr einer Vorrichtung in Einzelteilen: Bei entsprechend ausgefüllten Zolldokumenten Ausfuhr auch in Einzelteilen). Es gibt auch Länder (z. B. Libyen), die eine Ausfuhr nicht zulassen.

4.7.9 Ursprungszeugnisse

Die Ursprungszeugnisse (Bestätigung des Herstellerlandes) sagen aus, in welchem Land eine Einrichtung hergestellt wurde. Für nicht aus diesem Land stammende Teile sind für den Ursprung unschädliche Fremdquoten festgelegt. Waren mit Ursprung in der EG können zollbegünstigt in die EFTA- und AKP-Staaten sowie einige sonstige Länder eingeführt werden. In der Regel muß die Bestätigung des Ursprungs bei der Einfuhr und Entzollung vorgelegt werden. (Für die Beschaffung der erforderlichen Bestätigungen von Unterlieferanten ist immer rechtzeitig der eigene Einkauf einzuschalten.) Zu beachten ist, daß auch ohne ausdrückliche Vereinbarung die Beibringung des Ursprungszeugnisses bei begünstigten Ländern unterstellt wird und regelmäßig der Lieferant für den nicht erbrachten Nachweis in Höhe des Differenzzolles in Anspruch genommen wird.

4.8 Dokumentation

Die Dokumentation ist die systematische Zusammenstellung von Unterlagen für und über die Herstellung von Anlagen und/oder deren Teilen. Die Dokumentation ist am Schluß einer Projekt- oder Auftragsabwicklung ein wesentlicher Bestandteil der Voraussetzungen für Zahlungsfreigaben. Unter dem Begriff der Dokumentation werden allgemein diejenigen Tätigkeiten zusammengefaßt, die zur Erlangung, Erfassung, Sortierung, Speicherung und Aufarbeitung von Dokumenten gehören. Die Fakten und Ereignisse, soweit sie über ein Projekt im Zusammenhang stehen, sind hierbei konzentriert.

Grundsätzlich sind für den Anlagenbauer die internen und externen Kriterien nach Bild 38 von Bedeutung.

Als Grundlage dienen Dokumentationsspezifikationen, welche die Vorgehensweise bei der Herstellung und Prüfung von verschiedenen Systemen sowie die Leistungsparameter von einzelnen Komponenten regeln. Hierin fließen firmeninterne Qualitätssicherungssysteme und -vorschriften ein, welche als Qualitätsstandards die An-

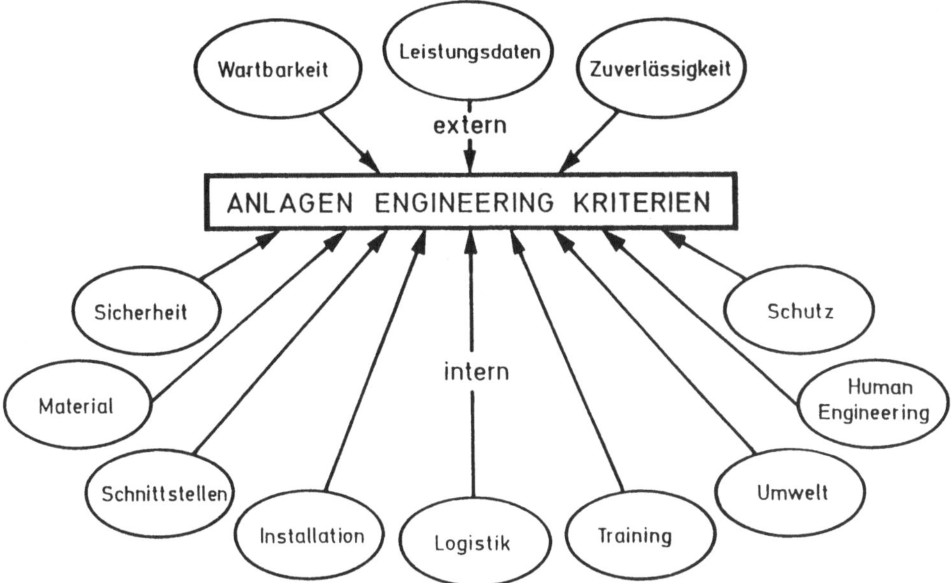

Bild 38: Technische Dokumentationsparameter (Quelle: ANT)

forderungen an die Eigenschaften (Qualitätsmerkmale) von Werkstoffen, deren Erzeugerfirmen, deren Teile und Weiterverarbeitung bis zur Montage darstellen.

Das beinhaltet in gleicher Weise auch die Kundenspezifikationen.

Die Dokumentation ist von der Planung bis zur Lieferung, einschließlich der Ersatzteillieferung, als projektbegleitender Faktor anzusehen. Sie hilft nicht zuletzt bei Entscheidungen und Verhandlungen. Daher muß möglichst frühzeitig mit dem Kunden abgeklärt werden, welche Art von Dokumenten im Rahmen des Auftrages als verbindlich gilt, z. B. Aktennotizen, Fernschreiben, Besprechungsniederschriften, Projekt- und Baustellentagebücher, soweit sie neben den grundsätzlichen Dokumentationen anfallen.

Der Umfang von Projektdokumentationen wird infolge von Kundenanforderungen zu einem erheblichen Kostenfaktor (bis zu 1% der Auftragssumme) und ist deshalb bereits beim Angebot dementsprechend zu berücksichtigen.

Bei Anlagenaufträgen umfaßt die Dokumentation nicht nur die „Hardware", sondern z. T. auch die „Software" nebst deren „Up-dating" über bestimmte Zeiträume. Bei Software-Dokumentation sollen weder Lizenzen noch „Up-dating" als Bestandteil der Anlagen-Dokumentation vorgeschlagen werden, sondern besser dem Software-Systemhaus übertragen werden. Der zeitliche Verlauf, wann Dokumentation bereitgestellt werden muß, ist aus Bild 39 zu erkennen.

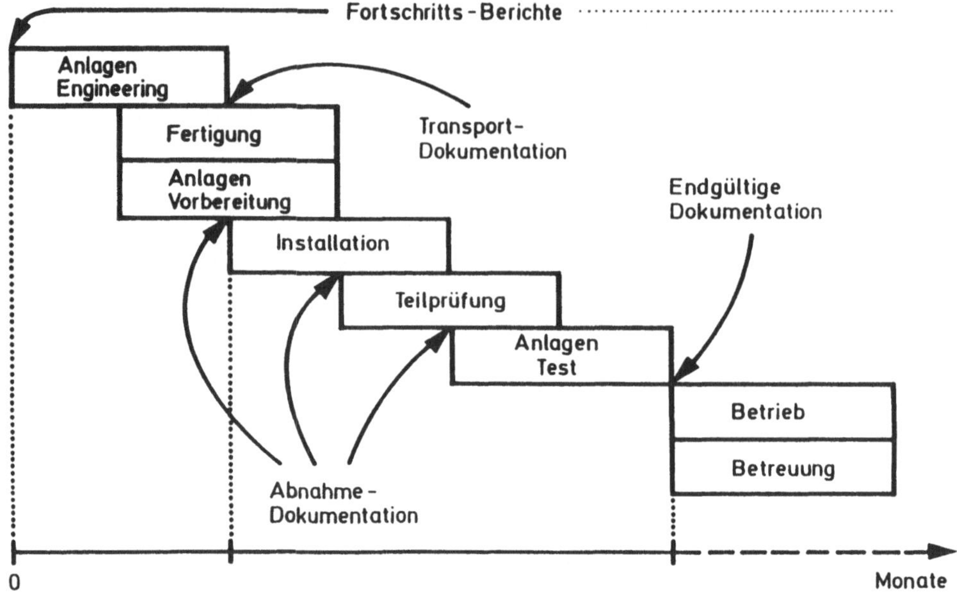

Bild 39: Die unterschiedlichen Bedarfsphasen der Dokumentation (Quelle: ANT)

Die nach Projektabschluß zusammengestellte Dokumentation dient mehreren Zwecken, nämlich,

— der Sicherstellung, daß die Anlage durch den Kunden betrieben werden kann
— die Anlage und Anlagenteile durch den Kunden gewartet werden können
— Schadensfälle klargelegt werden können
— eine Schulung vor Ort möglich ist und
— Ersatzteilbestellungen erfolgen können.

Da die Dokumentationsunterlagen in bestimmten Teilen sowohl vom Lieferanten als auch vom Kunden benutzt werden, ist eine absolute Identität (Konfigurationsstand) zu gewährleisten.

4.8.1 Projektfortschrittsdokumentation und Statusberichte

Berichte über Stand, Fortschritt, Termineinhaltung, sowie Detail-Engineering-Unterlagen und Dokumente über Zwischenprüfungen sind ein wesentlicher Teil im Projektverlauf. Sie sind für Ingenieure häufig das eigentliche Endprodukt ihrer Arbeit, an dem sie gemessen werden. Deshalb ist eine schriftliche Form von Bedeutung, die ehrlich, positiv auch kritisch erfolgen soll. Der Aufbau, Verteiler, Inhalt, Bilder, Tabellen, Referenzen, sind zu beachten und mit Kurztexten zu erläutern.

192

Als ungefähre Richtlinie kann gelten:

– Allgemeindarstellung der Hauptthemen	1–4 Seiten
– Zusammenfassung	max. 10 Seiten
– Technische Zusammenfassung	bis 30 Seiten
– Technischer Bericht	bis 100 Seiten.

Neben dem zielorientierten Aufbau der Dokumentation ist für den sorgfältig auszuwählenden Verteiler klar herauszustellen, welche künftigen Aktivitäten erwartet werden und welche Konsequenzen sich ergeben könnten, falls nichts geschieht.

4.8.2 Dokumentation über Durchführung und Kontrolle

Die Dokumentation der Projektdurchführung unterliegt i.d.R. einer zentralen Überwachung und Archivierung durch die Projektleitung. Hiermit soll sichergestellt sein, daß auch laufende Änderungen und Ergänzungen vollständig erfaßt werden.

Eine gute Dokumentation im Projektverlauf erlaubt es, zusätzliche Kosten zu begründen und auch erstattet zu bekommen. Dabei dürfen nur die Kosten übertragen werden, die auch leistungsgemäß zum Auftrag gehören. Die fortlaufende Dokumentation schließt Vertragsdokumente, Leistungsanforderungen und Zwischenabschlußberichte mit ein.

Aus der Projektdokumentation sollen in jedem Fall Erfahrungen und Erkenntnisse gezogen werden, die einmal die aus einem Projekt gewonnenen neuen Ideen berücksichtigen (z.B. Patente) und zum anderen einen Erfahrungsaustausch über aufgetretene Störungen einleiten, um Wiederholungsfehler zu vermeiden.

4.8.3 Umfang der Lieferdokumentation

Die im Laufe der Projektdurchführung bis zum Projektabschluß an den Kunden zu liefernde Dokumentation beinhaltet im wesentlichen folgende Bestandteile:

– Vorplanungsunterlagen
– Hauptplanungsunterlagen
– Ausführungsunterlagen
– Zeichnungen
– Montageanweisungen
– Prüfanweisungen
– Bedienungs- und Wartungsanweisungen
– Berechnungen, Schmierpläne u.ä.
– Protokolle

Als Beispiel für ein Teil-Dokumentationsobjekt soll Bild 40 dienen.

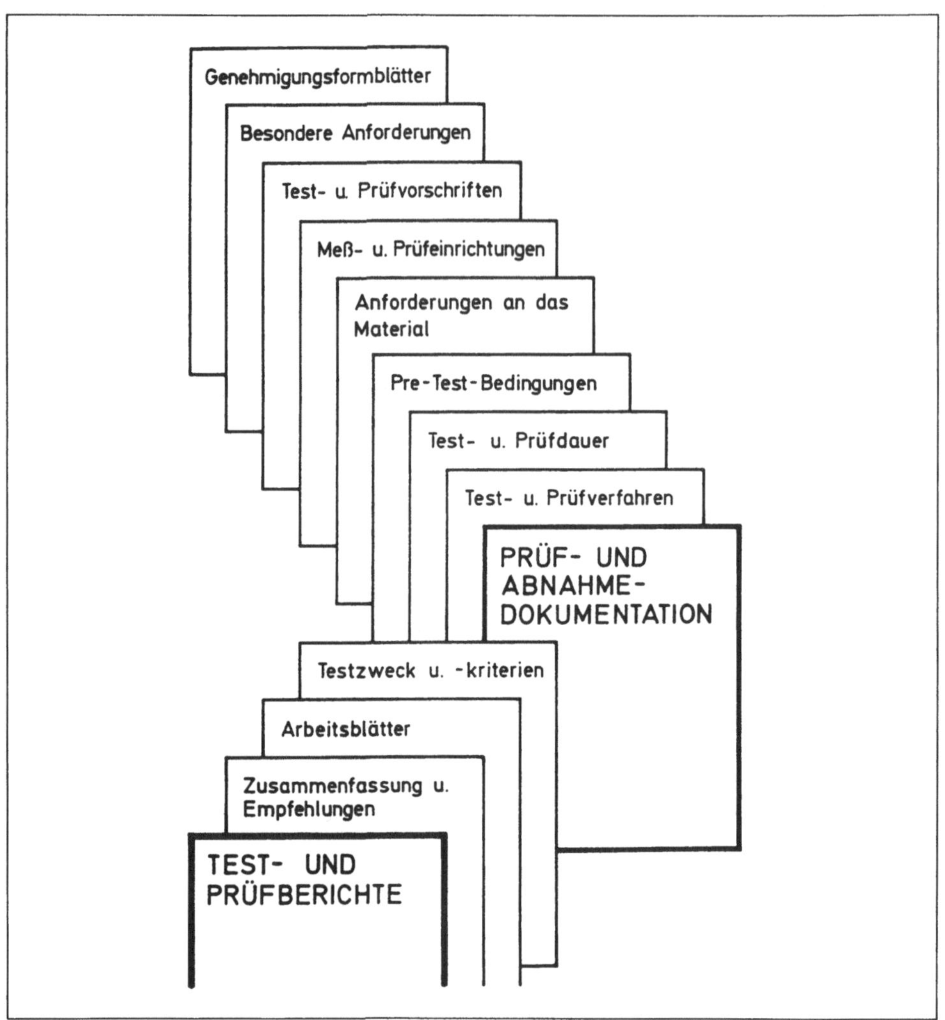

Bild 40: Beispiel eines Teil-Dokumentationspaketes (Quelle: ANT)

Enddokumentationen werden i.d.R. mittels nachstehend aufgeführten Unterlagen erstellt: Kundenbestelldokumente, genehmigte Vorprüfunterlagen mit den jeweiligen Plänen, Komponentenspezifikation, Detail- und Hauptzeichnungen, Laufkarten, Prüfprotokollen, Maßprotokollen, Verfahrensprüfungen, Arbeitsprobenplänen, Schweißstellen- und Fertigungsschweißlisten mit Skizzen, sowie Abweichungsberichten und, je nach Auftrag, auch Bescheinigungen oder Zertifikaten. Nach Prüfung der Enddokumentation wird vom Kunden, z.T. auch unter Einschaltung des TÜV, eine Bescheinigung über Vollständigkeit und Richtigkeit der Dokumentation ausgestellt. Im europäischen Kraftanlagengeschäft wird üblicherweise die Enddokumentation anschließend von einem Sachverständigen geprüft, bestätigt und versiegelt.

Auch in bezug auf die Dokumentation wird der Qualitätssicherung (vergl. Abschn. 4.6.1) zunehmende Bedeutung beigemessen.

Da die Dokumentation zu einem Projekt aber größtenteils aufgabenbezogen und kundenspezifisch zu erstellen ist, wird die Gestaltung von Fall zu Fall andere Merkmale aufweisen.

4.8.4 Hinweise auf Kalkulation und DIN

Wie bereits vorher aufgezeigt, kann eine Projektdokumentation hohe Kosten verursachen. Welche Faktoren bei der Kalkulation berücksichtigt werden sollten, ist in Bild 41 als ungefähre Richtlinie aufgezeigt.

Weitere Hinweise sind in der DIN 8418 ,,Angaben in Gebrauchsanleitungen und Betriebsanleitungen", Ausgabe November 1974, enthalten.

4.9 Montage

Der Umfang des vom Auftragnehmer zu erbringenden Montageteils richtet sich nach den im Vertrag festgelegten Montageleistungen. Vielfach ist die Montage vom Kunden in den Lieferanteil mit einbezogen. Dies inbesondere dann, wenn der Kunde keine Möglichkeit hat, die Montage selbst durchzuführen oder lokal an Dritte zu vergeben sowie in Fällen, in denen die Anlage aus technischen Gründen lediglich vom Lieferanten der Anlage selbst montiert werden kann. In diesem Fall spricht man von Eigenmontage im Gegensatz zu dem Begriff Fremdmontage, bei der die Montage nicht Gegenstand des Vertrages mit dem Kunden ist und infolgedessen von diesem in eigener Regie durchgeführt wird. Für die Eigenmontage ist dabei unerheblich, ob diese vom Personal des Auftragnehmers oder durch spezielle Montagegesellschaften (als Unterlieferanten oder als Konsorten) durchgeführt wird.

Sofern der Vertrag eine Montage durch den Kunden vorsieht, ist im Vertrag in der Regel eine Montageüberwachung durch den Lieferanten der Anlage bzw. seine Unterlieferanten vorgesehen. Diese ist schon allein deshalb erforderlich, weil der Anlagenbauer gegenüber dem Kunden technische Leistungsgarantien gegeben hat. Im Fall der Montageüberwachung obliegt dem Anlagenlieferanten die technische Verantwortung. Die Verantwortung für die Einhaltung der Termine liegt damit jedoch bei dem Kunden selbst.

		Kalkulations- und Preisanalyse bei der Erstellung von technischer Dok	Pers. Kat.	Pers. Anzahl	Arb. Std.	Zw.Sa. Std.	Ge. St
		Lfd. Nr.					
1.	a.	Vorbereitung/Vorprüfung/Text-Entw.					
Text	b.	Text erstellen/herausgeben					
	c.	Illustration vorbereiten					
	d.	Tabellen/Listen/ z. B. Ref. etc.					
2.		Unterstützung					
3.	a.	Halbton (incl. Fotos u. Druck)					
	b.	Exploded view					
Grafik	c.	Pläne, Übersichten, Diagramme, usw.					
		Zwischensumme					
	d.	Orthographische Pläne, Fluß-Netzpläne u. a.					
	e.	Teile-Identifizierung usw.					
	f.	Bilder-Erstellung					
4.	a.	Repro (384 Koord. Layout, Fotomontage)					
		Zwischensumme					
	b.	Vorl. Text schreiben — Text					
		Tabellen (incl. Ref.index)					
		Bilder, IBM-Liste (roh)					
Herstellung	c.	End-Text — Text					
		☐ Schriftart ☐ IBM — Tabellen					
		☐ Randausgl. ☐ ohne					
		☐ 1zeilig ☐ 2zeilig — Bilder, IBM-Liste (roh)					
		Zwischensumme					
	d.	Drucksatz — Text					
		Tabellen (kompl.)					
		Grafik & IBM (roh)					
	e.	IBM-Tab. run-off					
	f.	Repro-Erstellung					
	g.	Ref.Listen-Erstellung					

5.	a.	Negative in Text								
Überarb.	b.	Negativ-Bilder								
		Anzahl der Kopien	c. Einzelseiten							
			d. Faltseiten							
Vorläuf.	e.	Text-Blätter								
	f.	Bilder								
		Anzahl der Kopien	g. Einzelseiten							
			h. Faltseiten							
Abschl.	i.	Text, Listen								
	j.	Bilder								
		Anzahl der Kosten	k. Einzelseiten							
			l. Faltseiten							
	m.	Buchhülle								
6.	a.	Gesamte Personalkosten (lfd. Nr. 1–4 c)								
Gesamt-Kosten	b.	Gesamte Materialkosten (lfd. Nr. 4 a–5 m)								
	c.	Personal-GEMKO × % (lfd. Nr. 6 a)								
	d.	Material-GEMKO × % (lfd. Nr. 6 b)								
	e.	Sonstiges								
	f.	Reisekosten	Reisen nach	DM pro Reise						
	g.	Einrichtungen o. ä. Ausgaben								
	h.	Zwischensumme								
	i.	Verw. & Vertriebsgemeinkosten % (der lfd. Nr. 6 h)								
	j.	Zwischensumme (lfd. Nr. 6 h plus 6 i)								
	k.	Gewinn % (lfd. Nr. 6 j)								
		Gesamt DM-Preis (Sa. 6 j und 6 k)								
7.	a.	Gesamtseitenzahl:	M.-Std./Einzelseite:		Erstellt durch:			Datum:		
	b.	Gesamtkosten:			Stelle:			Abt.:		
	c.	Kosten pro Einzelseite:								

Bild 41: Kalkulationsfaktoren für die Erstellung von Projektdokumentationen (Quelle: ANT)

197

4.9.1 Planung des Montageablaufs

Schon bei Auftragserhalt ist zu empfehlen, daß sich der Monteur gemeinsam mit dem Ausrüstungslieferanten vor Ort von den Voraussetzungen auf der Baustelle überzeugt. Dies gilt insbesondere für die Erstellung der Fundamente, die Versorgung mit Strom, Gas, Wasser und Druckluft bis zu den vertraglich definierten Punkten sowie die Ausführung der Gebäude und hier insbesondere die Gebäudeöffnungen, die das Einbringen und Montieren der Ausrüstungen zulassen müssen.

4.9.1.1 Bestimmung der Basis-Eckdaten

Grundlage einer systematischen Montageablaufplanung sind Basis-Eckdaten des vorliegenden Auftrages, die für die Montage bestimmend sind, wie

- vertraglicher Terminplan
- früheste Termine für Einrichtung der Baustelle
- früheste Termine für Anlieferung der Ausrüstungsteile
- früheste Termine für Fertigstellung der Fundamente und Massivgebäude
- Montageende
- vertragliche Inbetriebsetzungstermine
- Verfügbarkeit von Energie und Medien.

4.9.1.2 Montageablaufplanung

Auch in Fällen, in denen nur eine Montageüberwachung durch den Lieferanten der Anlage vertraglich vereinbart ist, wird von diesem vielfach eine Montageablaufplanung verlangt. Bei einer solchen Mitarbeit ist jedoch darauf zu achten, daß nicht auch die Verantwortung für die Fertigstellung der Montage übernommen wird.

Auf Basis o.g. **Eckdaten** und der zu **montierenden Massen je Gewerk** wie

- Stahlkonstruktionen
- Dach- und Wandverkleidungen
- Behälter, Silos, Bunker oder Apparate
- Maschinen und sonstige mechanische Ausrüstungen
- Rohrleitungssysteme
- feuerfeste u./o. säurefeste Materialien
- Wärme- u./o. Kälteisolierungen
- Entlüftungs- u./o. Belüftungsanlagen
- Klimaanlagen
- Entstaubungsanlagen
- Anstricharbeiten
- Elektroinstallation

– Meß- und Regeltechnik
– Kommunikationssysteme

werden **Montagezeitpläne** je Gewerk erstellt. Je nach Komplexität des Projektes werden Montageabschnitte und Baufelder festgelegt mit dem Ziel, in logischer Reihenfolge die einzelnen Funktions- und/oder Produktionseinheiten der Gesamtanlage rechtzeitig für die nachfolgenden Aktivitäten, wie Funktionsprobeläufe und Inbetriebsetzung fertigzustellen. Weiterhin ist bei der Planung zu berücksichtigen:

– Materialfluß in der Gesamtanlage und den Produktionseinheiten
– Reihenfolge der notwendigen Tests, Probeläufe und/oder Inbetriebsetzungen.

Aus der Kombination von Eckdaten, Montagemassen, Fertigungs- und Anlieferungsdaten ergibt sich die Soll-Leistungskurve je Gewerk. Im Interesse einer wirtschaftlichen Abwicklung und der Kontinuität beim Einsatz von Personal und Montagegerät müssen starke Schwankungen in der Soll-Leistungskurve des gesamten Projektes vermieden werden (siehe Bild 42). Die Soll-Leistung wird auf diese Weise über einen möglichst langen Zeitraum gleichmäßig verteilt. Hierzu ist es notwendig, den Ablauf der vorausgehenden Aktivitäten wie Engineering, Fertigung und Verschiffung, Erd- und Bauarbeiten entsprechend zu steuern.

4.9.1.3 Montagekapazitäts- und Personalplanung

Basierend auf der Soll-Leistungskurve wird unter Berücksichtigung von

– klimatischen und sprachlichen Bedingungen am Montageort
– lokalen Arbeitsregeln und Gesetzen
– kulturellen und religiösen lokalen Gepflogenheiten
– Qualifikation und Leistungsvermögen der Fach- und Hilfskräfte

je Gewerk die notwendige Personalstärke, die Dauer der Arbeitszeit, ein- oder mehrschichtige Arbeitszeit und die Zusammensetzung des Personals der einzelnen Montagegruppen geplant (siehe Bild 43).

Der Anteil von

– Führungs- und Überwachungspersonal
– Fachpersonal und Spezialisten
– lokalen Fach- und Hilfskräften
– Personal aus Drittländern (wegen Niedriglohn, s. 2.4.4.1)

muß nach den Bedingungen am Montageort für jeden Auftrag neu ermittelt werden. Rechtzeitig müssen insbesondere die Einreisebestimmungen für ausländisches Personal berücksichtigt und die vom Kunden zu erbringenden Leistungen (Visa, Unterkünfte auf der Baustelle, Baumaterialien) kontrolliert und gegebenenfalls angemahnt werden.

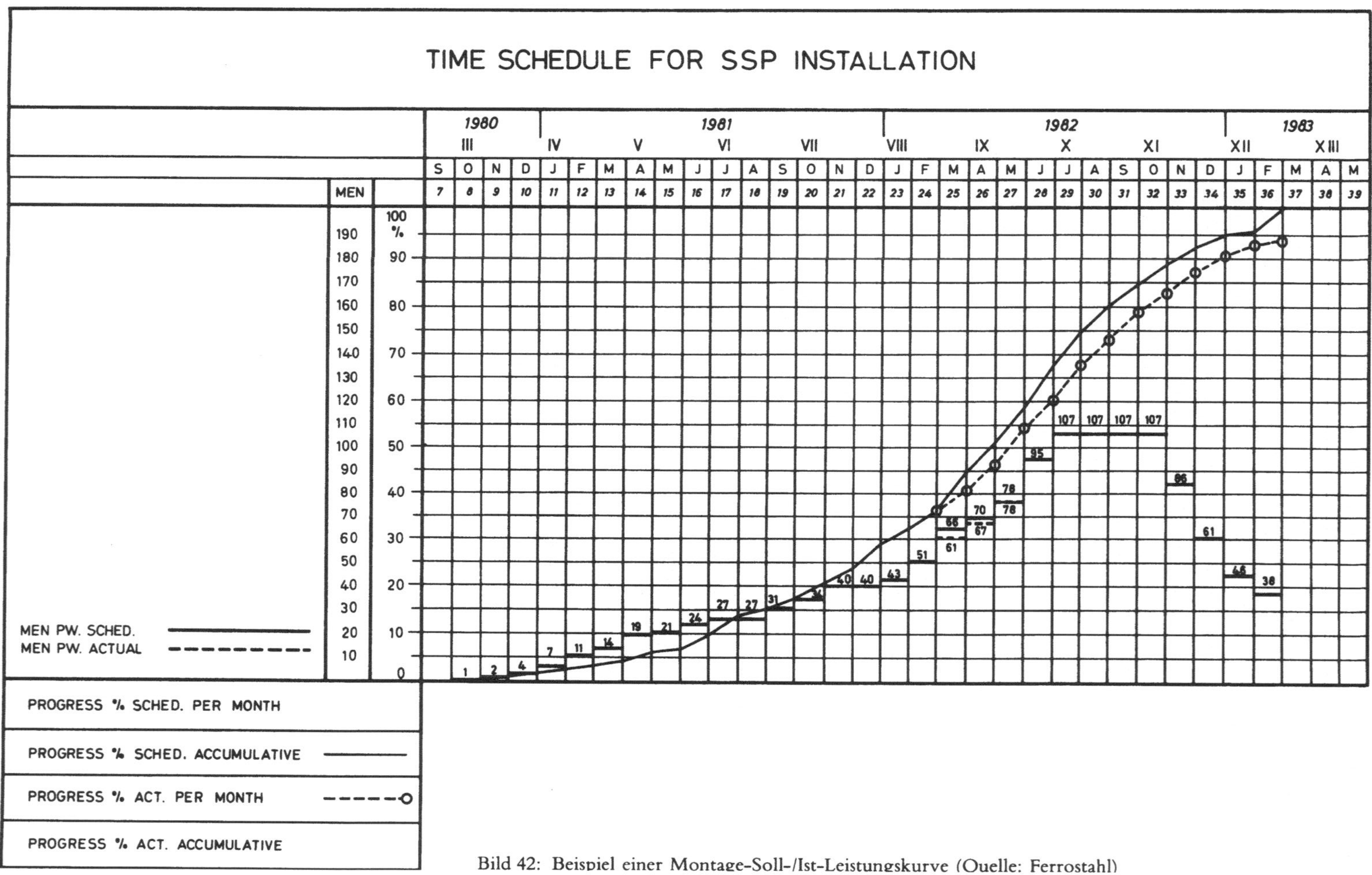

Bild 42: Beispiel einer Montage-Soll-/Ist-Leistungskurve (Quelle: Ferrostahl)

<table>
<tr><th colspan="13">SSP-Work force report, engineer and ferrostaal personnel</th></tr>
<tr><td>FS-ED</td><td>–</td><td>2</td><td>4</td><td>8</td><td>10</td><td>12</td><td>13</td><td>12</td><td>15</td><td>17</td><td>20</td><td></td></tr>
<tr><td>FS</td><td>7</td><td>9</td><td>10</td><td>11</td><td>11</td><td>12</td><td>14</td><td>24</td><td>16</td><td>17</td><td>20</td><td></td></tr>
<tr><td>Total</td><td>7</td><td>11</td><td>14</td><td>19</td><td>21</td><td>24</td><td>27</td><td>26</td><td>31</td><td>34</td><td>40</td><td></td></tr>
<tr><td></td><td>Jan.</td><td>Feb.</td><td>Mar.</td><td>Apr.</td><td>May</td><td>June</td><td>July</td><td>Aug.</td><td>Sept.</td><td>Oct.</td><td>Nov.</td><td>Dec.</td></tr>
</table>

1981	Admin. Staff	Techn. Staff	Secretaries	Foremen	Machinists	Electricians	Metal Workers	Welders	Fitters	Masons	Painters	Drivers	Other Skilled	Semi Skilled	Unskilled	Helpers	Operators			Total
January	7	9	3									7								26
February	7	10	3					2	3			10				1				36
March	8	11	3	4					26			11	15							78
April	11	11	3	7		3		8	56		25	21	18				9			172
May	11	11	3	7		3		8	77		25	21	18				9			193
June	11	11	3	7		3		8	77		25	22	17				9			193
July	11	11	3	7		3		8	79		25	24	17				9			197
August	11	11	3	7		3		8	81		25	24	17				9			199
September	13	11	3	9		6		14	97		25	24	17				10			229
October	13	11	3	15		6		14	144		25	24	36				10			299
November	15	11	3	15		6		14	152		25	24	34				10			309
December																				0

Bild 43: Planung von Montagepersonal und Einarbeitszeit (Quelle: Ferrostaal)

4.9.2 Auswahl und Vorbereitung des Montagepersonals

4.9.2.1 Auswahl des Personals

Spätestens mit Ablauf der Montageplanung muß das ausländische Führungspersonal der Baustelle namentlich benannt und müssen entsprechende Verträge abgeschlossen werden. In vielen Fällen verlangt der Kunde jedoch schon im Angebotsstadium Lebensläufe der für die Montage vorgesehenen Führungskräfte. In der Praxis werden insbesondere die folgenden Positionen frühzeitig besetzt:

- Technischer Baustellenleiter
- Baustellenkaufmann
- Controller

Ferner müssen die Montageleiter für die einzelnen Gewerke, ein Verantwortlicher für den Gerätepark sowie ein Lagerverwalter benannt werden. Um eine fachliche und charakterliche Homogenität des Baustellenpersonals zu erreichen, ist es sinnvoll, daß die obengenannten Personen ihrerseits die gewünschten Mitarbeiter benennen.

4.9.2.2 Vorbereitung des Personals

Nachdem das Montagepersonal nach den fachlichen und sprachlichen Erfordernissen ausgewählt und namentlich bestimmt worden ist, muß es rechtzeitig vor der Ausreise, auch in medizinischer Hinsicht, vorbereitet werden. Je nach Einsatzort gilt es, die Reise- und Tropentauglichkeit des Personals zu untersuchen sowie erforderliche Schutzimpfungen rechtzeitig vor der Ausreise durchzuführen.

Da an dieser Stelle kein detaillierter Hinweis über die in den einzelnen Ländern erforderlichen Schutzimpfungen gegeben werden kann, empfiehlt es sich dringend, sich vor Ausreise mit dem örtlichen Gesundheitsamt und dem Hausarzt in Verbindung zu setzen, um die erforderlichen Impfungen abzustimmen.

Längere Montageaufenthalte, insbesondere in tropischen Ländern, erfordern nicht nur Schutzimpfungen vor der Ausreise, sondern auch Vorkehrungen während des Aufenthaltes im Gastland. Dies gilt insbesondere für die Ernährung, die Körperhygiene sowie die Bekämpfung von Insekten, die als einer der wesentlichen Krankheitsüberträger zu bezeichnen sind.

4.9.3 Errichtung der Infrastruktur auf der Baustelle

4.9.3.1 Unterkünfte für das Personal

Inwieweit der Anlagenexporteur auch für die Errichtung der Unterkünfte für das ausländische und inländische Montagepersonal selbst zu sorgen hat, richtet sich nach den vertraglichen Vereinbarungen mit dem Kunden. Sofern dieser die Bereitstellung von erforderlichen Unterkünften selbst übernommen hat, empfiehlt es sich in jedem Fall, daß die Erfüllung dieser Aufgaben vom Anlagenlieferanten überprüft wird. Sofern die Errichtung eines Baustellencamps in die Verantwortung des Anlagenlieferanten fällt, wird dieser bereits im Planungsstadium eine Camp-Verwaltung einrichten und personell besetzen. Er reist in der Regel nach Vertragsabschluß in das Land, um sich um den Bau von Unterkünften oder deren Anmietung zu kümmern. Neben diesem eigentlichen Bauteil sind ferner Anschlüsse für Strom, Wasser, Gas, Telefon sowie Abwasserentsorgung und Straßenbau zu vergeben. In den Entwicklungsländern werden aus gesetzlichen Gründen für diese Arbeiten lokale Gesellschaften kontraktiert.

Neben der Bereitstellung von Unterkünften für das ausländische und lokale Personal und deren Familien sind, insbesondere bei größeren Vorhaben, Freizeiteinrichtungen, der Transport von der Baustelle zu dem Camp sowie die medizinische Versorgung auf der Baustelle zu regeln.

4.9.3.2 Einrichtung der Baustelle

In Abhängigkeit von den vertraglichen Regelungen mit dem Kunden können die folgenden Aufgaben zur Einrichtung der Baustelle erforderlich sein:

- Geländepräparation/Entwässerung
- Büro und Tagesunterkünfte für ausländisches und lokales Personal (Küchen, Aufenthaltsräume, vor Sonne und Regen geschützte Aufenthaltsmöglichkeiten für das inländische Personal)
- Werkstatt und Lagerhallen bzw. -plätze
- sanitäre Einrichtungen
- Anschlüsse für Strom, Wasser, Gas, Abwasser sowohl für die Montagezeit als auch ggf. für den Betrieb der zu errichtenden Anlage
- Straßen, Beleuchtung, Zäune
- Bewachung
- Import bzw. lokale Beschaffung des erforderlichen Montagegerätes, Werkzeuge und Hilfsmittel, wie z. B.
  - Kräne
  - Transportfahrzeuge
  - Hebezeuge
  - Stromerzeuger
  - Schweißausrüstungen
  - Prüfeinrichtungen.

4.9.4 Der Montagebetrieb auf der Baustelle

Mit Abschluß der vorbereitenden Maßnahmen auf der Baustelle, dem Eingang der ersten Ausrüstungsgüter sowie der Anreise des Montagepersonals, müssen die folgenden Komplexe auf der Baustelle geregelt werden:

1. Montage-Detailplanung
2. Materialverwaltung
3. Personalverwaltung
4. Geräteverwaltung
5. Baufortschritts- und Kostenkontrolle

Da vielfach auf der Baustelle neben den eigenen Montagearbeiten parallel Bauarbeiten für Fundamente, Gebäude und anderes Civilwork sowie Parallel-Arbeiten für andere Anlagenvorhaben des Kunden stattfinden, müssen diese Aufgaben mit den übrigen Arbeiten auf der Baustelle soweit wie dies möglich ist, koordiniert werden.

4.9.4.1 Montage-Detailplanung

Änderungen in der technischen Auslegung der Anlage, Verzögerungen bei der Anlieferung des Materials, der noch nicht mögliche Zugang zur Montagestelle in der Anlage sowie Umstellungen beim Baustellenpersonal erfordern vor Ort die Anpassung der im Stammhaus vorgenommenen Montageplanung. Aus dieser wochen-, monats- und gewerksweisen Planung werden für das Baustellenpersonal Arbeitsprogramme erstellt, die die zu erledigenden Montagearbeiten beinhalten.

4.9.4.2 Materialverwaltung

Die Lagerverwaltung umfaßt sowohl importierte Ausrüstungsgüter als auch im Lande selbst beschaffte Baustellenmaterialien. Für beide müssen die folgenden Aktivitäten geregelt werden:

- Materialeingangskontrolle
- Erfassung von Transportschäden zwecks Regulierung mit der Versicherung
- Einlagerung nach den Bestimmungen des Lieferanten (Konservierung etc.)
- Ausgangskontrolle
- Erfassung der im Rahmen der Endmontage auf der Baustelle entstandenen Schäden
- Nachbestellung oder Reparatur von schadhaftem oder fehlendem Material.

4.9.4.3 Personalverwaltung

Die Personalverwaltung umfaßt die folgenden Aufgaben:
- Einstellung und Entlassung von lokalem Personal
- Entlohnung insbesondere des lokalen Personals
- Versicherungen/Buchhaltung und Steuern im Rahmen der Baustellentätigkeit
- Verpflegung und ärztliche Versorgung auf der Baustelle
- Unterhaltung des Camps
- Transportmöglichkeit zwischen Camp und Baustelle sowie der nächsten Stadt.

4.9.4.4 Geräteverwaltung

Hier bestehen die folgenden wesentlichen Aufgabenbereiche:

- Eingangskontrolle für das ankommende Montagegerät
- Erfassung der Transportschäden

- Einlagerung
- Ausgangskontrolle
- Wartung und Reparatur des Gerätes
- Anmietung von kurzfristig benötigten Spezialgeräten (sofern diese im Lande verfügbar).

4.9.4.5 Baufortschritts- und Kostenkontrolle

Die von dem Montagepersonal angefertigten Arbeitsprotokolle sowie die Wochenplanungen werden zur Überprüfung der vorgegebenen Montagekosten sowie Baufortschrittsterminen verwendet. Baufortschrittsmeldungen gehen sowohl an das Stammhaus des Anlagenlieferanten als auch an den Kunden. Eine kurzfristige Kontrolle der Baustellenleistungen ist schon allein deshalb erforderlich, weil der Baufortschritt in den meisten Fällen die Rechnungslegung an den Kunden auslöst.

Das Berichtswesen für die Baustelle berücksichtigt ferner die Erfassung von Änderungen des Montageumfanges, die sich durch Änderungswünsche des Kunden sowie etwaige auf der Baustelle auftretende Schnittstellenprobleme ergeben können. Sofern Änderungen erforderlich sind, müssen die Meldungen zum Zwecke der späteren Beweissicherung auch die Ursache dieser Änderungen enthalten. Die Change-Orders können zusammen mit der vertragsgemäßen Rechnungslegung an den Kunden berechnet werden, benötigen aber zu diesem Zweck die Genehmigung des Kunden. Der Kunde bezahlt in der Regel nichts, was er nicht vorher genehmigt hat.

4.9.5 Auflösung der Baustelle

Mit Beendigung der Montagetätigkeit kann, ggf. schon vor Inbetriebnahme der Anlage, mit dem Abzug des nicht mehr benötigten Baustellenpersonals und Gerätes begonnen werden. In der Regel sieht der Vertrag vor, was mit dem errichteten Camp bzw. dem Montagegerät geschehen soll. Möglich sind

- Übergabe/Verkauf an den Kunden (ggf. bereits vertraglich vereinbart)
- Wiederausfuhr des Montagegeräts bzw. überflüssigen Baustellenmaterials
- Verkauf an Dritte.

Die Wiederausfuhr des Montagegerätes hängt im wesentlichen von den Ein- bzw. Ausfuhrbestimmungen des Landes ab, die schon vor der Einrichtung der Baustelle geprüft sein müssen. Ferner hängt die Wiederausfuhr von dem Wert des Montagegerätes in der Relation zu den durch die Ausfuhr entstehenden Transportkosten ab. Die Auflösung der Baustelle betrifft in der Regel folgende Positionen:

- Camp bzw. Material- und Gerätelager
- Montagegerät und Werkzeug

- Baustellenmaterialien (Schrott bzw. aufgrund technischer Änderungen überzählige Ausrüstungsgegenstände)
- Umzug des ausländischen Personals.

Im Rahmen der Auflösung der Baustelle müssen ferner die in der Regel mit den Ausrüstungsgegenständen gemeinsam verschifften Ersatzteile für den Kunden nach vorhandenen Ersatzteillisten geordnet und an den Kunden übergeben werden. In Einzelfällen sehen die Verträge eine Katalogisierung und Einlagerung der Ersatzteile vor. Ferner sind neben den bereits erwähnten Change-Orders Zeichnungsänderungen vorzunehmen (as-built-drawings), die in die endgültige Fassung der Dokumentation an den Kunden einfließen.

4.10 Inbetriebnahme/Leistungsnachweis/Gewährleistung

Unter Inbetriebnahme versteht man das stufenweise Anfahren einer Anlage nach Abschluß der Montage. Dabei ist zu bedenken, daß das Personal des Kunden noch nicht eingearbeitet ist.

Die Erfüllung der folgenden Voraussetzungen muß, besonders in Entwicklungs- und Schwellenländern, kontrolliert werden:

- gesicherte Versorgung mit Betriebsmitteln (z. B. Strom, Öl und Wasser)
- ausreichende Vorräte an Rohstoffen bzw. Einsatzmaterial (am besten für die gesamte Zeit der Gewährleistung)
- Vorhandensein von ausreichend geschultem Betriebs- und Wartungspersonal
- gesicherte Entsorgung.

4.10.1 Inbetriebnahme der einzelnen Anlagenkomponenten

In der ersten Stufe der Inbetriebnahme wird jedes Anlagenteil separat, entsprechend der Inbetriebnahmebedingungen mit oder ohne Belastung gefahren. Dabei sich herausstellende Störungen oder Fehler können meist noch von den auf der Baustelle anwesenden Monteuren behoben werden. Zu diesem Zeitpunkt sollten die vertraglich mitzuliefernden und für den Betrieb notwendigen Ersatzteile schon im Kundenwerk vorhanden sein.

4.10.2 Inbetriebnahme der gesamten Anlage ohne Belastung

Abhängig von der Anlagenart (siehe 2.3) wird im Anschluß an die Prüfung der Einzelkomponenten das ordnungsgemäße Zusammenwirken aller Maschinen und Ausrüstungen geprüft.

4.10.3 Inbetriebnahme unter Belastung/Probebetrieb

Sind die vorausgehenden Tests erfolgreich abgeschlossen, wird die ganze Anlage
unter Belastung gefahren, d. h., Schmelz-, Aufheiz- oder Brennöfen werden angelas-
sen, die Rohmaterialien sowie Meß- und Regelanlagen und der ganze Materialfluß
optimal eingestellt. Die Qualität des Einsatzmaterials und des Endproduktes werden
einer Kontrolle unterzogen. Es kann sich ein Probebetrieb anschließen, wie er in der
Anlagenbranche üblich ist.

4.10.4 Leistungsnachweis

Wenn ein einwandfreies Funktionieren aller Anlagenteile erwartet werden kann,
wird mit dem Leistungsnachweis begonnen. Gemäß Vertrag ist normalerweise
nachzuweisen

- Art und Menge der Produkte die im festgelegten Zeitabschnitt zu erzeugen sind
- die zu erreichende Qualität
- die zugelassenen Toleranzen
- der zugelassene Ausschuß
- die maximalen Verbrauchsdaten an Energie und sonstigen Betriebsmitteln.

Da der Anlagenlieferant oft keinen direkten Einfluß auf das vom Kunden gestellte
Personal hat, mit dem er den Leistungstest durchführen soll, ist es zweckmäßig, an
den kritischen Anlagenpunkten eigenes Personal zur Überwachung einzusetzen.

4.10.5 Vorläufige Übernahme/Gewährleistungsbeginn

Die erfolgreiche Inbetriebnahme wird vom Kunden in Form eines Abnahmeproto-
kolls bestätigt. Damit wird die Zahlung einer festgelegten Rate ausgelöst. Das Ab-
nahmeprotokoll bewirkt aber noch nicht die endgültige sondern nur eine vorläufige
Übernahme der Anlage durch den Kunden.

Nach der vorläufigen Übernahme wird die endgültige Dokumentation auf den
letzten Stand gebracht.

4.10.6 Endgültige Übernahme/Gewährleistungsende

Die endgültige Übernahme erfolgt nach der vertraglich vorgesehenen Gewährlei-
stungsfrist, die z. B. mit dem erfolgreichen Leistungstest beginnt. Während dieser
Zeit hat der Anlagenlieferant den einwandfreien Lauf der Anlage zu gewährleisten,
d. h., alle nicht durch Fremdeinwirkung defekt gegangenen Anlagenteile müssen auf
seine Kosten entweder repariert oder ausgetauscht werden. Lediglich die Verschleißteile sind ausgeschlossen. Ausgetauschte Teile gehen in das Eigentum des Lieferanten
zurück.

Die Ursache, warum ein Anlagenteil defekt geworden ist, läßt sich oftmals im Nachhinein nur schwer oder gar nicht mehr feststellen. Material-, Montage-, Konstruktions- oder Planungsfehler sind vom Lieferanten der Anlage zu vertreten, Bedienungs- und Wartungsfehler vom Kunden. Diskussionen über den Verursacher von Fehlern sind unangenehm und langwierig. Zuweilen enden sie sogar vor einem Schiedsgericht. Es ist daher von Vorteil für beide Seiten, wenn nach erfolgter provisorischer Abnahme ein Beratungsvertrag anläuft, der eine sachgemäße Bedienung und Wartung der Anlage zum Ziel hat. Die Laufzeit eines solchen Beratungsvertrages sollte daher mindestens über die Dauer der Gewährleistungszeit gehen.

5 Schulung des Kundenpersonals

Der reibungslose und sichere Betrieb von Anlagen (vor allem solche hochtechnischer und komplexer Natur) setzt gezielte und ausreichende Schulung des Bedienungs- und Wartungspersonals voraus. Der Frage der Wissensvermittlung kommt daher große Bedeutung für das erfolgreiche Betreiben der Anlage zu.

5.1 Prüfung der Qualifikation des zur Schulung vorgesehenen Personals

Die Auswahl des zukünftigen Werkspersonals erfolgt in der Regel durch den Kunden selbst oder durch den Consultant des Kunden. Die Rekrutierung erfolgt nicht immer nur im Land des späteren Betreibers der Anlage, sondern oft auch in sogenannten Niedriglohnländern.

Vor Beginn der Schulung empfiehlt sich dringend eine Prüfung des Wissensstandes und der Aufnahmefähigkeit des vorgesehenen Personals. Dabei helfen entsprechende Personalfragebögen, die vom Anlagenlieferanten zu erstellen sind. Zielsetzung ist, für die jeweiligen Anforderungen geeignetes Personal zu finden. Bereits im Vertrag sollte verankert sein, daß der Kunde einen Verantwortlichen benennt, der gemeinsam mit dem Schulungsleiter des Anlagenlieferanten alle Ausbildungsfragen zur Vorbereitung und während der gesamten Ausbildungszeit klärt.

Der Erfolg der Wissensvermittlung wird mitbestimmt durch:

- Qualität des Ausbildungspersonals
- Güte der Lehrstoffvermittlung und der Lehrstoffprogramme
- Qualität und Eignungsgrad der Lehrmittel
- Tempo und Effizienz der Vorgehensweise.

5.2 Vorbereitungsarbeiten

Der Schulungsleiter des Anlagenlieferanten stellt einen Schulungsplan auf, organisiert den Schulungsverlauf und koordiniert den Einsatz von Spezialisten, die als Fachlehrer tätig werden. Hierzu gehören auch Fachkräfte der am Auftrag beteiligten Konsortialpartner und Unterlieferanten. Die Unterrichtssprache ist festzulegen.

Manche Anlagenbauer erstellen feste Jahresausbildungsprogramme in verschiedenen Sprachen. Kurse oder Seminare außerhalb solcher Programme sind zwar möglich, jedoch oft wesentlich teurer.

Schulung ist ein Kostenfaktor, sie muß daher spezifisch den Erfordernissen angepaßt und effektiv sein.

Leitende Ingenieure, Elektriker und Mechaniker der Instandhaltungsgruppen des Kunden sollten jedoch an allen Unterweisungen teilnehmen.

Entsprechend der geplanten Schulung ist, in Absprache mit dem Kunden, das erforderliche Schulungsmaterial bereitzustellen.

Zur Verwaltung des Schulungsmaterials sollte eine zentrale Stelle eingerichtet werden.

Vor Beginn der Schulung ist zu klären, wann, wo und wie geschult werden soll. Die Schulung kann bereits während der Fertigung im Herstellerwerk oder an einer Referenzanlage oder während der Montage und/oder Inbetriebnahme, also auf der Baustelle erfolgen.

Weiter ist abzuklären, wieviel Anteil der theoretische Unterricht und die praktischen Unterweisungen haben sollen.

5.2.1 Schulung beim Anlagenlieferanten und in Fertigungsbetrieben

Es empfiehlt sich, Lieferanten, die wesentliche Teile des Auftrages liefern oder fertigen, rechtzeitig anzuschreiben und um Mithilfe bei der Ausbildung zu bitten. In den meisten Fällen wird dieser Bitte gerne entsprochen. Auch Kurzbesuche bei Lieferanten und in Fertigungsbetrieben sind in den Ausbildungsplan einzubeziehen.

Nachdem, in Absprache mit dem Kunden, Anzahl und Qualifikation der Auszubildenden festgelegt und geprüft wurden sowie die Zuordnung zu den verschiedenen Sektionen vorgenommen wurde, ist das detaillierte Schulungsprogramm zu erstellen, das zur Kontrolle mit Zwischen- und Endprüfungsstufen versehen werden sollte.

In Ergänzung zum offiziellen Unterrichtsprogramm sind, in angemessenem Rahmen, Freizeitprogramme vorzusehen. So kann beispielsweise ein zünftiger Kegelabend gleich zu Beginn äußerst motivierend wirken. Bei längerem Aufenthalt kann auch eine Sightseeingtour sinnvoll sein, da für manchen Auszubildenden eine solche Schulung die erste oder gar einzige Auslandsreise seines Lebens sein kann.

Wichtig für den Erfolg sind klare Aufteilung der Unterrichtsthemen und ausreichendes Informationsmaterial.

Als Vorführungsgeräte finden alle Arten von Projektoren Verwendung.

Sehr hilfreich sind Videofilme, in denen Konstruktion, Funktion etc. anschaulich dargestellt sind. Auch Simulatoren, mit denen durch Zeitlupe und Zeitraffer mit fingierter Fehleranzeige und Fehlerbeseitigung Übungen durchgeführt werden können, sind vorteilhaft einsetzbar.

Bei Schulungen durch Unterlieferanten ist eine gute Koordination unumgänglich. Entweder kommen die Fachleute des Unterlieferanten ins Ausbildungszentrum des Anlagenlieferanten und bringen alles Notwendige mit, oder die Auszubildenden fahren in das Werk des Unterlieferanten. Die erste Lösung ergibt meist die geringsten Kosten.

Falls eine Unterweisung an liefergleichen oder ähnlichen Referenzanlagen durchgeführt werden soll, sind die Bedingungen zu klären, wie:

Mithilfe des Werkpersonals bei der Schulung, Zuverfügungstellung von Räumlichkeiten für Aufenthalt und möglichen Unterricht, Kantinenbenutzung, Versicherungen und die Aufwandsentschädigung für Betreiber.

Eine aktive Mitarbeit der zu Schulenden an Referenzanlagen ist in der Regel wegen arbeitsrechtlicher und versicherungstechnischer Fragen nicht möglich. Dem Kunden ist dies bei der Vertragsgestaltung mitzuteilen.

Nach Abschluß der Ausbildung ist eine detaillierte Aufstellung der Unterrichtsthemen und sonstiger Leistungen an den Kunden zu schicken.

Sollte ein Auszubildender sich trotz intensiver Schulung nicht die erforderlichen Kenntnisse aneignen können, ist dem Kunden – zur Vermeidung späterer Reklamation – sofort Mitteilung zu machen.

5.2.2 Schulung „Vor Ort" im Werk des Kunden

Im Großanlagenbau erfolgt die Schulung zweckmäßigerweise vorwiegend auf der Baustelle.

Dabei teilt sich die Schulung auf in:

a) Theoretischer Teil im Unterrichtsraum
b) Praktische Unterweisung an den Maschinen und Anlagenkomponenten
c) Erlernen der Bedienung während der Inbetriebnahme.

Zu a) Der Kunde muß früh genug – am besten schon bei der Vertragsgestaltung – darauf hingewiesen werden, einen entsprechenden Raum mit den notwendigen Unterrichtshilfen zur Verfügung zu stellen.

Der Ausbildungsleiter des Anlagenlieferanten sorgt für die jeweils notwendigen Unterrichtsunterlagen, ggf. zusammen mit den sich auf der Baustelle befindenden Spezialisten der Lieferanten von Anlagenkomponenten.

Zu jedem Unterichtsthema gehören:

Konstruktion, Funktion, Prozeßablauf, Wartung und die Steuerungs-Elektrik bzw. -Elektronik.

Zu b) Vor Begehung einer Baustelle muß eine Unfallbelehrung stattfinden und es ist sicherzustellen, daß die Baustelle ohne Gefahr betreten werden kann.

Ein günstiger Zeitpunkt für eine Begehung ist die Endmontage, wenn man schon erkennen kann wie die fertige Anlage aussehen wird, aber noch die Möglichkeit gegeben ist, auf Einzelheiten hinzuweisen.

Grundlage und Richtlinie für die gesamte Schulung sollten die dem Kunden ausgehändigten Unterlagen über die Bedienung und Wartung der Anlage sein (siehe 4.8 Dokumentation). Sie bezieht sich auf die gelieferten Anlagenteile und schließt, wenn sie komplett ist, den Prozeßablauf ein.

Zu c) Zu Beginn der Inbetriebnahme (siehe Abschn. 4.10) eines Anlagenteiles sollte der Kunde das betreffende Bedienungspersonal dem Inbetriebnehmer fest zuweisen. Nur so ist eine gute Einarbeitung sichergestellt und das Zusammenwirken der Anlagenkomponenten praktisch zu vermitteln.

5.3 Gestellung von Technischer Assistenz (TA) und Management (M) (siehe auch Abschn. 2.2.2.6 und 2.2.2.9)

Grundlage für die Ein- bzw. Zuordnung von TA- und M-Personal ist das Organisationsschema des Kundenunternehmens.

Bei der Besetzung einer Position ist zu entscheiden, ob man einen geeigneten Mitarbeiter aus dem eigenen Unternehmen des Anlagenlieferanten verfügbar hat (Vertrauensverhältnis zum Stammhaus) oder Fachleute „auf dem freien Markt" verpflichtet. Erforderlich sind Erfahrungen im Ausland unter ähnlichen Bedingungen.

Die Hauptaufgaben des TA- und M-Personals sind:

- Sicherung der Funktion der Anlage
- Sicherung der Produktion
- Weitere Einarbeitung des Kundenpersonals.

5.3.1 Technische Assistenz

Bei Großanlagen, speziell für Entwicklungsländer, ist diese Leistungsforderung in vielen Fällen bereits in der Ausschreibung enthalten.

Voraussetzung für eine erfolgreiche Suche nach geeigneten Fachleuten ist eine genaue Arbeitsplatzbeschreibung.

Bei kleinen Anlagen kann der Bedarf häufiger ganz durch eigenes Personal gedeckt werden. Bei Großanlagen sollten mindestens die Schlüsselpositionen durch eigene Fachleute besetzt werden.

Da der Einsatz von Technischen Assistenten oft erst 2–4 Jahre nach Angebotsabgabe akut wird, kann sich die Auftragslage in der Zwischenzeit erheblich verändert haben. Eine langfristige Einsatzplanung ist notwendig. Die Verträge werden direkt zwischen dem Anlagenlieferanten und dem TA-Personal geschlossen.

Nur wenn Konsorten, Unterlieferanten oder Manpowersupplier das TA-Personal stellen schließt der Federführer Verträge mit den Firmen, die ihrerseits wieder Verträge mit den TA's, d. h. mit ihren Leuten abschließen.

Wichtig ist, daß diese Rekrutierung von einer zentralen Stelle beim federführenden Anlagenlieferanten koordiniert wird, um unterschiedliche Abstellungsbedingungen zu vermeiden. Von dort sollte auch ein Vertrauensmann als Sprecher aller TA's einer Anlage eingesetzt werden. Dieser Mann vertritt dem Kunden gegenüber die Interessen der Anlagenlieferanten und aller TA's. Die Berichte der TA's sollen in der Regel über diesen Sprecher an den federführenden Anlagenlieferanten gehen.

Alle TA's sind vor der Entsendung unter Beifügung des beruflichen Werdeganges sowie etwaiger akademischer Titel dem Kunden vorzustellen, der sich in der Regel vorbehält, diese Fachleute zu akzeptieren oder zurückzuweisen.

Die Beschaffung von Arbeitsvisa (blockvisa) ist mehrere Monate vor dem Einsatz in die Wege zu leiten. Bei der Beantragung der Visa sind genaue Angaben über die Diensteinstellung und den Ausbildungsgrad erforderlich. Ebenso ist die Angabe der Nationalität der TA's wichtig. Die Verpflichtung des Kunden, hier Hilfe zu leisten, sollte bereits im Vertrag enthalten sein.

5.3.2 Managementgestellung

Für die Gestellung oder Vermittlung von Personal für sogenannte Managementpositionen gelten – im großen und ganzen – die gleichen Hinweise wie sie für die Technische Assistenz beschrieben wurden. Managementpositionen sind Führungspositionen, die in der Regel in das Organisationsschema des Kunden integriert werden, d. h. allein dem Kunden unterstehen.

Eine Zwitterstellung nehmen die bisweilen als „Key Personnel" bezeichneten TA's ohne leitende Funktion ein, die als Werkspersonal beim Kunden geführt werden.

Bei der Vertragsgestaltung nach Abschn. 2.2.2.9 muß auch auf nachteilige arbeitsrechtliche Bedingungen im Einsatzland geachtet werden (Landesarbeitsgesetze prüfen!). Über die rein juristischen Vertragsregelungen ist eine Checkliste (siehe Bild

- Um welches Projekt handelt es sich?
- Welche Aufgaben (Über-, Unterstellung)?
- Wo ist der Einsatzort (klimatische Verhältnisse)?
- Ab wann und für wie lange ist der Einsatz?
- Aufschlüsselung der Bezüge
- Werden Überstunden bezahlt oder gibt es eine Pauschale?
- Wie ist die Zahlung der Bezüge geregelt (in Deutschland, auf der Baustelle)?
- In welcher Währung wird gezahlt (konvertierbar)?
- An welchen Feiertagen werden welche Zuschläge gezahlt (landesübliche im Einsatzland oder Heimatland)?
- Dauer der regulären Arbeitszeit pro Tag/Woche/Monat (Schicht oder Normal)?
- Steuerzahlung, mögliche Befreiung, ab wann, soziale Abgaben, wer zahlt an wen?
- Übergepäckkosten?
- Urlaubsregelung (wie oft im Jahr) und wer bezahlt Reisen, sind Flugkosten auf die Familie anrechenbar?
- Unterbringung (Wohnung in einem Ort oder im Camp, Ausstattung der Wohnung)?
- Kosten für Unterbringung?
- Besteht Möglichkeit zur Mitnahme der Familie?
- Wie hoch sind die Mieten?
- Wie weit ist der nächste Ort?
- Gibt es eine Schule (wie teuer, bis zu welchem Alter, Volksschule, Gymnasium)?
- Gibt es eine Kantine?
- Wie ist das Freizeitangebot?
- Fahrzeuggestellung, Kosten für Treibstoff und Wartung, Benutzung in der Freizeit?
- Welcher Führerschein wird benötigt?
- Ist eine ärztliche Untersuchung beim Werks- oder Amtsarzt oder Institutionen vor Entsendung notwendig (evtl. Impfungen)?
- Wie ist die ärztliche Versorgung im Einsatzland?
- Welche Versicherungen werden abgeschlossen, wer zahlt Beiträge (Krankheit, Unfall, Tod, Reise, Haftpflicht)?
- Heimflug bei Krankheit?
- Rückführung bei Tod?
- Gibt es Sonderurlaub pro Monat Einsatz in bestimmten Klimazonen?
- Ist eine Einweisungszeit im Stammhaus erforderlich?
- Ist eine Verlängerung des Vertrages möglich, zu welchen Bedingungen?
- Ist nach Rückkehr eine Beschäftigung im Stammhaus möglich oder auf einer anderen Baustelle?
- Wieviel Paßbilder werden benötigt?

Bild 44: Aufgaben- und Umfeldübersicht bei Management-Gestellung

44), die auch das Umfeld der Aufgaben bei Managementgestellung deutlich macht, hilfreich.

5.4 Kalkulation des Schulungsaufwandes

Die Schulungsleistung soll, wie jeder andere Teil eines Gesamtliefer- und Leistungsumfangs, nicht negativ abschließen.

Alle zum Zeitpunkt der Kalkulation bekannten und möglichen Kosten sind zu berücksichtigen.

Die einzelnen Positionen der Kalkulation müssen transparent gehalten sein, um jederzeit nachgerechnet werden zu können. Auch hier sind die anfallenden Kosten in der mitlaufenden Zwischenkalkulation ständig zu kontrollieren.

Schon im Angebotsstadium sind Informationen zu sammeln und Vereinbarungen zu treffen über Anzahl und Qualifikation des zu schulenden Werkspersonals sowie über alle relevanten Kostenfaktoren.

Bei differierenden Vorstellungen von Programm, Gruppenzusammensetzung und Kosten für die Personalschulung zwischen den Vertragspartnern sollte man versuchen, diesen Bereich im Angebot auszuklammern, sich jedoch bereit erklären, diesen gesondert zu verfassen oder ein „Special-Agreement" abzuschließen, sobald alle erforderlichen Angaben über die Personalschulung vorliegen.

Ein Beispiel für eine Kostenzusammenstellung bei Schulung in Deutschland/Europa zeigt Bild 45.

---

a.) An- und Rückreise des Kundenpersonals.
b.) Unterbringung in Hotels.
c.) Verpflegung in Restaurants.
d.) Gestellung von Fachkräften für Unterricht und/oder Sachbearbeiter (eigene und fremde).
e.) Bereitstellung und Vorbereitung von Unterrichtsunterlagen.
f.) Anmietung von Unterrichtsräumen, wenn keine eigenen vorhanden.
g.) Speisen und Getränke für Kundenpersonal und Referenten (Kantine und außerhalb des Hauses).
h.) Informationsreisen zu Werken, in denen eigene Maschinen und Verfahren vorgeführt werden sollen. Möglicher Aufenthalt in Tagen, Wochen oder Monaten, für welche Aufwandsentschädigungen an die Werke zu zahlen sind.
i.) Versicherungen (Gruppenunfall, Haftpflicht, Krankenversicherungen /AOK, BEK etc.).
j.) Fahrten zwischen Flugplätzen und Schulungsorten, Visabeschaffung bei Konsulaten.
k.) Zeitaufwand für die laufende Bearbeitung und Betreuung, sofern diese Leute einen Stundennachweis erbringen müssen.

Die unter i.) angegebenen Versicherungen werden oft vom Kunden abgeschlossen. Es empfiehlt sich jedoch, selbst solche Versicherungen abzuschließen, da es unter Umständen schwer sein wird, Ansprüche bei ausländischen Versicherungen zu realisieren.

Bild 45: Kosten-Checkliste bei Schulung in Deutschland/Europa

6 Voraussetzungen zum Rechnereinsatz bei der Auftragsabwicklung

Mit den Möglichkeiten der Informationstechnik läßt sich das komplexe Geschehen der Auftragsabwicklung ohne Zweifel wirtschaftlicher gestalten. Jedes Unternehmen aus dem Maschinen- und Anlagenbau hat in kaufmännischen und technischen Bereichen Erfahrungen mit Rechnereinsatz. Die Unternehmen setzen sich im Zusammenhang mit der Nutzenerschließung und -erhaltung zugunsten der Fachabteilungen daher auch mit rechnerbedingten Aufgabenstellungen wie Rechnereinsatzplanung, Programmentwicklung, organisatorische Anpassung, Einführung, Systembetrieb und Weiterentwicklung auseinander. Jedoch besteht auf der Grundlage heute gängiger Rechnertechnologie noch immer ein großer Unterschied zwischen sinnvoll nutzbaren Möglichkeiten des Rechnereinsatzes und dem Umfang sowie Grad der Realisierung. Weite, für Unternehmen wichtige Bereiche, und das betrifft auch die exportorientierte Auftragsabwicklung im Maschinen- und Anlagenbau, sind heute – was Rechnernutzung betrifft – noch entwicklungsbedürftig.

Die systematische Nutzung von Informationen und deren Verarbeitung und Umsetzung durch Rechnereinsatz setzt ein Informationsmanagement voraus das imstande ist, die Belange der Auftragsabwicklung methodisch in den Gesamtinformationsfluß des Technischen Vertriebs und des Gesamtunternehmens zu integrieren.

Das Buch „Wettbewerbsfaktor Informationsmanagement – Informationstechnik in der Vertriebsorganisation" bietet hierzu interessante Möglichkeiten.

6.1 Ansatzpunkte zum Rechnereinsatz in der Auftragsabwicklung

Im Bereich der Auftragsabwicklung ist eine zunehmende Tendenz spürbar, Aufgaben zur Bereitstellung von Informationen schneller, in größeren Mengen und höherem Anspruch abzuwickeln, z. B. bedingt durch Kundenanforderungen (vom Engineering über Lieferungen, Leistungen bis zur Finanzierung), Wettbewerb, komplexere Technik, größere Einheiten, Gesetze und Sicherheitsvorschriften.

Mit Sicht auf operative Funktionen der an Auftragsabwicklung beteiligten Stellen innerhalb der Aufbauorganisation ergeben sich Ansatzpunkte zur Unterstützung durch Rechner gängiger Technologie bei den Aufgabenarten, die zu ihrer Erfüllung

- Analyse – Konzeption – Entscheidung.
- Planung – Steuerung – Überwachung

erfordern. Der Bereich der Produktionsplanung und -steuerung einschließlich Materialwirtschaft ist hier einzuordnen. Aufgrund des hohen Datenanfalls in Konstruktion, Fertigung und Materialwirtschaft ist in den Unternehmen in der Regel der Rechnereinsatz hierfür weit entwickelt.

Die durch hohe inhaltliche und zeitliche Variabilität, aber auch durch einen geringeren Anteil strukturierbarer Daten gekennzeichneten Aufgaben, wie z. B. Projektmanagement, Systematisierung der Problemerkennung (Checklisten), Terminverfolgung auf vertrieblicher Seite, Redigieren der Verträge, Personaleinsatzplanung, Auftragsrisikoanalyse, Qualitätssicherung und -kontrolle usw. werden bisher in Einzelfällen durch Rechner unterstützt, in der Regel losgelöst von DV-Systemen der Auftragsabwicklung.

Im Hinblick auf Funktionen im Sinne mechanisierbarer Büroarbeiten liegen, auf der Grundlage gängiger Rechnertechnologie, Ansatzpunkte für Rechnerunterstützung in allen Tätigkeiten, die mit

- Sammlung und Pflege
- Archivierung und Abruf
- Umformung und Weitergabe

von Informationseinheiten verbunden sind. Hierunter fallen z. B. Kundeninformationen, Auftragsdatenverwaltung, Kalkulation, Korrespondenz, Dokumentation, Übersetzungen, Zeichnungen, Auftragspapiere intern und extern, Referenzbroschüren usw.

Die Grenzen zwischen operativen Funktionen und mechanisierbaren Büroarbeiten sind fließend; Beispiel hierfür ist die Mischfunktion Schreibkraft und Sachbearbeitertätigkeit.

Das Hinzuziehen junger, in einigen Fällen bereits angewandter Rechnertechnologien wie

- CAD, CAE, CAM, CIM
- Personal Computing
- Kommunikationstechniken
- Rechnernetzwerke
- externe Datenbanken
- Retrievelsysteme
- Expertensysteme

ergibt eine Fülle neuer Ansatzpunkte für die Auftragsabwicklung. Es ist zu bedenken, daß die neuen Technologien im Prinzip auf rationellem organisatorischen Stand, gängigem Rechnereinsatz und DV-Wissen in den Fachabteilungen aufbauen, aber nicht eine unvollständige oder fehlende DV-Infrastruktur ersetzen. Hier ist nicht nur der DV-Experte, sondern auch der Vertriebsingenieur gefordert, sich Kenntnis über Einsatzfelder und Übertragbarkeit der neuen Technologien zu verschaffen, um Anwendungsbedarf und Nutzen zu erkennen und um sich frühzeitig auf technologiebedingte Neuprobleme, die auf die Anwender zukommen, einzustellen.

Es besteht inzwischen eine kaum überschaubare Vielfalt von Rechnern, Rechnerperipherie und Software. Gemessen an den für Rechnereinsatz geeigneten Aufgabenstellungen der Auftragsabwicklung besteht bereits heute für viele Aufgabenstellungen und Schwerpunkte der Auftragsabwicklung (im Bereich der mechanisierbaren Bürotätigkeiten) ein Überangebot an Lösungsmöglichkeiten gegenüber dem noch zu erschließenden Lösungspotential. Das Marktangebot von Hard- und Softwareprodukten, die im Bereich der Auftragsabwicklung nutzbringend einsetzbar sind, wächst weiter.

Generell erfordert Rechnereinsatz heute keine Standortbindung mehr. Weltweit sind Anschlußmöglichkeiten zu dezentral oder zentral aufgestellten Rechnern verfügbar, bis hin zum tragbaren Personal Computer, der mit zentralen oder dezentralen Rechnern kommunizieren kann (z. B. zu ausländischen Niederlassungen oder Vertretern sowie zu Montagebaustellen).

Rechnereinsatz ist nicht zwingend erforderlich, wenn Verbesserungen vorgenommen werden sollen. In vielen Fällen sind durch Änderungen der Aufbauorganisation und/oder einfache/einheitliche Ablauf- und Formularorganisation wirksame Verbesserungen erzielbar. Es ist jedoch zu bedenken, daß die Grenze der Verbesserungsmöglichkeiten mittels einfacher, rechnerunabhängiger, organisatorischer Maßnahmen schnell erreicht ist.

Es ist sinnvoll, vereinfachend und vereinheitlichend wirkende organisatorische Maßnahmen bereits vor einem möglichen Rechnereinsatz durchzuführen, denn die Rechnerunterstützung wird dann am wirkungsvollsten sein, wenn die rechnerorientierte Neuorganisation auf einer einfachen, einheitlichen, stabilen Organisationsgrundlage aufsetzen kann.

6.2 Nutzungsmöglichkeiten des Rechnereinsatzes

Rechner sind über die gesamte Breite der Auftragsabwicklung unterstützend einsetzbar. Aus der Anwendungsbreite und dem derzeitigen Lösungspotential ergibt sich eine Fülle von Nutzungsmöglichkeiten.

Das Ziel, Aufträge entsprechend den Zusagen gegenüber den Kunden, betreffend Termin und Qualitätsanforderungen, sowie intern im Rahmen des Budgets abzuwickeln, wird grundsätzlich unterstützt.

Bezogen auf den Einzelfall der Auftragsabwicklung soll die Wirksamkeit und Nutzung des Rechners darin bestehen,

a) ständig aussagefähig zu sein über
- Vorhaben, Status, Tendenzen
- Maßnahmen, Wirkung, Korrekturerfordernisse
- Auftreten kaufmännischer und technischer Problemfälle
- Reagieren auf kaufmännische und technische Problemfälle
- niedrigen bis hohen Detaillierungsgrad;
b) Büroarbeiten maschinell statt manuell zu erledigen, z. B.
- Informationen selektieren und zusammenstellen
- Berechnungen durchführen
- Arbeitspapiere erstellen
- Ordnen, Ablegen
- Informationen weitergeben;

c) die Qualität der Arbeit zu verbessern, z. B. durch
- Systematisierung der Aufgaben
- höheren kreativen Anteil
- Vollständigkeit der Arbeit
- Rückgriff auf vorhandenes Wissen
- Fehlerreduzierung
- Erkennen und Verstehen übergreifender Aufgaben;
d) die Stabilität der Funktionen sichern, z. B. durch
- geringere personelle Abhängigkeit von Spezialwissen.
- Beseitigung von Schwachstellen.
- weniger Arbeitsengpässe
- zuverlässige Informationsbereitstellung
- eindeutige Terminologie;
e) die Arbeitsgeschwindigkeit erhöhen, z. B. durch
- Senkung der Anzahl Rückfragen
- schnelle Informationsbereitstellung
- maschinelle statt manuelle Abwicklung;
f) die Mitwirkungsbereitschaft der Mitarbeiter verbessern, z. B. durch
- verstärkte Handlungsfähigkeit der Mitarbeiter
- Mehr an Freiraum für Kreativität und Verantwortung
- gleichmäßige Arbeitsbelastung
- Produktivitätsverbesserung zur Entlastung der Mitarbeiter
- weniger Steuerungsanlässe für Führungskräfte
- Sicherheit der fachlichen Kontinuität
- Zukunftsperspektive.

Bezogen auf angrenzende Bereiche der Auftragsabwicklung kann die Wirksamkeit und Nutzung des Rechners darin bestehen, aktuelle, umfassende und qualifizierte Informationen z. B. an Angebotserstellung, Marktbeobachtung, Akquisition, Produktplanung, Marketing, Kundendienst, Rechnungswesen weiterzugeben, bereitzuhalten bzw. zu übernehmen.

Vom organisatorischen Stand der vertriebsorientierten Auftragsabwicklung geht erheblicher Einfluß aus auf die Termin- und Kostensituation im Bereich der Produktionsplanung und -steuerung einschließlich Materialwirtschaft. Dies wird besonders deutlich, wenn auf der fertigungsorientierten Seite der Auftragsabwicklung bereits rechnergestützte Systeme der Produktionsplanung und -steuerung, einschließlich Materialwirtschaft (PPS-Systeme), eingesetzt sind und die vertriebsorientierte Auftragsabwicklung vorwiegend mit rechnerunabhängigen bzw. vom PPS-System losgelösten Verfahren arbeitet.

PPS-Systeme sind nur dann wirksam wirtschaftlich nutzbar, wenn die vom PPS-System benötigten aktuellen Daten u.a. aus der vertriebsorientierten Auftragsabwicklung in aufbereiteter Form übernommen werden können. Dies gilt insbesondere dann, wenn das PPS-System selbst einen hohen Integrationsgrad hat. Entsprechend wichtig sind die Rückmeldungen des PPS-Systems und die Aufbereitung der Informationen für die kundenorientierte Auftragsabwicklung. Gerade die Schnittstelle zwischen vertriebs- und fertigungsnaher Abwicklung wirkt sich als Trennung aus, der Vertriebsingenieur handelt mehr kundenbezogen, weniger fertigungsorientiert; umgekehrt verhält es sich beim Fertigungsingenieur.

Im Sinne einer verstärkten Ausrichtung auf leistungsfähige und wirtschaftliche Logistik und Produktion kann insbesondere dann ein wesentliches Nutzenpotential erschlossen werden, wenn die Neugestaltung eines rechnergestützten exportorientierten Auftragsabwicklungssystems unter Beachtung der Schnittstellen, des Informationsbedarfs und der Informationsausgabe von PPS-Systemen vorgenommen wird.

Mit den neuen, jungen Rechnertechnologien entsteht ein zusätzliches, in den Auswirkungen noch nicht voll erkennbares Nutzenpotential.

Ein wesentliches Kennzeichen wird ein durchgängiger Informationsfluß sein. Hierzu sind internationale Standardisierungsbemühungen und intensive Entwicklungsarbeiten im Gange, um die Kommunikation innerhalb der Unternehmen in Vertrieb, Produktion und Verwaltung optimal zu gestalten. Die technische Lösung wird ein Rechnernetz sein, durch das alle Bereiche des Unternehmens unabhängig vom Standort miteinander verbunden sind, so daß von jeder Stelle zu allen Daten direkt zugegriffen werden kann. Genauso bestehen dann die technischen Voraussetzungen zum Datentransfer zwischen Auftragsabwickler und dessen Lieferanten, was eine erhebliche Verbesserung der terminlichen und preislichen Flexibilität zur Folge haben kann.

Der wesentliche Nutzen der rechnergestützten Kommunikation zielt auf eine Verringerung der Durchlaufzeiten in Vertrieb, Produktion, Beschaffung und Verwaltung.

Bestimmende Einflußgrößen der Bürodurchlaufzeiten sind z. B.

- Bearbeitungs-, Such-, Argumentations-, Entscheidungszeit
- Abstimmungs-, Liege-, Kontroll-, Übermittlungszeit
- Terminfestlegungs-, Übersetzungs-, Ablage-, Kopierzeit.

Ein weiteres Merkmal der neuen Rechnertechnologie ist eine hohe Informationsverarbeitungsleistung, die unmittelbar am Arbeitsplatz in Form von multifunktionalen Arbeitsplatzrechnern (z. B. Personal Computer) verfügbar ist. Die Vorteile der Arbeitsplatzrechner bestehen z. B. darin,

- bisher auseinandergezogene Anwendungsarten am Arbeitsplatz zeitlich und räumlich zu konzentrieren

– eine einheitliche Benutzeroberfläche für verschiedenartige Anwendungsarten anzubieten
– Werkzeuge bereitzustellen, die es dem Anwender ermöglichen, in einfach lernbaren Sprachen individuelle Problemlösungen selbst vorzunehmen.

Die Anreize für den Einsatz von CAD liegen nicht vorrangig im vordergründigen Erarbeiten von Produktivitätsgewinn im Konstruktionsbüro. Sie liegen vielmehr in der Aufgabe, den kreativen Konstruktionsprozeß wieder auf seine wesentlichen Elemente zurückzuführen. Erhebliches Nutzungspotential ergibt sich, wenn aus CAD-Anwendungen das Erstellen der Fertigungsunterlagen, wie Werkstattzeichnungen, Stücklisten, Arbeitspläne und NC-Steuerinformationen maschinell abgeleitet werden kann.

Ein wichtiger Nutzen aus Rechnerunterstützung einschließlich der neuen Technologien bei der Auftragsabwicklung ergibt sich aus der überwiegend positiven Wirkung auf die Mitarbeiter. Die positive Wirkung trifft ein, wenn die Mitarbeiter am Arbeitsplatz mit neuer ergonomischer Technologie ausgestattet werden, die spürbar hilft, schneller, kreativer und sicherer zu arbeiten.

6.3 Rechnerbedingte Anforderungen und Aufgaben

Der Rechnereinsatz für die Auftragsabwicklung bringt zwar Nutzen, aber verursacht auch neue Aufgaben und Anforderungen sowohl für die Vertriebsingenieure als auch für die Mitarbeiter des DV-Bereichs.

Bestimmende Einflußgrößen für rechnerbedingte Anforderungen und Aufgaben an die Auftragsabwicklung sind:

– Art der Fertigung und Kundenbeziehung
– Art und Umfang der vorhandenen Hard- und Software
– Neue Technologien.

In der Auftragsabwicklung (einschließlich Fertigung) sind drei Arten in bezug auf Produktionsstrukturen, Prozeßstruktur und Kundenbeziehung unterscheidbar:

a) Kundenauftragsgebundene Fertigung (Einzelstücke);
– z.B. Großmaschinen- und Anlagenbau, gekennzeichnet durch lange Auftragsdurchlaufzeiten, hohen Auftragswert, Konventionalstrafen, detaillierte Verträge, kaum Standardisierung, umfangreiche Neukonstruktion und Fertigungsplanung, stark wechselnde Belastung der Kapazitätseinheiten durch verschieden strukturierte Aufträge.
b) Standarderzeugnisfertigung mit Varianten auf Kundenwunsch (Kleinserie);
– gekennzeichnet durch Standardisierung, große Varianz bei den Enderzeugnissen, hohe Bevorratung von Teilen, überschaubare Auftragsabwicklung.

220

c) Großserienfertigung von Standarderzeugnissen (Massenfertigung);
- gekennzeichnet durch hohe Bevorratung von Standardteilen, Auftragsabwicklung mit hohem Anteil Kundenabrufe [52].

Die Grenzen der drei Gruppen sind fließend. Die Übertragung der drei Abwicklungsarten auf Rechner erfordert Softwaresysteme, die auf die unterschiedlichen Anforderungen eingehen. Die kundenauftragsgebundene Fertigung erfordert systemgestützte Bearbeitungsmöglichkeit von Auftragstücklisten und deren Einbindung als Datenbasis in das PPS-System einschließlich Materialwirtschaft.

Art und Umfang der in den Unternehmen vorhandenen Hard- und Software können in erheblichem Maße eine anwenderorientierte, zweckmäßige und wirtschaftliche Lösung beeinflussen. Wichtige Einflußgrößen sind:

- Einschätzung von Leistungsanforderungen der exportorientierten Auftragsabwicklung an Hard- und Software, jeweils aus Sicht der Vertriebsingenieure und der Organisationsfachleute
- Leistungsgrenzen und Ausbaumöglichkeit der Hard- und Software
- Standardisierungsgrad der Betriebssysteme, Systemwerkzeuge und der Anwendungssoftware
- Wartungsmöglichkeit individuell erstellter Software, Grad der Verwendung von Systemwerkzeugen, gängigen Programmiersprachen, genormten bzw. mehrfach verwendbaren Programm-Modulen
- Gleichheit des organisatorischen und systemtechnischen Standes der mit Auftragsabwicklung korrespondierenden Anwendungssoftware aus angrenzenden Bereichen.

Mit der Übertragung wesentlicher Arbeiten der Auftragsabwicklung auf Rechner steigen die Ansprüche an Leistungsfähigkeit, Sicherheit und Zuverlässigkeit des Rechnersystems. Zur Abdeckung der Ansprüche sind u. a. folgende Aufgaben wiederkehrend durchzuführen:

- Regelung der Aufgabenteilung zwischen Vertriebsingenieur und verantwortlichem Mitarbeiter des Rechenzentrums
- Regelung der Zugriffserlaubnis zu Datenbeständen
- Aktuelle, transparente, vollständige, genormte Dokumentation
- Regelung der zulässigen Systemausfallzeiten, Datensicherungs-, Datenreorganisations-, Wiederanlaufverfahren
- Rechnertuning zur Sicherung des Durchsatzes, steigender Leistungsanforderungen und Wirtschaftlichkeit der Rechnerinvestitionen
- Beibehalten der anwendungs- und systembezogenen Systemaktualität.

Neue Technologien (z. B. Rechnernetzwerk, multifunktionaler Arbeitsplatz) erfordern ein wesentliches Mehr an Mitwirkung der Anwender als konventionelle Techniken.

Die hohe Informationsverarbeitungsleistung, die unmittelbar am Arbeitsplatz verfügbar sein wird, muß von den Arbeitsplatzinhabern beansprucht, aufgenommen und qualitativ genutzt werden können. Die fachlich sinnvolle und wirtschaftliche Nutzung der neuen Technologien kann nicht durch Bereitstellung der Technik allein herbeigeführt werden, sondern bedarf abgestufter, umfangreicher Schulungen und erstmals bei den Anwendern größeres Verständnis für Softwarewerkzeuge, Systemzusammenhänge und Rechnertechnik. Bereits heute sind Tendenzen erkennbar, daß Umwälzungen in den Berufsbildern die Folge sein werden, insgesamt werden Tätigkeiten mit Rechnerunterstützung aufgewertet.

Die Unternehmen haben in der Regel die Erfahrung gemacht, daß in Verbindung mit Rechnereinsatz Änderungen der Arbeitsweise, des Arbeitsablaufs und ggfs. Anpassung der Aufbauorganisation zweckmäßig sind. Langfristig führt der konsequente Einsatz von neuen Technologien auf der Grundlage einer steuerbaren, modernen DV-Infrastruktur zu einer Aufhebung der heute praktizierten Arbeitsteilung.

Im wachsenden Maß werden einzeln installierte Systeme, wenn deren Hard- und Softwaretechnologie dies zuläßt, zu Gesamtsystemen zusammenwachsen. Dabei ist ein kompatibles Datenformat zunächst wichtiger als ein perfektes Informationssystem aus der Steckdose, d. h. die Integration findet durch technischen Zusammenschluß mehrerer unterschiedlicher Hard- und Softwaresysteme statt und nicht durch Datenverzahnung aller unterschiedlichen Anwendungen auf z. B. nur einem Rechner. Die perfekte Lösung der vollständigen Integration wird einerseits nicht möglich, andererseits nicht nötig sein.

6.4 Vorgehensweise zur Schaffung der Voraussetzungen des Rechnereinsatzes

Ein komplexer Kundenauftrag ist bezüglich seiner Planung, Steuerung, Kosten- und Terminüberwachung in Vorgehensweise und schnellem Reagieren, Erfolgszwang und Zeitdruck vergleichbar mit der Einführung von rechnergestützten Systemen. In der Praxis gibt es einen wichtigen Unterschied:

- der Vertriebsingenieur muß sich intensiv auf auftragsspezifische Probleme des Kunden einstellen, d. h., trotz unterschiedlichem Fachwissen beider Seiten ist aktive Verständigung und gemeinsame Lösungsfindung wichtige Voraussetzung.
- der Systementwickler hat in der Regel unzureichende Kenntnis über die fachlichen Probleme der exportorientierten Auftragsabwicklung und wird den vom Vertriebsingenieur aufgestellten Anforderungskatalog abarbeiten, der — auf Grundlage der Ist-Situation entwickelt — wenig auf optimale Systemzusammenhänge mit Anwendungsorientierung abgestellt ist.

Bei der Übertragung des Abbildes der Ist-Situation in die Rechnerumgebung wird der Systementwickler zusätzlich beansprucht durch den hohen Anteil an unstrukturierbaren Daten in Verbindung mit dem sehr schnell sich verändernden Systemumfeld und den daraus abzuleitenden Systemzusatzanforderungen. Der Gesamtanforderungskatalog ist schnell überladen und zwingt den Systementwickler, sich mehr mit system- als mit fachbezogenen Aufgabenstellungen auseinanderzusetzen, zu Lasten der aktiven Verständigung und gemeinsamen Lösungsentwicklung.

Es gilt also, Wege zu finden, die eine dauerhafte, erfolgreiche Zusammenarbeit von Vertriebsingenieuren, Organisatoren bzw. Systementwicklern möglich macht, und zwar

- nicht zu Lasten der Kunden
- nicht zu Lasten aktueller Auftragsabwicklungsvorgänge
- aber auch nicht zu Lasten des neuen Auftragsabwicklungssystems.

Die Unterstützung von Organisationsvorhaben durch die Vertriebs- und Unternehmensleitung ist als erste wichtige Voraussetzung sicherzustellen. Einerseits sind große Personal- und Sachinvestitionen erforderlich, anderseits wird die Kapazität der Fachabteilungen, die ohnehin in der Regel schon eng ist, durch Systemplanung und -einführung weiter eingeschränkt. Darüber hinaus steigt durch die Zusatzbelastung der Vertriebsmitarbeiter während der Systemeinführung das Risiko in der Abwicklung laufender Geschäfte. Man kann sich den günstigsten Zeitpunkt der Systemeinführung nur selten aussuchen.

Vergleichbar mit der Vorgehensweise bei der Auftragsabwicklung ist als weiterer Schritt die Auswahl und Funktionenzuordnung der Projektgruppe vorzunehmen. Wichtige Kriterien zur Mitarbeiterauswahl sind z. B.

bei den Vertriebsingenieuren:

- möglichst Kenntnisse und Erfahrungen über rechnergestützte Systeme
- Einfluß und Kompetenz aufgrund praktischer Auftragsabwicklungsarbeit in den Fachabteilungen der Auftragsabwicklung,

bei den Organisatoren:

- möglichst betriebswirtschaftliche Kenntnisse über exportorientierte Auftragsabwicklung vertriebs- und fertigungsorientiert
- Kenntnisse und Erfahrungen von Hard- und Software über heute gängigen technischen Stand, Kenntnisse über neue Technologien.

Projektleiter zur Einführung von Rechnersystemen sollte der Vertriebsingenieur oder der Organisator sein, der die meisten fachlichen und organisatorischen Kenntnisse und Erfahrungen besitzt und die persönlichen Voraussetzungen zur Übernahme der Leitungsfunktion mitbringt. Dem Projektleiter sind die Kompetenzen zu geben, die er zur Erfüllung seiner Aufgaben benötigt.

Aufgabenarten der Projektgruppe können z. B. sein:

- Erarbeiten und Formulieren der Projektzielsetzungen
- Ableiten der Einzelziele und Aufgaben aus den Projektzielen
- Aufgabenverteilung
- Auswahl des Planungs- und Steuerungsverfahrens
- Information der betroffenen Fachabteilungen
- Konzeptbildung mit Vorschlägen zur Aufbau-, Ablauf- und Formularorganisation sowie Auswahlvorschlag für Hard- und Software
- Vorschläge zur Vorgehensweise der Realisierung unter Beachtung der laufenden Geschäfte
- Unterstützung der Fachabteilungen bei der Systemeinführung
- Regelung der Wartungsverfahren system- und anwenderbezogen.

Ob die klassische Vorgehensweise – Konzeptbildung auf der Grundlage der Ist-Analyse – heute noch aktuell ist, muß angesichts des Lösungsangebots für exportorientierte Auftragsabwicklung kritisch bedacht werden. Ist-Zustände geben in der Regel keine Auskunft über betriebswirtschaftlich moderne und umfassende Organisationslösungen, statt dessen eher eine Zurückziehung auf Arbeitserfordernisse der Praxis. Darüber hinaus sind starke Ausprägungen durch Führung, Mitarbeiterstamm und Arbeitskontakte gegeben. Selbst die Mengenaussagen der Ist-Analyse haben heute in Anbetracht des günstigen Preis-/Leistungsverhältnisses von Rechnern und Software nicht mehr den Stellenwert wie früher.

Als eher erfolgversprechend sollte die Konzeptbildung auf der Grundlage neutralen betriebswirtschaftlichen Wissens aus dem Bereich der exportorientierten Auftragsabwicklung erfolgen. Die Ist-Analyse kann dann herangezogen werden, um z. B.

- gezielt Schwachstellen aufzudecken
- betriebswirtschaftlichen Aufbesserungsbedarf zu erkennen
- Hinweise zur Reihenfolge der Realisierungsschritte zu geben.

Von der durch Verarbeitung strukturierbarer Massendaten geprägten Rechneranwendung im Fertigungs- und Materialbereich als Ansatz für die Konzeptionsbildung des kundenseitigen (kaufmännisch-technischen) Rechnereinsatzes auszugehen muß mit Vorsicht gesehen werden. Sicher ist, daß kundenseitige und fertigungsorientierte Auftragsabwicklung die Teilestammdaten- und Stücklistenverwaltung ggfs. einschließlich Auftragsstückliste als gemeinsame Basis anwenden, jedoch erfordern die fertigungsorientierten Teilestamm- und Stücklistendaten gegenüber der Kundenseite in der Regel Erklärung, Aufbereitung und Einordnung.

Die Konzeptbildung sollte die Aufbauorganisation ebenfalls in die Betrachtungen einbeziehen. Sich überschneidende Kompetenzen, das Zusammenlegen von Ausführungs- und Kontrollfunktionen oder die Festlegung konkurrierender Aufgaben (z. B.

Kalkulation und Projektierung in einer Hand) sind oft Ursachen für Störungen in
der Auftragsabwicklung.

Oft wird das Thema der exportorientierten Auftragsabwicklung nicht in dem Maße
organisatorisch angegangen, wie es eigentlich von der Sache her erforderlich wäre.
In vielen Fällen läßt sich feststellen, daß insbesondere Unsicherheit über die Möglichkeiten und Wege zur Reorganisation besteht. Oft wird die Unsicherheit verstärkt
durch negative Erfahrungen, die man aufgrund schlecht oder falsch vorbereiteter
Organisationsmaßnahmen sammeln mußte. Ausdruck hierfür sind oft Insellösungen,
die in eigener Regie der Fachabteilungen realisiert wurden und nur einen eng
begrenzten Aufgabenbereich abdecken. Auch der heute sehr aktuelle Personal Computer gehört oftmals in diese Kategorie.

Die Insellösung birgt im Prinzip die Gefahr in sich, daß sie den Weg zu einer
Gesamtlösung blockiert, wenn sie nicht im Rahmen eines Realisierungskonzeptes für
den gesamten Bereich der exportorientierten Auftragsabwicklung gezielt eingesetzt
wird.

Eine der wichtigsten Aussagen aus der Konzeptbildung ist der Systemvorschlag zur
Software.

Während die Betriebssystem-, Systemwerkzeug- und Datenbanksoftware in jedem
Falle von Rechnerherstellern oder Systemhäusern bezogen werden sollte, stellt sich
hinsichtlich der Anwenderprogramme die Frage des Einsatzes von Standardpro-
grammen der Rechnerhersteller bzw. von Systemhäusern oder einer Eigenentwicklung.

Eigenentwicklung sollte bei den Anwendungsarten ausscheiden, die am Markt in
großer Zahl, ausgereift und zu günstigem Preis-/Leistungsverhältnis beschaffbar sind
und die an den Datenstrukturen und der Datenbasis der Auftragsabwicklung nur
geringen Anteil haben. Hierzu gehören z. B.:

- Textbe- und -verarbeitungsprogramme
- Kommunikationsprogramme (z. B. Telex, Teletex, Datex-P)
- Tabellenkalkulationsprogramme
- Programme für Planungs- und Steuerung einschließlich Netzplantechnik
- einfache Bürografik usw.

Die Eigenentwicklung erfordert prinzipiell eine schwierige und risikoreiche Imple-
mentierung und bewirkt mit ihrer Einführung zwangsläufig eine große Abhängigkeit von einem bestimmten Computertyp und einer Computergeneration, die in
vielen Fällen sogar auf eine Fesselung an einen bestimmten Entwicklungsstand der
Betriebssysteme hinausläuft. Die oft gesehenen Vorteile der individuellen Entwicklung auf der Grundlage der Ist-Analyse und Wünsche der Fachabteilungen stellen
sich letztlich als nachteilig bezogen auf Weiterentwicklung, Leistungssteigerung,
Wirtschaftlichkeit und Erschließen neuer Technologien heraus, denn in der Regel

wird die betriebswirtschaftlich dedizierte Ist-Situation detailliert auf dem Rechner abgebildet und auf die Rechner-Ist-Produktionsverhältnisse übertragen.

Am Markt gibt es kein vollständiges, integriertes Softwaresystem der exportorientierten Auftragsabwicklung für den Maschinen- und Anlagenbau. Die unter diesem Namen angebotenen Programme erfüllen nicht alle der für die exportorientierte Auftragsabwicklung nötigen Funktionen. Diese Funktionen decken folgende Teilziele ab:

- Speicherung von großen Datenmengen (Stamm- und Strukturdaten)
- Speicherung von Bestandsdaten und Fortschreiben großer Datenbestände (Auftrags- und Materialdaten, Arbeitsfortschritt)
- Bearbeitung von Aufgaben der Materialplanung (Bedarfs- und Bestellrechnung)
- Bearbeiten von Aufgaben der Terminplanung (Durchlaufterminierung, Kapazitätsbelegung) mit hohem Verarbeitungsaufwand
- Ausgabe von vertriebsseitigen Auftragspapieren
- Ausgabe von Fertigungsunterlagen und Übersichten.

Ursache für die Unvollständigkeit der vertriebsseitigen Auftragsabwicklungssoftware ist im wesentlichen unzureichende Kenntnis der Rechnerhersteller bzw. Softwarehäuser über die Probleme und Aufgabenarten der exportorientierten Auftragsabwicklung.

Insofern sollte Interesse bei den Softwareherstellern vorhanden sein, fehlendes fachliches Wissen zu übernehmen und in Softwarebausteine umzusetzen. Als Folge hieraus ist eine Kombination aus

- Standardsystem
- Standardergänzung seitens Softwarehersteller
- Eigenprogrammierung nach Normvorgaben der Standardhersteller

durchaus denkbar.

Die Technologie der Standardsoftware entspricht in der Regel dem Stand der Technik, es kann jedoch wegen der langen Entwicklungszeiten der Software nicht davon ausgegangen werden, daß der problemfreie Übergang auf junge Technologien, z.B. relationale Datenbanken, Retrievelsysteme oder Expertensysteme mit dem Einsatz der Standardsoftware zwangsläufig vorbestimmt ist.

Unabhängig davon, für welche Art Software oder welches Vorgehen sich Unternehmen entscheiden, gilt es, Voraussetzungen zu schaffen, um alle Verantwortlichen und alle direkt und indirekt von der Systemeinführung betroffenen Mitarbeiter frühzeitig in die Vorhaben und Realisierungsschritte einzubeziehen. Die Erfahrung zeigt, daß Menschen ihre Einstellung nur zögernd ändern und auch Gruppen neue Techniken nur sehr zögernd annehmen. Jedes neue System erfordert Information, entsprechende Ausbildung und stützende Maßnahmen.

Gerade in der aktiven Mitwirkung der Mitarbeiter aus dem Bereich Auftragsabwicklung liegt der Schüssel zum Erfolg. Es gibt eine Fülle von Schritten, die die
Mitwirkung aktivieren, z. B.

- Einbeziehung aktueller Aufgaben der Auftragsabwicklung
- Vermeiden sachfremder, systembezogener Neuprobleme
- schnelle Umsetzung einzelner Arbeiten auf Rechnerunterstützung
- Schulung auch in Form von Fallbeispielen
- keine kritischen Aufgaben mit Systemeinführung verbinden
- überzeugende Improvisation in noch nicht gelösten Fällen
- sofortige Hilfe bei Fehlern
- parallele Systembetreuung in den Kontaktstellen des Anwenders
- lernendes Hineinwachsen in die neue Rechnerumgebung
- stabile, zuverlässige Systemumgebung.

Es fällt den Unternehmensleitungen in der Regel sehr schwer, Systemeinführungen
generell und insbesondere im Bereich der exportorientierten Auftragsabwicklung in
ihren gesamten Auswirkungen auf das Unternehmen zu beurteilen. Das bedeutet
u. U. auf lange Sicht Unterstützung der Projektziele, sowohl durch Bereitstellung
der erforderlichen Personal- und Sachinvestitionen als auch durch Bereitschaft zur
Risikoübernahme. Unternehmen, die z. B. den Einführungsprozeß verkürzen und
nicht Schritt für Schritt vorgehen, stehen sehr schnell vor Schwierigkeiten, z. B.
resultierend aus einer Mischorganisation von bisheriger manueller und teilweise
neuer, rechnergestützter Auftragsabwicklung.

7 Abschlußbericht – Referenzen

Nach erfolgter Inbetriebnahme sollten die gewonnenen Erkenntnisse und Erfahrungen in Form eines Abschlußberichtes gesammelt werden. Der Bericht beinhaltet die
Meilensteine des Projektes, die Kosten und die Ergebnisse.

Ferner sind in dem Bericht folgende Angaben zu machen:

- Projektierung
- Projektüberwachung
- Qualitätssicherung
- Verpackung und Transport
- Dokumentation
- Schulung
- Instandhaltungsplanung.

Die Erarbeitung des Abschlußberichtes sollte verantwortlich vom Projektleiter übernommen werden, da wesentliche Erkenntnisse für weitere Projekte ins Unternehmen zurückfließen müssen. Dabei sind nicht nur die zeitlichen Abweichungen, sondern auch die sachlichen Differenzen zur Planung aufzuzeichnen. Die einzelnen Meilensteine sind zu kommentieren, was gut oder schlecht gelaufen ist, damit aus diesen Erfahrungen Verbesserungsvorschläge erarbeitet werden können. Die Kostenseite sollte je nach Projekt so dargestellt werden, daß Erfahrungswerte bei zukünftigen Projekten in der Angebotsphase berücksichtigt werden.

Als Soll-Istvergleich lassen sich die Daten des Abschlußberichtes in einem Projektprofil darstellen, das qualitative und quantitative Beurteilungen zuläßt und die Sachlage im Kunden-Marktverhalten erhellt (siehe Bild 46). In dieser Darstellungsform kommen die unmittelbaren Erfahrungen der betroffenen Projektmitarbeiter zur Geltung, die sich z.B. auf die Gebiete Kundenumfeld, Kunde, Partner, Projekt beziehen können, aber auch beliebig auf zusätzliche unternehmensspezifisch wichtige Aussagen erweitern lassen.

Wesentliche Abweichungen müssen interpretiert werden, damit die Beeinflussung auf Kosten und Termine deutlich zutage tritt. Ein Häufigkeitsvergleich immer wiederkehrender markanter Abweichungen bei verschiedenartigen Projekten zeigt grundsätzliche Stärken, Schwächen und Risiken des Unternehmens im Bereich der Projektabwicklung auf. Damit können gezielte Maßnahmen zur Verbesserung eingeleitet werden.

Für jedes Unternehmen im Anlagenbau ist es wichtig, bereits im Anfragestadium gute Referenzprojekte nachzuweisen.

Daher sollte von jedem erfolgreich durchgeführten Projekt eine Beschreibung der Anlage mit den wesentlichen Leistungsmerkmalen aufgezeichnet werden. Diese Unterlagen sollten in Form einer reichlich mit Farbfotos ausgestatteten Broschüre veröffentlicht werden. Dieser Prospekt schildert die besonders technischen und organisatorischen Leistungen, die bei dieser Anlage hervorzuheben sind. Desweiteren soll über die Ausbildung des Bedienungspersonals, die Instandhaltungsplanung und über das vorhandene Servicenetz berichtet werden.

Es ist zweckmäßig, eine Kurzbeschreibung anzufertigen, die in die allgemeine Referenzliste des Unternehmens aufgenommen wird.

Ein weiteres wirksames Mittel, um das abgeschlossene Projekt der Fachwelt vorzustellen, sind Aufsätze in Fachzeitschriften, möglichst unter Mitwirkung des Anlagenanwenders.

Die übersichtliche Aufbereitung von Projektabwicklungen stellt letztlich den Erfahrungsschatz eines Unternehmens dar, zu schade, um in Aktenschränken zu verstauben!

<table>
<tr><td colspan="7" align="center">Projektprofil</td></tr>
<tr><td></td><td colspan="3">risikolos
problemlos
gut</td><td colspan="3">risikoreich
problematisch
unbefriedigend</td></tr>
<tr><td></td><td>1</td><td>2</td><td>3</td><td>4</td><td>5</td><td>6</td></tr>
<tr><td>

Kundenumfeld

– Transportwege
– Energieversorgung
– Kommunikationsmöglichkeiten
– Bodenbeschaffenheit
– Klima
– Genehmigungsverfahren
– Gesetzgebung u. Vorschriften
– techn. Wissensstand des Personals
– Arbeitswilligkeit des Personals

</td><td colspan="6" rowspan="4"></td></tr>
<tr><td>

Kunde

– Seriosität
– Bonität
– Zahlungsmoral
– Unterstützung
– Finanzierungsbedingungen
– vermutliche Anlagenwartung

</td></tr>
<tr><td>

Partner

– Leistungsvermögen
– Vertrags- und Termintreue
– Qualitätsstandard
– Dokumentationsstandard
– Bonität
– Reklamationsabwicklung
– Servicemöglichkeiten

</td></tr>
<tr><td>

Projekt

– Anlagenkonstellation/Problemlösung
– Projektaufteilung
– technischer Schwierigkeitsgrad
– Schnittstellenmanagement
– Fertigung
– Finanzierungsbereitstellung
– Terminablauf
– Lieferanteneinbindung
– Abnahmeabwicklung
– Transportabwicklung
– Montageverlauf
– Leistungsnachweis
– Übergabeabwicklung
– Servicechancen
– Schulungsmaßnahmen
– Möglichkeit der Referenznutzung
– Ergebnis

</td></tr>
</table>

Bild 46: Projektprofil (Beispiel)

Literatur

[1] Lagebericht 1989 der Arbeitsgemeinschaft Großanlagen beim VDMA, Frankfurt, März 1990.

[2] Das Auslandsgeschäft mit Industrieanlagen/Walde-Berlinghoff, Verlag moderne Industrie

[3] *Messing, Th.*: Struktur und Problematik industrieller Anlagenprojekte. VDI-Berichte 461, Düsseldorf, 1982.

[4] *Lemiesz, D.*: Abwicklung von Industrialisierungsprojekten. Girardet, Essen, 1989.

[5] VDMA-Nachrichten Betriebswirtschaft 02/87: Ertragseinbußen durch organisatorische Mängel in der Auftragsabwicklung? Frankfurt, 1987.

[6] *Singer, H.*: Aufgaben der Unternehmensführung bei der Abwicklung von Großprojekten des industriellen Anlagengeschäftes in Schwellenländern. Vortrag vom 05. 11. 1981 anläßlich des BIFOA-Seminars in Köln.

[7] *Lemiesz, D.*: Struktur und Problematik von industriellen Großprojekten. Vortrag vom 05. 11. 1981 anläßlich des BIFOA-Seminars in Köln

[8] Vahlens Handbücher der Wirtschafts- und Sozialwissenschaften. BGB I–III/ Schmelzeisen, Vahlen-Verlag.

[9] Autorenkollektiv: Projektkooperation beim internationalen Vertrieb von Maschinen und Anlagen. VDI-Verlag, Düsseldorf, 1990.

[10] *Diener, Th.*: Stärkung der Wettbewerbsfähigkeit durch internationale Kooperation. VDI-Berichte 461, Düsseldorf, 1982.

[11] *Wolff, J.*: Die INCOTERMS Stand 1980. Das neue Export-Handbuch, Haufe Verlag, Freiburg, 1985

[12] Kaufmännische Betriebswirtschaftslehre, Hauptausgabe. Europa-Verlag.

[13] Allgemeine Lieferbedingungen für den Export von Maschinen und Anlagen (LW 188). Economic Commission for Europe (ECE), Genf, März 1953.

[14] Verträge der Exportwirtschaft/Ursula Becker. Fritz Knapp Verlag

[15] *Bumann, P.*: Problemfeld Dokumentation. VDI-Berichte 597, Düsseldorf, 1986.

[16] *Terpoorten, M.*: Die Partner in der Auftragsabwicklung – vertragliche Einbindung. VDI-Berichte 597, Düsseldorf, 1986.

[17] *Wermuth, D.*: Absicherung von Währungsrisiken. Das neue Export-Handbuch, Haufe Verlag, Freiburg, 1984.

[18] *Bethkenhagen, J.*: Perspektiven des Osthandels. 1987.

[19] VDMA-Nachrichten, Recht und Wettbewerbsordnung 03/87: Gesetzliche Grundlagen für Joint Ventures. Frankfurt, 1987.

[20] *Steinmetz, E.*: Bau und Ausrüstung von Chemieanlagen. Heft 367. Vulkan-Verlag Classen, Essen, 1976.

[21] *Dolezalek/Warnecke*: Planung von Fabrikanlagen. Springer-Verlag, Berlin, 1981.

[22] *Corsten, H.*: Der nationale Technologietransfer. Erich Schmidt Verlag, Berlin, 1982.

[23] JMEA-Studie (in japanischer Sprache). VDMA-Nachrichten 02/87, Außenhandel und Weltwirtschaft. Frankfurt, 1987.

[24] *Seidel, H.*: Erschließung von Auslandsmärkten. Erich Schmidt Verlag, Berlin, 1977.

[25] *Rühl, W.*: Strategien und Organisationsmethoden eines erfolgreichen Maschinenbaubetriebes. RKW Rationalisierungs-Kuratorium der Deutschen Wirtschaft. Frankfurt, 1979.

[26] *Rischar, K.*: Erfolgreich verhandeln mit ausländischen Geschäftspartnern. VDI-Verlag, Düsseldorf.

[27] *Havemann/Hussein*: Technologiehilfe für die dritte Welt: Die Evolution der Entwicklungstechnik. Nomos Verlagsgesellschaft, Baden-Baden, 1979.

[28] *Holz, B.*: Flexibel fertigen mit CIM − noch keine Erfolgsgarantie. VDI-Z Entwicklung und Konstruktion. Heft 8. Düsseldorf, 1987.

[29] *Bernecker, G.*: Planung und Bau verfahrenstechnischer Anlagen. VDI-Verlag GmbH, Düsseldorf, 1980.

[30] VDI-EKV: Angebotserstellung in der Investitionsgüterindustrie. VDI-Verlag, Düsseldorf, 1983.

[31] *Walter, H.*: Die Voraussetzungen für die Auftragsdurchführung. VDI-Berichte 350. Düsseldorf, 1979.

[32] *Stolzenberg, G.* und *Busch, S.*: Sicherungsmöglichkeiten durch staatliche Exportkreditversicherung. Das neue Export-Handbuch, Haufe-Verlag, Freiburg, 1984.

[33] *Hogrefe, F.*: Probleme, Risiken und deren Absicherung im Vorfeld der Auftragsabwicklung. VDI-Berichte 597, Düsseldorf, 1986.

[34] *Junges, M.*: Absicherung politischer und wirtschaftlicher Risiken im internationalen privaten Versicherungsmarkt. Das neue Export-Handbuch, Haufe Verlag, Freiburg, 1984.

[35] *Friedrich, K.*: Zollamtliche Behandlung der Ausfuhr; außenwirtschaftliche, statistische und steuerliche Fragen. Das neue Export-Handbuch, Haufe Verlag, Freiburg, 1985.

[36] *Bumann, P.*: Auftragsbezogene Nahtstellenproblematik. VDI-Berichte 513. Düsseldorf, 1984.

[37] *Grosch, E.W.*: Auftragsabwicklung, eine Managementaufgabe. VDI-Berichte 597, Düsseldorf, 1986.

[38] *Habison, R.*: Risikoanalyse im Bauwesen. Fortschrittsberichte der VDI-Zeitschriften Reihe 4/23. Düsseldorf, 1975.

[39] Aus VDMA-Nachrichten 11/87: Recht und Wettbewerbsordnung. Arbeiten auf dem Gebiet des ausländischen und internationalen Rechts. Frankfurt, 1987.

[40] *Littow, E.*: Die Planung des Technologietransfers bei Produktionsverlagerungen in der Investitionsgüterindustrie. Reihe Technik und Wirtschaft WZL. VDI-Verlag, Düsseldorf, 1981.

[41] *Mehl, G.*: Versicherungen von Transport-, Bauleistungs- und Montagerisiken. VDI-Berichte 350. Düsseldorf, 1979.

[42] *Stolzenburg, G.*: Ausfuhrdeckungen des Bundes für Bauleistungsgeschäfte. VDI-Berichte 350. Düsseldorf, 1979.

[43] *Larenz, K.*: Bürgerliches Gesetzbuch. Einführung C.H. Beck, München, 1983.

[44] *Stumpf, H.*: Eigentumsvorbehalt und Sicherungsübertragung im Ausland. Verlagsges. Recht und Wirtschaft, Heidelberg, 1980.

[45] Praxis des Project- und Multiproject-Management. Verlag: moderne Industrie

[46] *Feuerbaum, E.*: Controlling von Projekten in einem Unternehmen des Industrieanlagenbaus. VDI-Berichte 461; Düsseldorf, 1982.

[47] *Gerke, W.*: Manuelle und EDV-gestützte Projektplanungs- und Kontrollverfahren in einem Ingenieurunternehmen des Industrieanlagenbaus. Projektcontrolling. Poeschel Verlag Stuttgart, 1979

[48] *Hiller, G.*: Qualitätssicherung. Rationalisierungs-Kuratorium der deutschen Wirtschaft e.V., Frankfurt, 1979.

[49] *Groh, H.* und *Gutsch, R.*: Netzplantechnik. VDI-Verlag, Düsseldorf, 1982.

[50] In den amerikanischen Qualitätssicherungsnormen 10 CFR 50 App. B. ASME Code, Section III und ANSI N 45.2 sind 18 Kriterien aufgeführt, welche das Rückgrat jeder Audit-Untersuchung bilden.

[51] VDI-EKV: Wettbewerbsfaktor Informationsmanagement, VDI-Verlag, Düsseldorf, 1990

[52] *Hayes, R. C./Wheelwright, S. C.*: Die Verknüpfung von Produkt- und Prozeßlebenszyklus, Harvard Business Review, Managermagazin III. 1981, Hamburg, Managermagazin Verlagsgesellschaft.

[53] Der Bundesminister für das Post- und Fernmeldewesen, Bonn 1986; Weltweite Verbindungen – Die Deutsche Bundespost.

[54] *Schmietow, Erwin A.*: „Die technologische Wettbewerbsfähigkeit der Bundesrepublik", DIE Verlag, Bad Homburg, 1988

[55] *Luchs, R. H./ Neubauer, F.-F.*: „Qualitätsmanagement", Frankfurter Zeitung, Blick durch die Wirtschaft, Frankfurt, 1986

Sachwortverzeichnis

234